【日】旭硝子财团 著 ◇ 孟健军 译

谁惹了地球

人类生存的困境与出路

RENLEI SHENG CUN DE KUN JING YU CHU LU

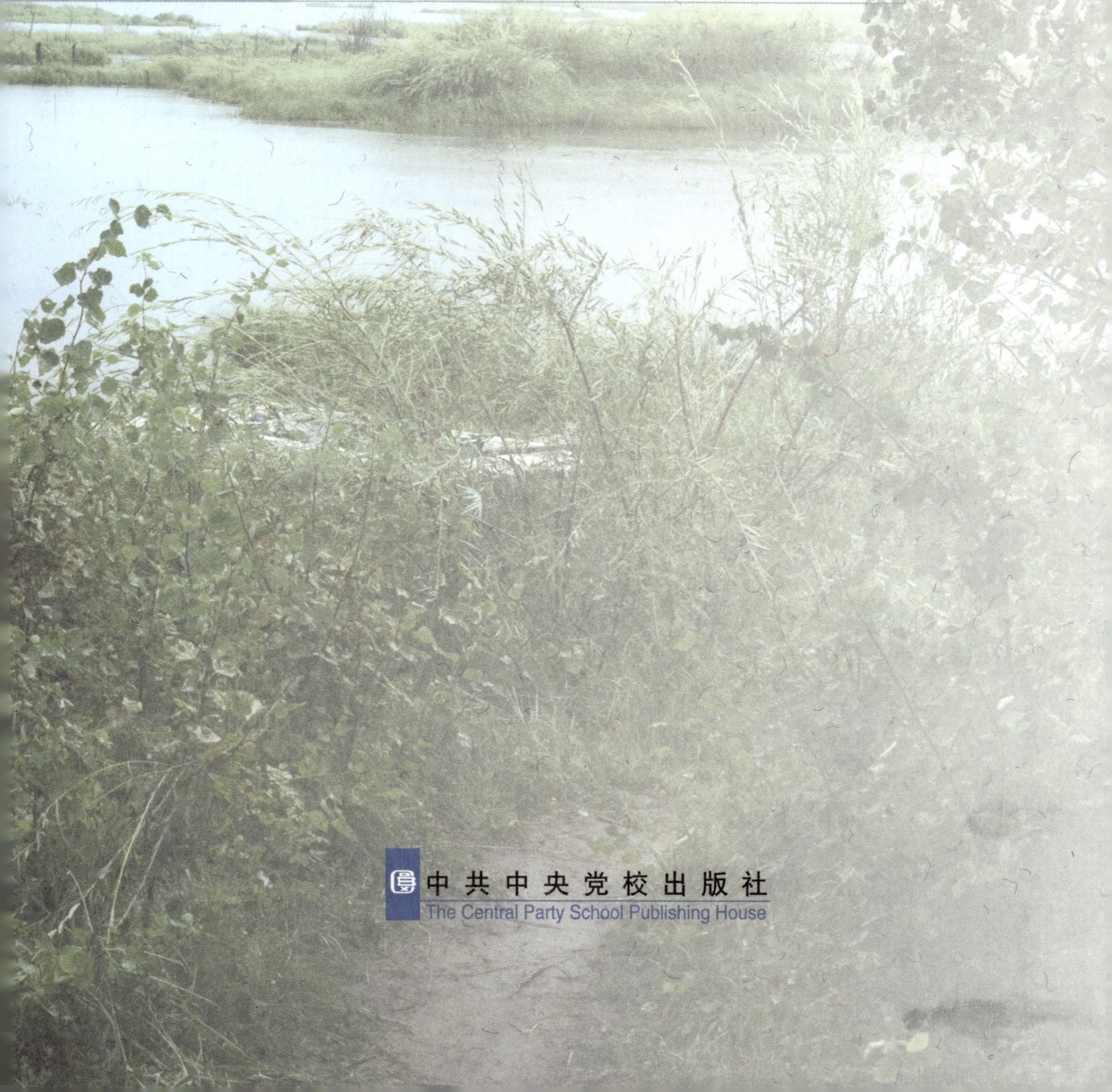

中共中央党校出版社
The Central Party School Publishing House

图书在版编目（CIP）数据

谁惹了地球——人类生存的困境与出路/旭硝子财团著；孟健军译．—北京：中共中央党校出版社，2011.3
ISBN 978-7-5035-4479-8

Ⅰ．谁…　Ⅱ．①旭…②孟…　Ⅲ．全球环境-研究
Ⅳ．X21

中国版本图书馆 CIP 数据核字（2011）第 022403 号

谁惹了地球——人类生存的困境与出路

责任编辑　张克敏
校　　译　马小军
版式设计　尉红民
责任校对　王　巍
责任印制　宋二顺

出版发行　中共中央党校出版社
（北京市海淀区大有庄 100 号）
邮　　编　100091
网　　址　www.dxcbs.net
电　　话　（010）62805800（办公室）　（010）62805818（发行部）
经　　销　新华书店
印　　刷　河北新华第一印刷有限责任公司
字　　数　358 千字
版　　次　2011 年 3 月第 1 版　2011 年 3 月第 1 次印刷
开　　本　700 毫米×1000 毫米　1/16
印　　张　23.75
定　　价　86.00 元

目 录

第一部　地球环境的现状

第二部 生存的条件

第三部 寄语——蓝色星球奖获奖者的留言

序

人类社会面临的最大危机就是地球环境的恶化。近年来，全球气候变化的影响和规模迅速扩大，各种灾害出现的频率越来越快，对地球的可持续性和全人类的福祉带来巨大挑战。

自从18世纪末欧洲工业革命以后，世界各国陆续走上了以工业化为中心的经济发展道路。人类通过科学技术和市场经济，获取了物质的满足和生活的便利。但另一方面，随着石油和煤炭等化石燃料大量消耗，温室气体排放量急剧增加，致使地球表面的平均气温不断上升。同时，由于气候变暖导致的极端气候变化造成了多种自然灾害，进一步加深了粮食和供水的不足，在世界各地产生大量的灾民和巨额的经济损失。可以说，这些异常现象正是由于人类的种种行为以及旧有的社会经济发展模式所导致的，其已深刻地影响了人类自身的生存条件，长此以往将会给我们赖以生存的地球环境带来无可挽回的灾难。

中国作为世界上最大的发展中国家，在经济全球化的过程中，既是经济发展的最大受惠者之一，也是环境问题的最大受害者和最大影响者之一。从全人类和长期发展的角度来看，中国将逐渐从现在的受惠者—参与者逐渐转变为一个主导者，未来还将成为一个领跑者。那么，我们首先面临的就是正确地认识到：今天的地球到底发生了什么？《谁惹了地球——人类生存的困境与出路》（日文版《生存的条件——面向充满生命力的太阳能源社会》）中文版的发行，给我们认识和解决地球环境问题提供了一个极其重要的全新视角，为人类如何面对地球的未来敲响了警钟。

2000年9月，在纽约召开的联合国千年发展峰会签署了《联合国千年宣言》，以此作为21世纪国际社会的发展目标。到2015年，应当实现的千年发展目标之一就是确保环境的可持续能力，促进全球合作发展。而2010—2015年，正是我国“十二五”时期。作为加快转变经济发展模式的重要着力点，将是我国加快建设资源节约型、环境友好型社会，提高生态文明水平的关键时期。这就需要我们清醒地认识到地球环境问题的深刻性。面对日趋强化的资源环境约束，必须增强危机意识，深入贯彻节约资源和保护环境基本国策。树立绿色—低碳发展理念，加快构建资源节约、环境友好的生产方式和消费模式，增强可持续发展能力。在降低温室气体排放强度，积极应对全球气候变化的同时，共同促进经济社会发展与人口资源环境相协调，走可持续发展之路。

本书的编著者——旭硝子财团自1990年以来，一直坚持不懈地致力于地球环境事业，每年向保护地球环境做出突出贡献的人士颁发国际奖“蓝色星球奖”。同时，自1992年起，其以世界各国从事环境问题的有识之士为调查对象，每年一期进行“地球环境问题和人类生存问卷”调查。《谁惹了地球——人类生存的困境与出路》一书的出版，就是在此基础上取得的重要成果。

面向21世纪，让我们携起手来共同应对地球环境问题，共同克服环境危机，为实现充满生命力的太阳能源社会和人类文明的永续发展而努力。

中共中央党校副校长　陈宝生

中文版序言

今天环境问题已经成为全球化的问题，并且深刻地影响到人类的生存。无论是发达国家还是发展中国家要想实现共同发展，创建可持续性社会，就需要思考如何解决环境问题，并加以实践。如果本书中文版的发行能够给人们指出方向，我们将会感到非常荣幸。

尽管早在1972年罗马俱乐部发表的《增长的极限》中就曾经表明对于未来的人口增加、资源消耗、污染排放方面的忧虑，但如今人类已经迎来了21世纪，全世界的环境问题却变得越来越严重。公益财团法人旭硝子财团的前理事长濑谷博道先生对此非常担忧，为了让更多的普通大众能够了解地球环境问题，使他们能够在解决方式以及地球是否需要保护方面开始思考，并行动起来，于是委托本财团拥有高深见解的理事以及评议员各位，讨论实现这一想法，这就是本书日文版发刊的起源。

讨论是以恳谈会的形式展开。从2006年12月开始，3年里共举办了8次会议。地球环境战略研究机构特别研究顾问、名古屋大学名誉教授、原中央环境审议会会长，同时作为本财团理事的森岛昭夫先生担任了恳谈会的组长，并使讨论不断深化。恳谈会就环境问题从不同的角度，以深刻的见解为基础进行了讨论。由于其探讨是多方面、多样性的，在制作报告书时，不能把所有内容都加入其中，因此最终达成一致意见，以最大公约数的方式把恳谈会成员所思考的最主要也是最多的内容收录到了报告书中。森岛先生在日文版的发行过程中发挥了很大的指导作用。另外在本书的框架构成以及执笔方面，本财团前专务理事内田启一也做出了很大的贡献，特此一并感谢。

本书日文版于2010年5月发行。本财团每年举办地球环境问卷调查，在中国协助本调查的孟健军博士阅读本书之后，提议在中国发行该书的中文版。在博士的鼎力相助下，最终本书中文版将由在中国具有很大影响力的中共中央党校出版社出版发行。

解决全球气候变暖、物种多样性丧失等地球环境问题，构建可持续性社会不仅对于人类，对于地球上所有生命的存续都是需要完成的事业。为此无论是发达国家还是发展中国家，地球上所有的人都应该思考并采取行动，我们希望本书也能够为此做出有益的贡献。特别是期待迅速崛起的中国可以按照本书中所提出的解决地球环境问题的措施，强有力地迈向可持续性社会。

公益财团法人　旭硝子财团
理事长　田中铁二

日文版前言

正如我们所知道的，目前围绕地球环境存在着气候变暖、异常气象、人口增加、粮食以及水资源的不足、生物多样性丧失，以及地区争端、贫困等众多问题。

1972 年，罗马俱乐部在《增长的极限》中提出，如果人口增加、资源消耗、污染排放持续下去的话，就会给世界发展造成非常大的影响，在 20 世纪 80 年代可持续理念已经广为人知。1992 年里约热内卢召开的地球峰会上发表了《环境与发展相关的宣言》，并一致通过了“21 世纪议程”的行动计划。这些都让我们觉得好像全世界都在着手准备解决环境问题，但现实却是我们并没有采取足够的行动就迎来了 21 世纪。

事实上，还有很多人至今并未正视这些问题，认为终究会有人去解决的，或者认为总会有办法的，因而漠然处之。

以气候变暖为代表的地球环境问题，早已不允许我们佯装旁观者，全世界的每个人都应当认识到它的严重性，我们不行动起来就不可能得到解决。

旭硝子财团关注到了这一点，并希望每个人能够明确问题点，思考怎样解决，以及如何保护我们的地球，然后行动起来。拥有深刻见解的本财团理事和评议员经过长时间的讨论完成了本书，我想它应该成为我们解决问题的导引线。

诸位务必在阅读本书之后，能够思考今后全世界每个人应当采取的行动，并强烈希望迈出具体行动的第一步。因为我确信这才是把我们的地球从危机中解决出来的唯一出路。

以上是我的出版致词。祝各位健康！

2010 年 4 月　旭硝子财团理事长濑谷博道

绪 言

1992年以来旭硝子财团一直致力于全世界地球环境问题的研究以及地球环境问题的启蒙活动，同时还为取得世界性成就的研究者和活动家颁发蓝色星球奖。2007年为了纪念蓝色星球奖设立15周年，就像1972年罗马俱乐部曾经提出“增长的极限”这一问题一样，我们也策划提出了自己的问题。为了让市民（市民团体、非营利性组织）对不断迅速恶化的地球环境问题的现状有所了解，财团理事会以及评议员协会各位有识之士经过交换意见，决定在向市民提供各种信息的同时，提出就当代人针对这一问题应当怎样去应对的问题。从附表中可以看到各位理事和评议员以学者、研究者、行政人员以及经营者等为主，虽然并不都是环境领域的专家，但是他们在各自的领域所进行的活动都站在时代的前列，对于环境问题从各自角度出发提出自己的深刻见解。

讨论是以理事和评议员联合举办与会的形式进行的。作为理事成员之一的我，同时又是一个研究人员，由于长期从事与环境法研究以及政府的环境政策制定等相关的研究，因此受命对恳谈会讨论内容进行归纳和汇总。针对恳谈会讨论的主题设定以及资料准备等工作，我只是做了基本性的方针制定，至于细节部分包括本书的出版，全部由事务局的负责人前财团专务理事内田启一担当。另外资料的收集分析则委托三菱综合研究所（团队领导桥御主席研究员）进行。每当恳谈会的时候，事务局会把预先准备好的与当天讨论主题相关的资料和数据发放到与会成员的手中。举行会议的时间是上下午各两个小时，共计4个小时。这期间除了事务局就资料进行简单的说明，以及我针对当天主题的讨论重点进行说明以外，几乎所有的时间都用于与会者自由坦诚的讨论。

2006年12月举行了第一次恳谈会，此后截至2009年11月共举办了8次会议。在此期间，于2009年3月出版了与本书日文版标题《生存的条件》相同的中间报告书。本书是恳谈会的最终报告书，为了促使更多的市民能够广泛阅读，这本书与中间报告书一样，也是一本通俗易懂而且力求高质量的读物。本书的第一部是对地球环境问题进行概略性的介绍，可以说是本书的入门。第二部介绍了恳谈会讨论的内容。其中第1章是提供给恳谈会的数据以及资料的概括，通过相关数据显示全球变暖以及生物多样性丧失等，对目前地球环境问题已经发展到何种状况进行了说明。第2章和第3章是恳谈会讨论内容的总结和归纳。此时，本恳谈会提出了21世纪的全新的社会形象，即“太阳能源社会”的概念。同时提出了实现这一理想的几个方针策略。事实上，在恳谈会的讨论中，我们探究的问题是多方面的而且是多样性的。我们完全不可能把各位理事和评议员从多角度提出的见解深刻的意见全部归纳总结到本书当中。“太阳能源社会”这一概念本身也是以这种形式的归纳方法而讨论出的结果，而且在所有成员之间暂时还不存在异议。因此本书中所阐述的内容可以说是恳谈会成员所思考的最主要也是最多的内容。

本书的基本思考顺序如下：①作为物种之一的人类是以自然为生存基础的。②因此如果人类社会破坏了自然的恢复能力，那么作为物种之一的人类就无法延续下去。③为此我们应该创造一个不破坏自然恢复能力的人类社会作为21世纪的全新社会。本书中把这种充满活力的人类社会叫做“太阳能源社会”。④建设“太阳能源社会”需要我们做到不违背自然法则，而且人与人之间的关系以及人类社会也不应当相互对立和相互竞争。最重要的是尊重对方的立场，对于包括自然在内的他者要有“关怀之心”，相互合作共同发展。

以上就是针对我们的思考进行的归纳总结。在第二部《跋语》中针对这一思考顺序进行了更为详细的归纳。

本书的第三部是以往蓝色星球奖获奖者，针对目前地球环境问题阐述自己的观点。我们从8位获奖者那里获得了小论文，很可惜由于篇幅的限制没有办法全文登载。事务局在不破坏文章主体的同时对每篇文章进行了或多或少的剪裁。与此同时我们还出版了附册，即数据集，解读生存的条件。我们从为恳谈会所准备的各种数据中选出可能对本书读者有用的数据，并附上若干的说明，由此编辑了这本附册。

在总结归纳最终报告书之际，首先需要感谢的是各位恳谈会成员提出的宝贵意见，正是他们从令人意想不到的角度提出了各种全新的想法。此外还要衷心的感谢前财团专务理事内田先生，3 年来为恳谈会的多元化讨论做出了不懈努力，并最终归纳出“太阳能源社会”这一概念。虽然对濑谷理事长和各位评议员来说，我就本报告书的最终归纳总结担负着自己的责任。但是正是由于前专务理事内田等事务局的各位工作人员的贡献和努力，才使本书得以出版发行。另外为了使本书更为完美，我曾多次推迟本书的发行日期，针对这一点濑谷理事长表示了理解。借此机会也一并感谢。

对于本书中提出的“太阳能源社会”的概念，以及对包括自然和物种在内的他者“关怀之心”的思考方式，读者如果有自己的意见、感想或批评，希望能够传递给我们。本书虽然到此结束，但是旭硝子财团将一直恭候您的评论。

旭硝子财团理事森岛昭夫

第一部

地球环境的现状

近年来，我们经常可以看到冰河倒退，永久性冻土融解，北冰洋海冰逐渐消失等等报道，可以说我们所居住的地球正在开始出现各种各样从未遭遇过的异常现象。加上打破了以往的气候均衡，在世界各地干旱、热带风暴、暴雨、洪水、大型飓风等各种大规模自然灾害的发生也逐年增加。人们已经逐渐意识到了这些“异常和变化”。

从地球整体来看，就会发现这些异常现象和气候变化的规模非常大，并且也变得越来越严重。这些异常现象极可能是由于我们人类的各种行为引起的。

一方面随着经济发展，石油和煤炭等化石燃料大量消耗，致使大气中的温室气体增加，地球的平均气温上升，从而出现了全球气候变暖的现象。气候变暖带来极端的气候变化，成为各种自然灾害形成的原因。而且这些气象灾害加深了粮食和供水的不足，在世界各地都出现了大量的灾民。

而另一方面，地球上的人口在急剧增长，为了应对不断增加的食物需求，就需要更多的耕地和放牧的场所。人们开始在原本不适于农耕的土地上进行灌溉，从而出现了河流和湖泊干枯以及地下水枯竭等问题，土地的不断开垦也使得热带雨林急剧减少。热带雨林被称作是“地球之肺”、“生命的摇篮”，它的减少带来的影响不仅是这一地区的生态系统遭到破坏，同时也会影响到整个地球的气候。

地球环境危机隐藏于经济发展的背后，使人们难以看清楚本质。再加上我们自身每天都在竭尽全力地忙于生活，因而忽视了这些问题的存在。

长此以往，将会给我们赖以生存的地球环境带来危机。那么，我们首先要做的事情就是正确地认识到今天的地球到底发生了什么？

1. 人类行径正在破坏着“地球之肺”
2. 加速丧失的物种多样性
3. 逐渐消失的地球水资源
4. 饱食的国家和饥饿的国家
5. 迅速枯竭的化石燃料
6. 急速扩大的能源消耗
7. 遭遇大旱的粮食生产基地
8. 发展中国家激增的“气候难民”

人类行径正在破坏着“地球之肺”

地球上的绿色森林覆盖面积约为 4000 万平方公里，相当于陆地总面积的 30%。这些宝贵的森林如今正在不断地消失。

根据联合国粮农机构（FAO）的统计，2000 年至 2005 年间，每年约有 7.32 万平方公里的森林在消失。也就是说每年森林消失的面积约相当于日本国土面积的 20%。

森林面积持续减少有几种主要原因，其中生产木材而实施的大规模乱砍乱伐，确保放牧用地和农耕用地而进行的森林开垦，还有毁林开拓土地而进行的烧荒农业等，几乎都是人类行径所至。

地球上所到之处的森林都在不断地减少，其中最值得关注的是热带雨林减少问题。

虽然热带雨林只分布在南美、东南亚和非洲中部三个地区，但是据计算其产生的氧气约占地球整体的 40%。

特别是南美的亚马孙流域周边的亚马孙热带雨林，地球上约有四分之一的氧气被认为来源于此。所以亚马孙又被称为“地球之肺”。

亚马孙流域珍贵的热带雨林资源每年消失 2 万～3 万平方公里。究其背景就在于世界范围的食物需求增大。

巴西是肉类和大豆的主要生产国，从 20 世纪 80 年代末开始亚马孙河流域的热带雨林被烧毁，逐渐变为牧场。1994 年到 2007 年间，巴西养牛存栏数增加了 4200 万头，其增加数量的八成以上都在亚马孙河流域。近年由于饲料用大豆和生物燃料等需求增加，热带雨林正在变成大豆种植地、玉米地和甘蔗地。

为了阻止事态进一步恶化，巴西政府动用人造卫星等手段进行监控。虽然最近几年违法砍伐的情况有所减缓，但是为了增加农业和放牧用地的面积，现状依然是热带雨林在不断地被砍伐。为了生产我们消费的食物，热带雨林还在持续开垦。

如果我们继续无视这种状况，热带雨林地区遭到破坏的现象就不会停止，或许几十年之后，地球将永远消失“亚马孙热带雨林”这个“肺脏”。更进一步，森林的减少会给地球整体的气候变化带来巨大影响。

图译：巴西阿克里州东部　正在遭到破坏的亚马孙热带雨林

阿克里州的东部是巴西众所周知的开发前沿，近年来为了生产作为替代制品而普及的生物燃料，这里开垦了大量的甘蔗田。现今森林遭到破坏的原因并不像20世纪七八十年代那样是由于大规模开发造成的，而是与各种原因相联系。

加速丧失的物种多样性

亚马孙等热带雨林地区是物种多样性的宝库。目前在地球上已知约有160万种生物，包括未知生物在内，据推测有5000万～1亿种生物。据说这其中有50%～90%的生物就生息在仅占地球整体面积7%的热带雨林。

养育着多样性生态系统的热带雨林减少，致使大批野生生物灭绝，从而加速了物种多样性减少。

近年来东南亚热带雨林也在被大范围地快速采伐。位于东南亚热带雨林中央位置的婆罗洲，森林覆盖面积曾经达到岛屿的95%，而现如今已经减少到接近50%。由此，仅生息于婆罗洲和苏门答腊的猩猩已经濒临灭绝的边缘。

造成猩猩数量减少的最大原因是由于在婆罗洲和苏门答腊建造了大规模的油椰子园。从油椰子中提取的椰油不仅可以用于食用油和化妆品，还被利用于不会污染海水以及河水的合成洗涤剂原料。

最近对碳排放量小的生物燃料需求逐渐增大。在这个“对地球有亲和力的椰油”口号下，为了建造用于大量栽培油椰子的大规模农园，热带雨林不断地在苏门答腊和婆罗洲被砍伐。造成的结果是在过去的20年里，猩猩失去了约80%的生息地。研究表明，如果按目前速度继续破坏森林，20年后猩猩就会灭绝。

不仅是热带雨林，在我们身边的湖泊、沼泽、浅滩、水田等湿地也是孕育物种多样性的场所。而人类为了发展农业和工业，对这些地方进行围垦和填埋，致使这些湿地在世界范围内迅速消失。

现在，地球正面临着第六次大量灭绝时代。此前是约在6500万年前，引起了恐龙大量灭绝。但是此次地球面临的大量灭绝与前5次情形截然不同。以往都是由自然环境变化而引起的，而此次的大量灭绝则是由我们人类引起的。

灭绝的速度也不一样。据统计“地球上1年约有4万生物灭绝”，现在这种灭绝速度约是现代社会以前灭绝速度的1000倍。

正是由于迎来生物大量灭绝的时代，所以如今地球的物种多样性已经面临严重的危机。

图译：印度尼西亚婆罗洲岛 濒临灭绝的猩猩

据推测，目前猩猩在苏门答腊仅有7000只以下，而在拥有日本面积2倍的婆罗洲也仅剩5.5万只左右。但是也有人认为在国家公园内由于森林破坏和偷猎，实际存活数更少。

图译：中亚咸海 1989年（右）和2008年（左）的照片比较

咸海1960年以后逐渐缩小，1989年被分隔为南北两座湖泊（北侧称小咸海，南侧称大咸海）。进而，2005年大咸海又被分隔为东西两座湖泊。由于人为原因造成湖泊缩小以及周边环境剧变，因此被认为是“20世纪最大的环境破坏”。

逐渐消失的地球水资源

地球是一座蔚蓝色水的星球。但是97.5%是海水和盐水,人类可以利用的淡水资源仅占地球水资源的0.01%。换言之,我们生活在这有限的水资源中。

这些珍贵的水资源正在人为地迅速消失。由此世界各地都出现了水资源不足。

咸海是一座横跨中亚哈萨克斯坦和乌兹别克斯坦的盐湖。从阿姆河和锡尔河流入的河水曾经使这里拥有丰富的水资源。由于该湖泊没有流出的河川,由此形成面积广阔的盐湖,被称为“海”。咸海曾经被誉为世界第四大湖泊,面积约为6.6万平方公里,这相当于北海道的面积。

咸海曾经渔业非常发达,年捕鱼量约是6万吨,周边居民安享大自然带来的这些恩惠。

咸海曾经被誉为中亚的绿洲。湖泊使这一地区的气温和湿度保持一定,同时也确保了这一地区的动物、植物等物种多样性。但是就是这座咸海在21世纪内,抑或仅仅10年后,就将面临枯竭的危机。

原由就是注入咸海的河流遭到了人为的破坏。

20世纪50年代,苏联把这里的河水从中截流并引至沙漠,实施大规模的改造用于栽培小麦和棉花。乌兹别克斯坦在20世纪40年代的棉花产量不足150万吨,而到了1986年已经达到500万吨。使这里曾经成为了改变自然而致富的象征。可是,从20世纪60年代开始流入湖泊的淡水流量减少,咸海的水位也开始逐渐下降。

水资源枯竭带来了大自然的恶劣循环。随着湖水干枯,降雨量锐减,流入湖泊的河水量逐渐减少。随着沙漠化现象加速,草和树木枯萎,表层泥土的流失,咸海周边的土地沙漠化也进一步加速。随着盐分含量的增加,使棉花地因盐害而受灾。逐渐地变得不适于棉花栽培,周边的生物大部分死亡,渔业也受到了毁灭性打击。进而沙尘暴频繁,掩埋了一些城镇,居民无法生活,咸海周围渐渐地成为了废墟。

相当于北海道面积的咸海,人类之手触及此不及50年的时间里,已经使这里化为盐碱沙漠。再过10年,也就是在人为触及到此60年之后,咸海将被彻底消灭。

确保水资源需要有意识地在水供需均衡上努力。如果一旦打破这种均衡，就难以恢复到原有的均衡。人类需要一方面保持水量和水质的同时，另一方面有效地灵活运用水资源。

饱食的国家和饥饿的国家

全世界生产的谷物每年约有 20 亿吨。如果作为食物直接摆放在世界的餐桌上的话，平均每人每年 340 公斤，大体上相当于 130 亿人的口粮。可以说粮食生产量足以维系目前世界约为 68 亿人的生命。

但是，时至今日忍受饥饿之苦的人们依然不绝。为什么出现这样的情况？刨根问底的话，就是食物分配不平等，同时人口增加也偏向特定地域。

生产 1 公斤鸡肉需要 4 公斤的玉米饲料。如果生产 1 公斤牛肉则需要 11 公斤玉米。相比直接食用谷物和大豆,肉食的增加直接影响到谷类的大量消费。

发达国家和新兴国家的经济发展使人们的饮食习惯从摄取以谷物等直接食物为主转变为摄取以精肉等副食品为主。例如：日本进口世界小麦产量的 10%。这其中，作为直接食品被消费的仅占 30%左右，近 70%则被用于家畜饲料。如果进行均等配给，可以顾及世界上所有人的食物，就这样产生了各地区的差距。

根据联合国粮农机构（FAO）的调查，预计 2009 年饥饿人口比上年增加约 1 亿人，超过 10.2 亿人。一方面，世界上目前约 6 个人中就有一个人正在忍受饥饿之苦，面临前所未有的“饥饿”时代，而另一方面，居住在发达国家的人们则过着史上空前的“饱食”生活。

世界上最大的农产品纯进口国——日本大幅增加肉类和鸡蛋的食用量，尽管注意到了肥胖的麻烦，还是在不断地摄取高热量和高脂肪的饮食。

水产品也同样。虾的进口量是 40 年前的 100 倍。世界三分之一的虾在日本消费。由于在大海中捕捞已无法满足需求，开始在东南亚建造养殖池，为此大量的红树林被砍伐。

另据推测，日本全年进口 5800 万吨的食物中，约三分之一即 1900 万吨被废弃。这相当于约 5500 万人份的食物。

在这食粮差距扩大之中，加之伴随着气候变暖带来的异常气象和干旱促使着农作物减产，以及利用以谷物为原料的生物燃料的转换，造成食粮价格高涨，使得忍受饥饿之苦的人们进一步增加。

图译：非洲索马里　忍受饥饿之苦的孩子们

索马里是世界上最贫穷的国家之一，儿童营养不良比率极高，内战出现了大量难民。再加上常年干旱，在许多地域牛等家畜半数以上死亡，谷物生产量也减少了一半以上。能够饮用安全水的人在30%以下，比率极低。

迅速枯竭的化石燃料

现在主要利用的能源来自石油、煤炭和天然煤气。这些是远在人类在这个地球上诞生以前,已经存在的生物以当时的太阳能量为来源,积蓄在体内的有机体经过漫长的地心压力和加热后产生变化的产物。这是被称作“化石燃料”的由来。

人类在工业革命之后，由于大量消耗这些化石燃料，促使现代文明得以飞跃地发展。18 世纪发明的蒸汽机成为工业革命的导火索，煤炭作为燃料成了时代的主角。19 世纪末发明了内燃机，汽车被商业化、实用化。接下来是飞机的诞生。20 世纪人类开始大量使用石油。发电得以普及也是利用石油和煤炭的火力发电。这些造就了今天的社会。

最典型的事例是美国。美国仅占世界 4％的人口，但却占到世界 30％的二氧化碳排放量。同时它也是引以为豪的世界首屈一指的化石燃料埋藏量的资源大国。可以说，正是因为拥有这样丰富的资源，才使美国形成了消费大量能源的社会结构和生活方式。

特别是其每天平均石油消耗量居世界第一，占到世界石油消耗量的约四分之一。这其中近 70％用于运输卡车、巴士以及轿车的燃料。因为美国是汽车工业的发祥地，其广阔国土面积上的交通运输网是以汽车为前提的。真可以说日常生活就维系在大量石油消耗上。

现如今不仅是美国，依赖化石燃料生存的社会正在被迫转型。据推算，今后可开采利用的年限石油约 40 年，天然气 60 年左右，煤炭约 120 年。按照目前方式继续依赖化石燃料，难以应对日益增加的世界能源需求，不久就将陷入资源枯竭的状态。

替代化石燃料的可再生能源包括太阳的光和热，风力、水力、地热、生物等，这些能源不仅不会增加大气中的二氧化碳排放量，而且只要有阳光照射到地球上就可以源源不断地被利用。但是与化石燃料相比较，因为太阳光与风力等难以取得大规模的能量，加之输出功率不稳定，所以亟待解决稳定供给的课题。

按照目前能源消耗方式继续下去，即便有清洁能源来替代，也不能完全解决问题。不继续再给地球环境增加更大的负担，也有必要从能源侧面重新审视我们自身的生活方式。

图译:美国加利福尼亚州 加州大桥上的大堵车

连接旧金山和奥克兰之间的加州大桥每天约有 27 万辆汽车通行。

图译：中国辽宁省　中国最大的鞍山钢铁厂

钢铁生产具有作为国力和工业能力基础的性格。1996年钢铁生产量超过日本跃居世界第一的中国此后也持续增产，如今已占世界钢铁产量的约五成。

急速扩大的能源消耗

就在担忧石油和天然气等化石燃料枯竭的同时，在今天的亚洲国土面积广阔、人口众多的中国和印度正在取得快速经济发展。特别是煤炭和天然气资源丰富的中国，资源和能源的消耗量迅速增加。

中国一次能源的消耗量从1997年的9.61亿吨（换算成石油），增加到2007年的18.63亿吨，10年间几乎翻了一番。同时在二氧化碳排放量上，2000年约为当时世界第一美国的一半，而2007年已经超过美国成为世界第一。

工业部门占到中国能源消耗的七成。由于中国提供廉价劳动力和土地吸引了大量的外国企业，一举崛起为“世界的工厂”。通过大量消耗能源扩大了工业生产。如果换位思考，可以说包括日本在内从中国进口廉价产品的国家，其实就是变相地把其消耗的能源及其排放的二氧化碳转由中国承担。

工业化带来的经济增长提高了人民生活水平。

1980 年中国汽车保有量是 187 万辆，而到了 2005 年为 3200 万辆，增加了 18 倍。预计今后也继续增加。随着家庭电气化的进展，城市家庭的空调保有量从 2000 年每 100 户 30 台左右增加到 2005 年超过 80 台，造成夏季用电需求急剧增加。

中国如今的现状与 20 世纪 50～70 年代经济高速增长时代的日本十分相似。由于中国经济发展是仿效发达国家经历过的资源浪费型生产消费模式，因此发达国家在应对资源枯竭和气候变暖问题上，不可能强制地要求中国与发达国家采取同样的对应手段。

但是，过去的“经济发展＝化石燃料消耗”的结构长此以往，地球将无以为继。目前中国的人均二氧化碳排放量约为美国的五分之一以下，是日本的一半以下。假如今后拥有庞大人口的中国或者印度选择资源浪费型生产消费模式的话，化石燃料早晚枯竭，只会剩下由于气候变暖和污染所带来的疲惫不堪的地球环境。

近年来经济显著增长的亚洲地区，作为世界最大的碳排量区域掌握着今后气候变暖的关键。另外，发达国家必须从根本上重新审视以往的资源浪费型生产消费模式，有责任也有义务把其转化为可持续方式。在此基础上，发达国家、经济正在持续增长的国家，以及现在将要发展经济的国家都应携起手来面对这一人类的共同课题。

遭遇大旱的粮食生产基地

气候变暖不仅提升了地球的平均气温，还会引起各种气候变动。特别令人担忧的是世界范围的降雨量不均衡这一状况在扩大。以前降雨量少的区域，变得更少，发生了干旱和沙漠化的问题。

澳大利亚是农业国，农作物的出口占总出口额的近 25%，也是仅次于美国和加拿大的小麦出口国。日本也从澳大利亚进口小麦、大麦、菜子油、牛肉等众多的食物。

澳大利亚以前的降雨量约为日本的四分之一，但是从 20 世纪 90 年代后期降雨量逐渐减少。到 2002 年终于爆发了大旱，谷物的收获量几乎减至往年的一半。

图译：澳大利亚昆士兰州　因干旱而干裂的沼泽地

在占全国41%农业生产的粮食生产基地“墨累河和达令河流域”，由于干旱状况不断深化，产量急剧减少。在水严重不足的昆士兰州，当地政府还采取了限制水使用量措施。

此后，水不足不仅没有消除，而在2006年又遭遇了被称作“千年一遇的大干旱”。2007年位于澳大利亚东南部被认为可以滋养灌溉40%农田的达令河和墨累河的水量减少，致使其周围一带遭受了从未有过的严重干旱。澳大利亚政府虽然拿出了援助农民的政策，但是收入来源被阻的农民还是相继破产以及自杀，造成了巨大的社会问题。

干旱使澳大利亚的小麦产量减少，导致了国际小麦价格的上涨。

预计，今后澳大利亚的降雨量仍持续减少。2009年2月已经非常干燥的澳大利亚东南部相继发生了森林火灾，不仅造成了超过200人死亡，还造成了大范围森林消失，使野生动物失去了生息地，成为澳大利亚史上最可怕的灾害。

气候变暖让世界各地居住的当地居民已经长期适应了的气候也变得越来越激烈，并且带来了不曾经历过的“气候异常”。

2003年席卷欧洲的热浪夺走了约3.5万人的生命，造成了150亿美元的农业损失。此后2006年也遭受了热浪袭击，2007年夏季在东南部以及地中海沿岸还出现了破纪录的异常高温天气。中亚以及非洲与澳大利亚同样降雨量减少，干旱加快了沙漠化的进程。

面对这些已经超越我们常识的异常气象，以往的防灾基础设施以及体系大多已经难以应对，引发大规模自然灾害的情况也不少见。气候异常以及自然灾害的威胁绝非他者之事，何时降临到我们身边，也并不奇怪。

发展中国家激增的“气候难民”

由于气候变化，原本多雨的地带雨量越来越大，台风和飓风也变得越来越剧烈。2005年超强飓风——嘉德里娜给美国的新奥尔良带来了巨大灾害，这应该还是记忆犹新。

全世界遭遇暴雨和巨型台风灾害风险高的地域是位于恒河以及湄公河下游的三角洲地带。例如，受到亚洲季风影响的孟加拉国国土面积90%位于三角洲地带，以前雨季带来的洪水反倒会使土地变得肥沃，人们随着季节循环经营着农业生产。但是近些年，与以往相比洪水灾害的规模不可比拟地增大，已经威胁到了人们的生命财产以及生活。

1998年发生了据说是孟加拉国历史上规模最大的洪水。仅观察1990年到

图译：孟加拉国的达卡 一半市区被淹没在水中的首都达卡

2004 年 7 月遭受的大规模洪水致使国土三分之二被淹没。世界人口密度最大的城市达卡也有一半市区浸泡在水中。由于洪水等自然灾害，更多的贫困者迁移至达卡打工赚钱或者移居，大多数人都生活在极其恶劣的居住环境中。

1998 年的 8 年间，孟加拉国遭遇了 3 次大暴雨，4 次洪水，1 次海啸，以及 2 次台风。造成了 40 多万的人口死亡，受灾人数达 4200 万人。最近一次是在 2007 年 11 月，伴随着狂风暴雨的强台风造成 5000 多人死亡，受灾人数达 90 多万人。

究其原因，洪水的大规模化和长期化，被认为是地球变暖引起的气候变化结果。

孟加拉国约 80%人口居住在农村，经营着小规模农业。尽管洪水没有像台风那样带来死亡的威胁，但是农民的农作物、家畜、房屋以及农具财产等几乎丧失，为了生存不得不变卖土地。这些失去生存手段的人最终成为灾民，为了寻找生活出路涌向城市。首都达卡的人口，1991 年为 684 万人，10 年后的 2001 年达到了 991 万人。据说现在已经超过了 1500 万人。

位于撒哈拉沙漠以南的苏丹、尼日尔、乍得等国家，由于气候变化造成的干旱促使饥饿问题变得越来越严重，数以千万计的人们为寻求食物而变成了难民。由于森林砍伐等原因造成菲律宾的洪水频繁发生，超过 400 万人移居到了洪水灾害较少的高处。

这些自然灾害的激化，特别是在南北问题中“南”各国，越来越多的人抛弃农田和故乡，成为难民的人口不断增加。

破坏自然等同于损害自身

——我们的抉择

在这里我们所涉及到的现象，乍一看好像是分散发生在世界各地，而实质彼此间相互关联。

人类是地球环境即所谓自然的一部分，破坏自然的行为就等同于损害自身的利益。尽管如此，地球上的多样性生物中，唯有人类完全不顾及其他生物，一边对环境进行巨大改造，一边在不断地增加人口。我们没有对这些问题更进一步深刻反省，还在为追求经济发展，继续破坏自然环境和生态系统的均衡，导致了地球气候变暖。

正像以上所看到的，气候变暖与一个国家所发生的或者是超过国家框架所产生的各种问题——包括能源问题、地球气候变暖问题、食物和水资源的分配问题、自然环境破坏和物种多样性丧失问题、城市和农村的经济差距以及人口移动问题、贫困问题等等，相互都有着非常深刻的关联。而且，一个问题恶化就会不断影响到其他问题恶化，给解决问题带来更大的困难。这样巨大的恶性循环形成了一种“负的连锁”反映。因此，今天的地球环境正在走向以往未曾经历过的危险方向。

工业革命以后，发达国家的经济发展给地球增加了巨大的负担。现在拥有庞大人口的新兴国家又正延续着这一方向。如果还是一味地给地球增加负担，只追求眼前利益，不去斩断这种不幸的“负的连锁”，不选择与自然和谐相处的崭新生活方式的话，人类就不会有光明的未来。

首先，我们需要真挚地检讨我们人类所处现状，为了斩断通往毁灭之路的“负的连锁”，为什么不站在各自的立场一起思考能做什么？而后一起行动起来呢？

第二部

生存的条件

第 1 章

人类面临的最大危机
——地球环境问题

18 世纪到 19 世纪欧洲出现了工业革命，世界上展开了以工业为中心的经济发展。从此，人类通过科学技术和市场经济的发达，在物质上获取了富足的生活。但是在另一方面大量消耗化石燃料，其结果带来的是温室气体效应的二氧化碳排放量急剧增加。可以说，以往人类优先发展经济，对于人类活动会给自身生存的重要基础——大自然带来怎样的影响漠不关心。20 世纪末，尽管科学家们对于生存的基础——大自然已遭破坏开始敲响警钟，但人类还是照旧优先发展经济，其结果是地球环境问题这一危机已经迫在眉睫。

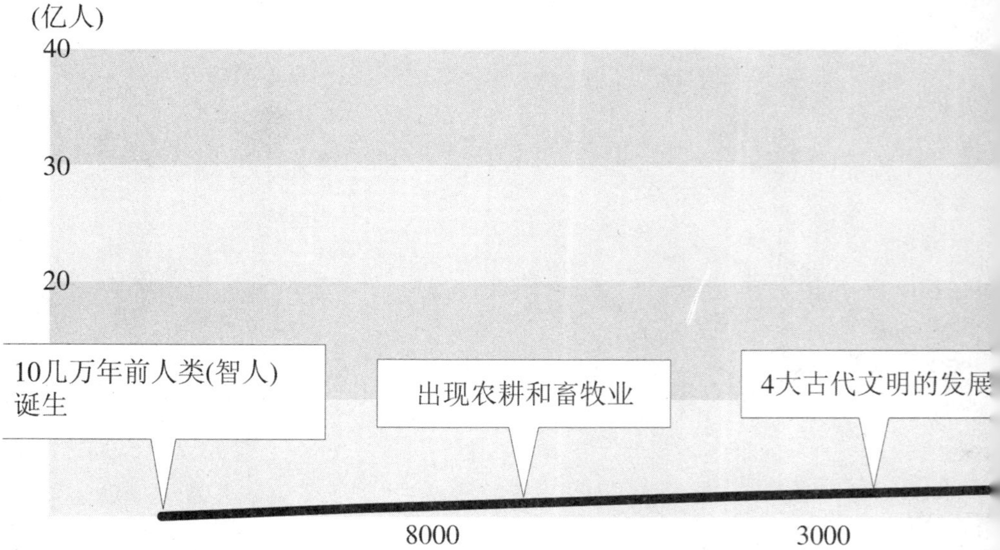

图 1　世界人口的变迁（推算数据）

根据联合国人口基金网站（http：//www. unfpa. or. jp/p _ graph/pgraph. html<last updated：2009－06－22>）制作

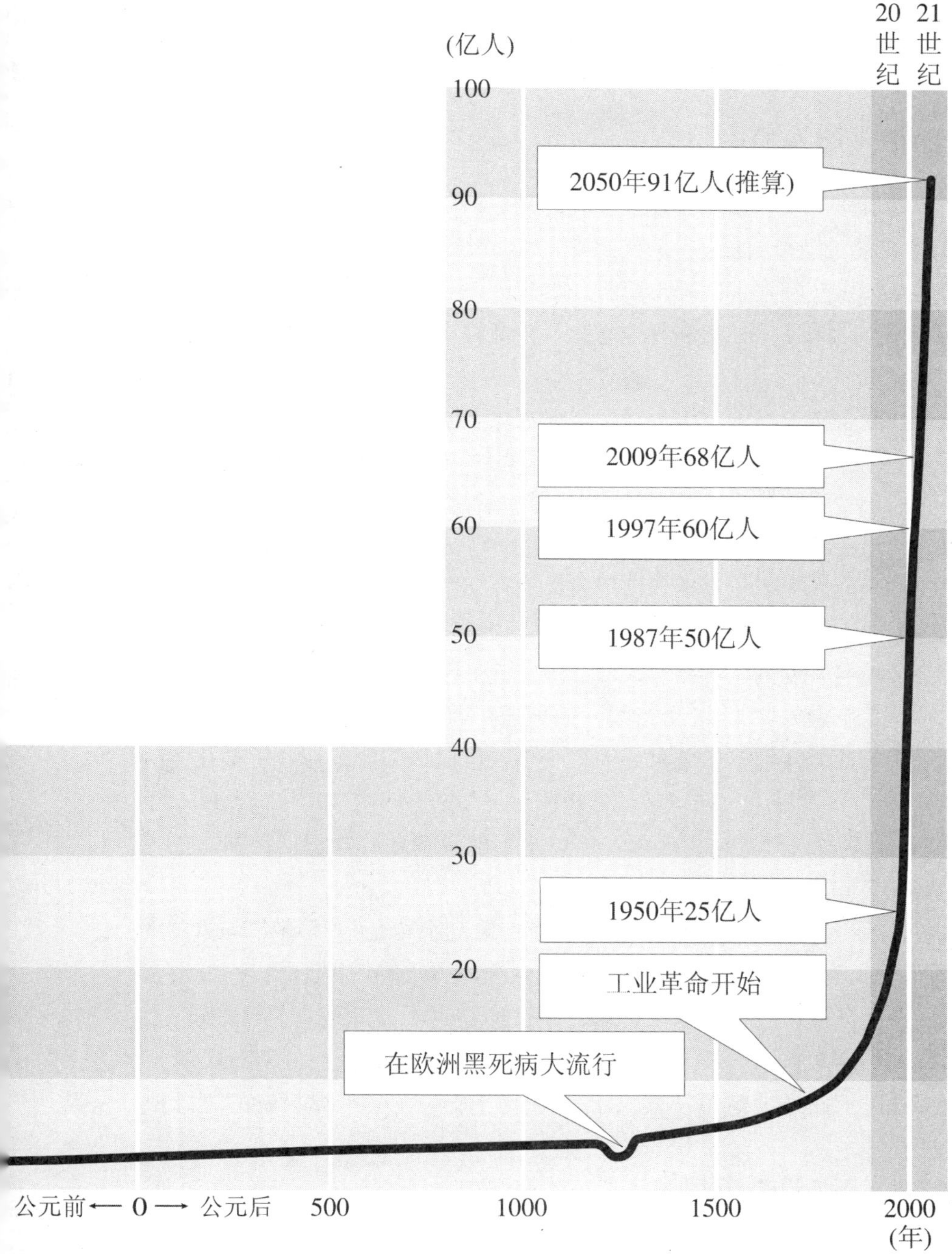
20 世纪
21 世纪
(亿人)
100
90
80
70
60
50
40
30
20
2050年91亿人(推算)
2009年68亿人
1997年60亿人
1987年50亿人
1950年25亿人
工业革命开始
在欧洲黑死病大流行
公元前← 0 → 公元后
500
1000
1500
2000
(年)

1. 起始于《增长的极限》

受罗马俱乐部委托，麻省理工学院的丹尼斯·梅多斯博士注1等学者在1972年发表了《增长的极限》，就地球的可持续性提出质疑，引起众多关注。梅多斯博士等在报告中提出警告，如果人口和工业生产活动继续持续增加的话，就会带来资源枯竭和环境恶化，由此在100年以内人类的增长就会达到临界点。

此后，联合国设立的“世界环境与发展委员会（布伦德兰委员会注2）”在1987年发表了研究报告《我们共同的未来》（Our Common Future）。在其报告中提倡“开发应在不损坏将来世界的需求下，来满足现在世界的需求”这一“可持续”（sustainable development）的理念。这一理念指出了，为了解决贫困问题今后也需要经济增长，而今后的经济发展与以往有着本质的不同，需要以可持续的形态进展。此后，通过1992年在里约热内卢召开的“有关环境与开发的联合国会议”，2002年在约翰内斯堡召开的“有关可持续的全球首脑会议”等，“可持续”的理念在国际上得到广泛认可。

如果看十几万年前开始的世界人口变迁，可以说工业革命之后呈几何倍数增加（图1）。世界人口在《增长的极限》之后也年年增加。在从1970年开始的35年间，人口增加了近1.8倍，至于能源消耗、食物消耗则超过了人口的变迁（图2，表1）。

“生态立足区”注3是评价人类社会经济活动会给地球环境带来多大负担的指标之一。根据这一指标可以看出，20世纪80年代中期，我们人类由于社会经济活动所造成的资源耗费速度就已经超过了地球能再生产的能力。另外，根据最新数据（2005年）显示，由于人类活动所消耗的资源以及产生的废弃物已经超过地球可持续供给资源量以及可吸收废弃物量的近3成（图3）。

造成地球环境问题的根本在于人口快速增加和经济发展。控制人口的问题与各自的社会宗教以及社会制度有着密切关联，不可能简单地讨论。但是，在考虑地球环境问题时要清醒地认识到，地球范围产生的食物和水不足、资源和能源的未来、全球气候变暖、物种多样性丧失等问题，与人口增加是密不可分的。

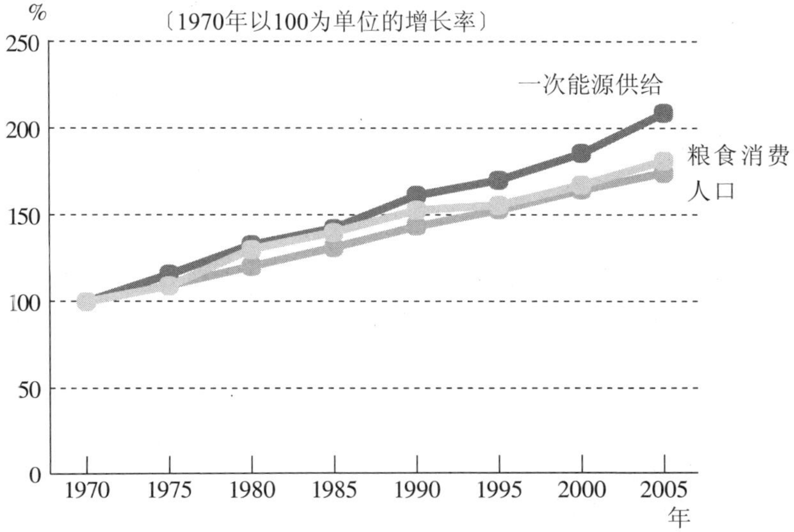

		1970	1975	1980	1985	1990	1995	2000	2005
人口	100万人	3,686	4,061	4,438	4,846	5,290	5,713	6,115	6,512
	年平均增加率	—	2.0%	1.8%	1.8%	1.8%	1.5%	1.4%	1.3%
一次	100万toe	4,970	5,771	6,630	7,153	8,095	8,538	9,263	10,555
	年平均增加率	—	3.0%	2.8%	1.5%	2.5%	1.1%	1.6%	2.6%
供给		1.35	1.42	1.49	1.48	1.53	1.49	1.51	1.62
	100万	1,108	1,212	1,440	1,553	1,707	1,739	1,860	2,021
杂物消费	年平均加率	—	1.8%	3.5%	1.5%	1.9%	0.4%	1.3%	1.7%
		0.30	0.30	0.32	0.32	0.32	0.30	0.30	0.31

图 2/表 1　世界人口、一次能源供给、粮食消耗的变迁（1970 年以后）

注：粮食包括大米、玉米、小麦、大麦等

注：年平均增长率是指过去 5 年间的年平均增长率（1975 年一栏是 1970—1975 年的平均增长率）

注：toe：ton of oil equivalent（石油换算单位：吨）

World Population Prospects，UN. Statistical Review of World Energy2007，BP.

农林水产省《粮食的需求量、生产量、期末库存率的变迁》

蓝色星球奖获奖者莱斯特·布朗（1994 年）注 4认为要想解决贫困问题、环境问题、资源问题，就必须要控制人口增加。虽然人口的增加与贫困之间是相互影响的关系，但是布朗认为，消除贫困的当务之急就是实施人口稳定化政策。

发达国家的发展历史显示普及教育以及提高女性地位是寻求人口增长

稳定方面的重要因素。教育普及以及女性地位的提高是摆脱贫困不可欠缺的条件，由于经济增长教育得以普及，女性的地位进一步提高。发达国家的这些经验对于人口增加比较显著的发展中国家或许可以成为解决问题的线索。

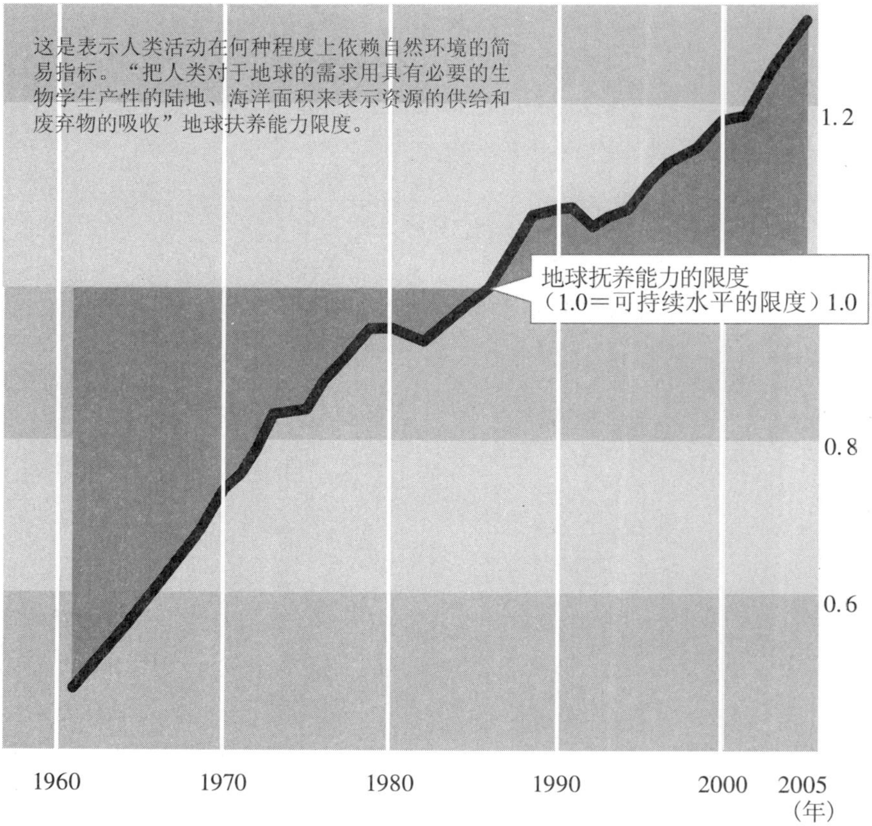

图 3 人类生态立足区的变迁

Living Dlanet Report 2008，WWF 制作

旭硝子财团每年都会针对世界各国的有识之士进行问卷调查注 5，利用“环境危机时钟”的计时针来表示随着环境的恶化的人类生存危机意识（图 4）。计时针每年都在向前推进，从 1992 年最初调查开始时的 7 点 49 分，进展到 2009 年的调查结果是 9 点 22 分，这表明了众多有识之士的危机意识已经达到“极度不安”的程度。当然解决地球环境问题不能只依靠这些有识之

士，最重要的是需要普通大众都对地球环境的现状有清醒的认识，同时身体力行采取具体行动。

本书探讨的正是，在人类活动带来了经济发展，也使地球环境被破坏到难以恢复的状态下，今后我们必须做什么。

在第 1 章《人类面临的最大危机》中，首先针对我们已经切身感受到的地球环境的危机现状进行了阐述，它包括世界人口的增加，伴随工业化的城市人口集中以及大自然的消失，能源、水资源、食物资源的过度消耗以及供给不足（面临极限的人类行为）。其次提出了全球气候变暖以及物种多样性消失的问题。这些问题虽然在我们日常生活中难以直接体验，但其长期缓慢的影响越来越显著化，而且范围变得非常之广大，也变得越来越深刻。此外还将特别阐述这些问题的相互关联性，而当这些问题带来的影响越来越显著化时，将会给我们人类的生存带来危机（悄然而至的危机）。

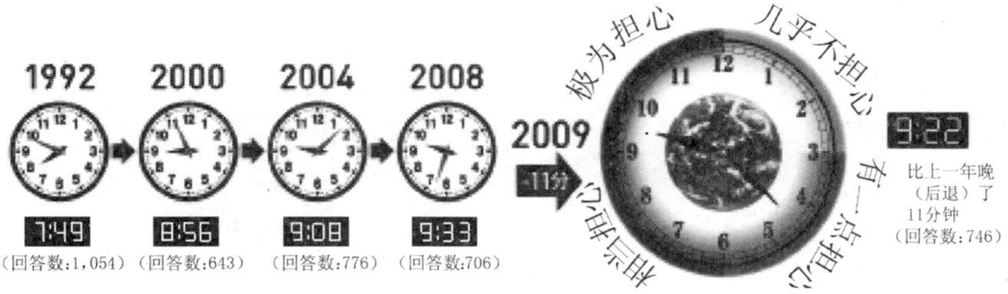

图 4　“环境危机时钟”的变迁

出自：2009 年旭硝子财团环境问卷调查报告书

第 2 章《21 世纪的目标》中，在对第 1 章中说明的地球环境危机的现状认识的基础上，提倡为了今后人类可以继续生存下去，应当建构一个在自然循环中进行人类活动的社会。本书中把这样的社会称为“太阳能源社会”。其基本思考来自人类是自然的一部分，就应当在自然的约束下与包括其他生物在内的他者相互扶助，和谐发展。

为了实现第 2 章中所描述的社会状态，在第 3 章《克服危机创建未来社会》中提出了几个方法和策略。例如，在自然的机制中利用像太阳能这样的可再生资源和能源等方法。

在最后一章，再次确认本书阐明的重要内容，并归纳总结。

2. 面临极限的人类行为

（1）城市化招致与自然的脱离

人口向城市集中

随着人口的增加，经济活动扩大，形成了城市，而随着工业化进展，促使城市规模扩大。预计今后城市还将不断扩大，城市居住人口注6将从超过世界人口50%的现状，扩大到2050年超过世界人口70%（图5）。

面临极限的城市

由于城市所具有的功能性和效率性之高，在经济发展中起到了巨大的作用，但是同时也面临着很多的极限。

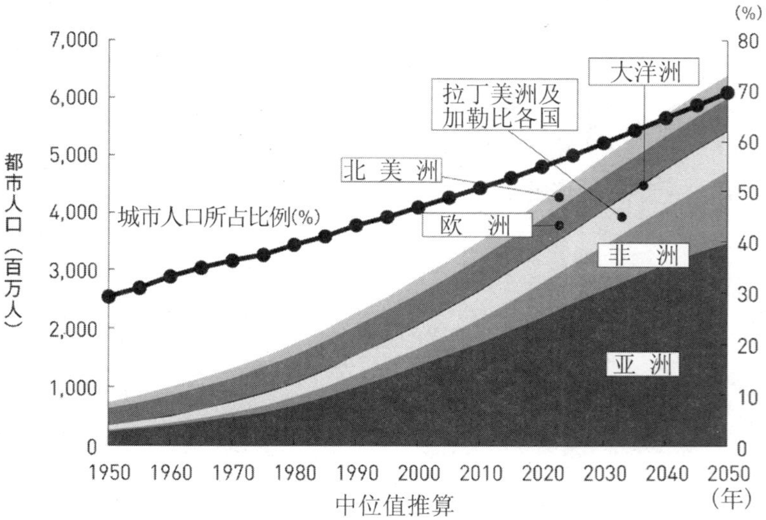

图5 城市居住人口的变迁以及未来预测

＊城市的定义以各国规定为基准。

World Population Prospects：The 2008 Revision，UN 制作

当城市的人口迅速增加并出现过剩时，由于就业机会、居住环境、基础设施等不足，引起交通混乱、居住环境恶化、城市贫民增加、环境污染、犯

罪增加等诸多问题越来越显著。就环境污染来说，产业用地以及汽车交通的增加产生了大气和水质等环境污染问题。特别是在发展中国家，因为企业不能负担应对环境保护的成本，环境污染极其严重。

此外，城市也是不断消耗和废弃大量资源和能源的场所，有时就造成了城市发展的制约。例如：城市所需要的生活用水和工业用水等水资源，都是从城市周边的流域来进行调配的。但是如果取水行为给地区的水循环造成很大影响的话，水供给的稳定性就会遭到破坏。虽然大量产生的废弃物经过中间处理之后会做最终处理，但最终处理场所的残容量越来越吃紧成了非常显著的问题。这些问题都成为经济增长不断扩大的大城市所面临的共同课题。

虽然城市用人造物品来替代自然的一部分功能，来克服自然的约束。但是就像前面所述，城市也很脆弱地容易受到环境和资源能源等制约。也就是说，除了全球气候变暖等地球环境问题以外，随着城市活动扩大所产生的环境污染以及资源制约也会使人类面临“增长的极限”。

脱离自然的人类

城市化使人类的便利性向上，相反许多大城市在市区扩张的过程中，对地域的自然环境进行了巨大改造，减少了人们与自然的接触机会。此前，与自然共生存的人们由于城市扩大脱离自然，而从自然中隔离开的人们，很多已经忘记自己是大自然的一部分，已经难以感受到人类存在是来自于大自然的恩惠。

目前世界上约半数人口居住在城市，也就意味着人类半数处于与自然没有太多接触的状况下。这能不说是严重的危机吗？若问为何，那就是只有经常地与大自然交流，才可以产生珍视自然的价值观。在背离自然的环境中，不能深切体验到人们是作为自然的一部分，因而关爱自然的心情越来越淡漠。

构筑可持续城市的国际性合作

人类要想克服环境污染以及资源有限等问题，在城市中能够与大自然相接触，就必须关注自然的循环体系，有必要转向在自然中成长的城市。这样的取向，建设生态城市，世界各地的城市都在进行努力。另外作为国际间合作，有联合国人类居住计划（UN-HABITAT）是解决城市化以及居住等相关问题的，国际环境自治体会议（International Council for Local Environmental

Initiatives：ICLEI）是致力于保护城市环境的国际性商讨会，还有联合国环境规划（UNEP）等等组织，这些组织主要是普及构筑可持续城市，共享地方政府（自治体）的措施事例，并进行人才培养以及技术性的援助等。此外亚洲开发银行和世界银行等还对为改善城市环境的投资进行财政援助。

（2）能源资源的枯竭

不断增加的化石燃料消耗

始于 18 世纪的工业革命以工业生产为中心，带来了经济发展。之所以经济发展是因为利用了在自然界中存在的煤炭、石油、天然气等能源资源。从世界一次能源的供给量的变迁（图 6）可以看出，能源利用随经济增长一路上扬，在过去的 40 年里增长了约 3 倍。

可以看出这一增长在不同区域有着很大差距。在发达地域（OECD 各国）由于经济发展，产业结构发生变化，消耗能源的机器效率得以改善，由于不断地朝节能方向进展，能源供给量的增长率呈现下降趋势。但是经济基础的确立还不十分牢固，亟待发展经济的发展中地域（非 OECD 各国）其增长率上升。特别是在亚洲太平洋地区，能源供给量显著增加。

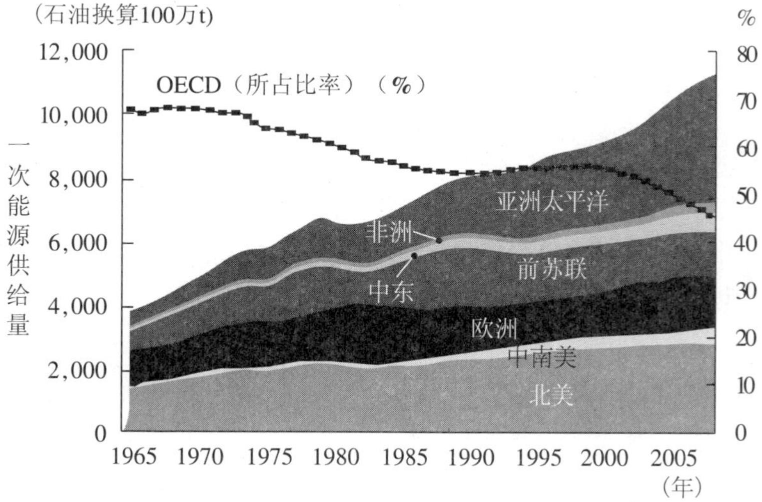

图 6　世界一次能源供给量的变迁

依据 Statistical Review of World Energy 2009，BP 制作

能源消费增加的发展中地域

在发展中地域能源供给增加的最大原因是快速的经济增长。如图 7 所示，2003 年之后世界的 GDP 增长率在 5%前后，近年的亚洲太平洋地区的经济增长十分显著，其中，中国和印度的平均增长率在 10%左右，这与其能源供给的增加相对应。

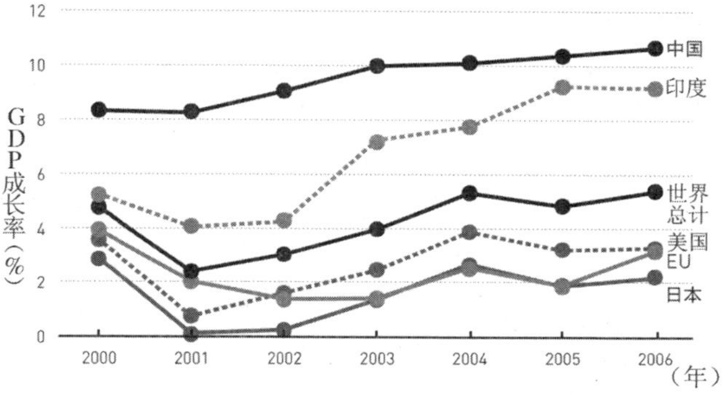

图 7　经济增长率的变迁

依据 World Economic Outlook Database for April2007，IMF 制作

从平均每人能源消费量来看（图 8），发展中地域至今还大大少于发达地域。如果，发展中地域的经济发展目标与以往的发达地域相同的话，世界整体的能源消费量将比现在膨胀几倍。

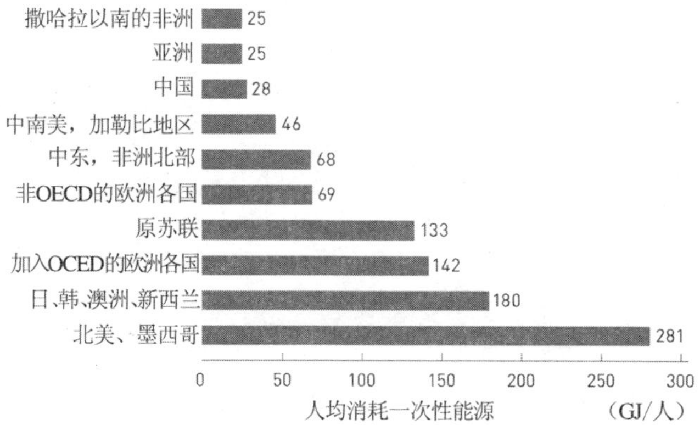

图 8　主要地域人均能源消耗量的比较

注：GJ：千兆焦耳（焦耳的 10^9 倍）

World Energy Assessment 2004 overview，UNDP，2004 制作

走向可持续能源资源的利用

以化石燃料为中心的能源消耗扩大，使温室气体排放增加，这成为全球气候变暖的原因。另外，资源埋藏量有限，化石燃料的消耗扩大加速了资源枯竭。从原油以及液化气生产量的变迁及未来预测中可以看出，2010年前后迎来生产量的高峰，此后将逐渐减少（图 9）。

可以预测的是随着发展中地域的各国经济增长，今后的资源消耗将越来越大。但是发达地域无法指责发展中地域的能源消耗扩大。因为发达地域过去也是依靠大量的消耗能源，排放二氧化碳来取得经济发展，那么，发展中地域也应当享有与发达地域同样的增长权利。联合国气候变化框架公约的序言中指出“认同所有的国家（特别是发展中国家）为了实现社会和经济的可持续，都需要获得资源的机会（中间略），需要增加能源消费（后略）”。

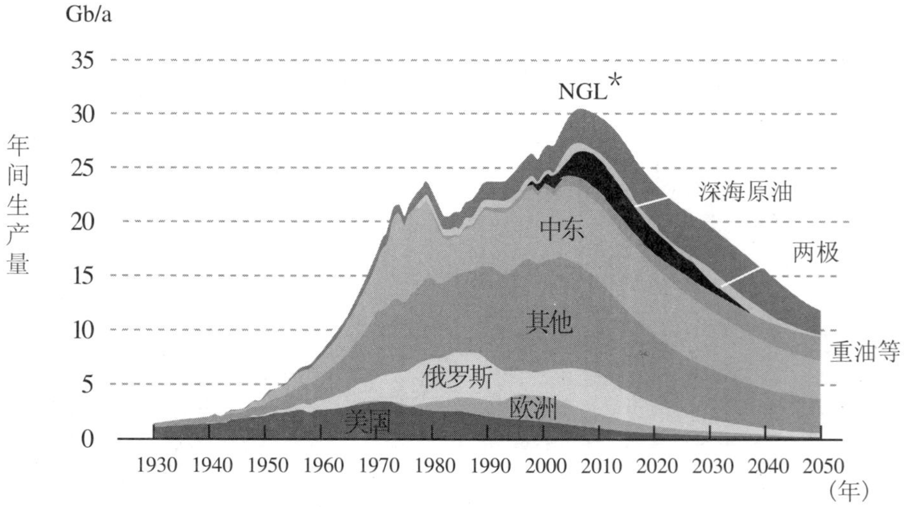

图 9 原油以及液化气生产量的变迁及未来预测

＊NGL：Natural Gas Liquid，凝结水

依据 Oil and Gas Liquids 2004 Scenario，Hubbert Peak of Oil Production website（http：//www.hubbertpeak.com/Campbell/images/2004Scenario.jpg）制作

发展中地域当然享有谋求经济增长的权利，但是如果一直像现在这样，世界不断地扩大化石燃料的消耗的话，就会加速资源枯竭，同时全球气候变暖的威胁越来越大。

为了世界一边寻求发展中地域的经济增长，一边实现资源和能源的持续利用，首先应该要求发达地域实行大幅度的节能，从化石燃料等枯竭性的能源供给转换为可再生能源的供给。与此同时，发展中地域不是追求发达地域曾实行的过剩消耗资源和能源的生活模式，而是作为在自然中生活的人类，必须以建立资源和能源循环型社会为目标，积极地引入节省资源、能源的技术和系统。发达地域对于发展中地域可持续增长所需的技术和资金，应给予援助，这种援助对于世界整体的资源和能源的可持续利用是不可欠缺的。

可持续能源资源利用的国际性合作

能源问题相关国际性合作以 1973 年第一次石油危机为契机，当时的主要发达国家（G6）为了稳定世界经济，经过协调召开了主要国首脑会议。1975 年召开的第一次会议上，各国在确保经济增长所需的能源，以及通过能源节约和替代能源开发来减轻对能源进口依赖度等方面，达成了共识。20 世纪 80 年代之后，虽然原油价格一度稳定下来，但是 2003 年的伊拉克战争爆发之后，原油价格高涨，加上全球气候变暖等问题出现，主要国首脑会议上就“能源安全保障”作为重要问题重新进行商讨。

近些年，在 2008 年先于洞爷湖峰会召开的“G8＋3”注 7能源部长集会上，节能被认为是“在满足能源安全保障、气候变化以及经济增长上最迅速且费用成效最划算的方法之一”，国际能源组织 IEA 注 8针对 G8 各国的节能对策——“节能建议”，一致同意在各国国内付诸实践。此外，在 2009 年的 G8 能源集会上，还结成了“国际性节能合作伙伴关系（IPEEC)”，以此来推动国际性节能活动。IPEEC 为了使参与各国提高节能水平，通过制作能源效率指标，收集各种最佳实践方法的信息，共同研究节能技术等，谋求促进各种自主性的合作。

(3) 水资源利用的可持续性和公正性

有限的水资源

据推算，地球上水的总储量约 14 亿立方公里。其中约 97%是海水，剩余的淡水主要以冰川或冰河形式分布在北极和南极区域。地下水、河川以及湖沼中的水储量占地球上水总储量的 0.8%。这其中绝大部分都是地下水，存在于河川和湖沼中的水储量仅占地球上水总储量的约 0.01%。

整个地球的降雨量每年约为 57.7 万立方公里，陆地的降雨量每年约为 11.9 万立方公里。其中，每年约有 7.4 万立方公里蒸发消失，4.3 万立方公里成为地表流水，剩余约 0.2 万立方公里变成地下水。

水资源循环于地表、大气、地下和海洋，人类则在其循环途中作为资源进行利用。因此，人类不打破循环而利用水资源的话，就不会枯竭。但是，现实中人类的行为已经对水的循环造成了很大的影响，其结果常是助长了水资源的分布不均。

例如，人类为了开发土地大量砍伐森林，常常就会给森林所具有的水源涵养以及蒸发等支撑水循环的重要机能造成很大的破坏。当大自然的水源涵养以及蒸发的机能消失时，这里的河水流量以及地下水位降低，也会对降雨量造成一定的影响。另外在城市地区，土地被人工建筑所覆盖，热空气弥漫其中，造成气温上升，产生城市热岛效应。这一现象带来了局部地区的降雨模式发生剧烈变化，造成城市洪水等灾害。根据 IPCC（Intergovernmental Panel on Climate Change）的第四次评估报告书注 9预测，随着全球气候变暖的气候变化，全球规模的水循环也发生变化，热带和高纬度地域的平均降雨量增加，许多亚热带和中纬度地域的平均降雨量减少。同时还指出，总体来看降雨强度注 10不断增加，大陆的内陆区域夏季变得易干燥，造成干旱的危险性加大。

水资源的不均衡

维持人类生命以及生产食物都离不开水，但是水资源的储存量由于气候以及地理条件等因素的影响，存在区域性的极大不均衡。各国的水资源量注 11存在着很大的地域差距。例如：越南为 2708 升/每平米·年，而沙特阿拉伯只有 0.93 升/每平米・年。

除了气候以及地理条件造成水资源量的分布不均衡以外，实际上由于用于供水的社会基础设施不足以及人口急增等社会因素，水资源得不到有效利用，有些地区连饮用水都供给不足。例如：图 10 所示为饮用水供给不足人口的区域分布，撒哈拉以南的非洲、东亚、南亚等区域饮用水供给不足的人口非常多。

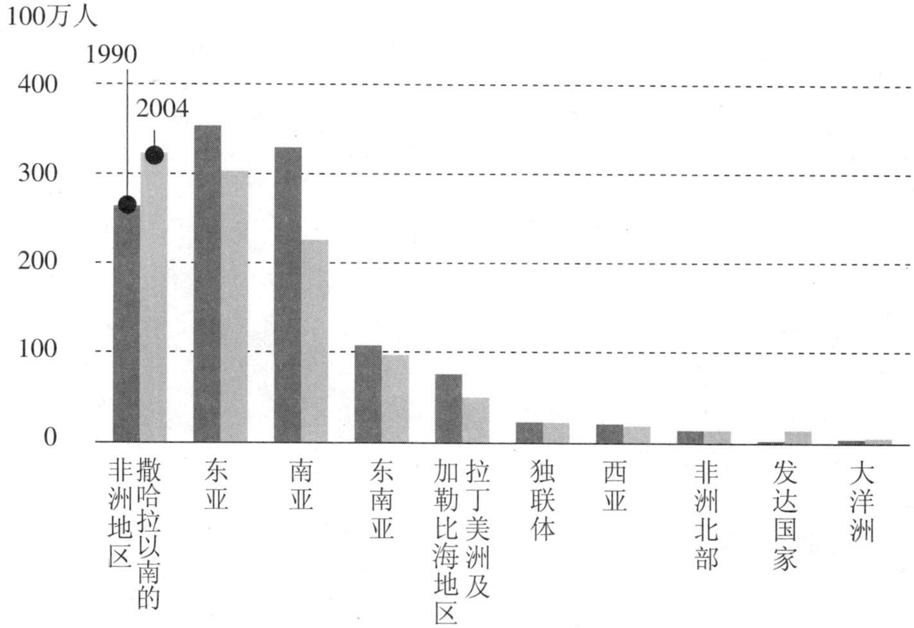

图 10 饮用水供给不足人口的区域分布（1990 年、2004 年）

＊CIS：Commonwealth of Independent States（独联体），原苏联联邦的 12 个国家（http：//www. wssinfo. org/en/231 _ wat _ intro. html. Feb. 2007）

据预测，水供给不足的人口今后还会迅速增加，2050年面临供水不足的人口将达到2005年的5倍以上（图11）。

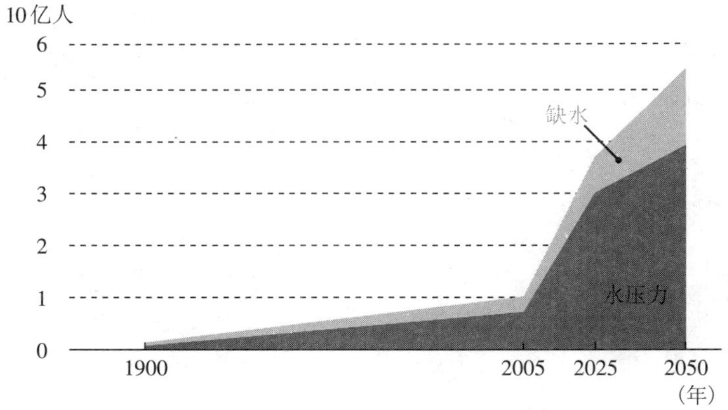

图11 供水不足人口的预测

注：水资源赋存量：是指在大自然的水循环中，最大限可利用的水资源量（年降雨量减去蒸发量数值）

（水紧张：水资源赋存量≦1700立方米/人/年）

（水缺乏：水资源赋存量≦1000立方米/人/年）

依据World Development Indicators 2007，World Bank制作

深刻的供水不足

1950—1995年的45年间，全世界用水量增加了约2.7倍，预计2025年用水量将会比1995年再增加约1.4倍。其中，约66%为农业用水，可以预计直到2025年需求增长不会大幅度减缓（图12）。另外亚洲的用水量比其他地区要大，预计今后需求量还会有显著增加（图13）。

水的需求增加，人们开始过度抽取地下水，出现了地下水位下降或地下水枯竭。另外由于流域的农业用水以及工业用水、城市用水的需求增加，也造成了中国的黄河以及美国的科罗拉多河经常出现中途“断流”的现象。这给鱼类以及水生动植物等生态系统很大影响。

以玉米为例，1吨谷物生产需要1900吨农业用水。因而，不能充分确保农业用水的国家，其生产不能满足国内的粮食谷物需求，需要从海外进口粮食谷物。那样来看，该国通过进口粮食谷物确保了水资源。换位思考的话，这是今后确保水资源值得考虑的视角之一。

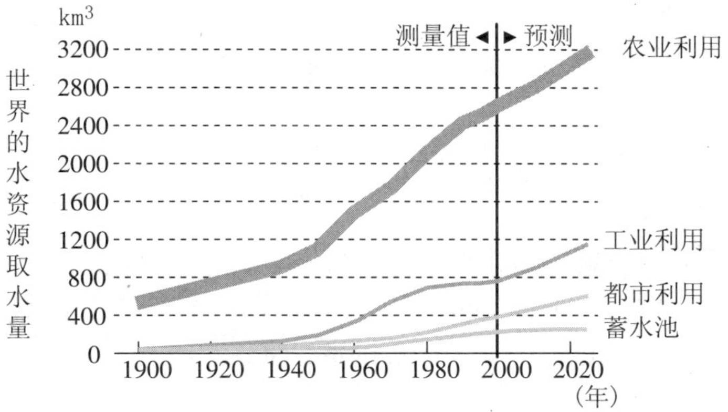

图 12　世界水需求预测（不同用途）

依据 World Water Resources at the Beginning of the 21st Century，UNESCO 制作

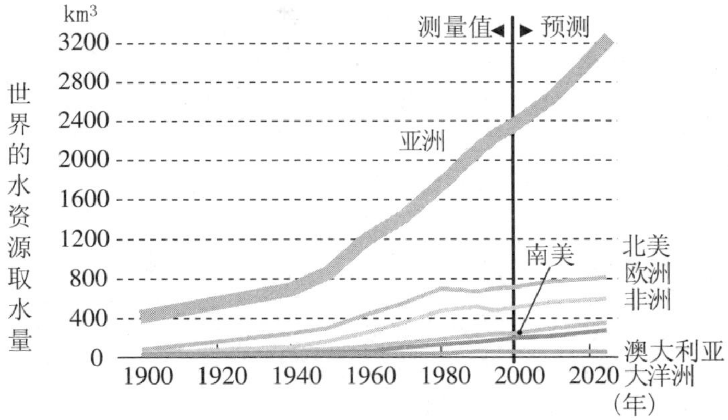

图 13　世界水需求预测（不同地区）

依据 World Water Resources at the Beginning of the 21st Century，UNESCO 制作

水质问题

水资源的问题不仅是量的问题，还有必要从质的观点进行思考。迄今有很多国家都出现了由于农药以及未经处理的工业排水、生活排水造成了水质污染，给人体健康带来损害。在部分发展中国家，经济高速增长的同时有些地区癌症发病率显著增加，究其原因，相当部分的事例是由水质污染造成的注 12。

一般在生产过程以及产品中都会利用各种各样的化学物质，这些物质从工厂的排水，废弃的产品，洒过农药的农田流出，扩散到公共水域。此外，人类食用在污染的水域捕捞的鱼虾，扩散的化学物质积蓄在人体内，带来了长期危害健康的风险。

可持续利用水资源的国际性合作

水问题相关的国际性合作可以列举世界水会议举办的世界水论坛。世界水会议成立于1996年，总部设在法国，是一个水问题相关的国际性智囊团，由各国政府、国际机构、学者、企业以及NGO组成。在世界水会议的号召下，世界水问题以及相关政策等不同立场的人们参与讨论，设立了世界水论坛，并于1997年在摩洛哥的马拉喀什召开了第一届世界水论坛。2000年在荷兰的海牙召开了第二届世界水论坛，以提高全人类的水危机意识为目的，提出了“21世纪世界水构想”。

在“21世纪世界水构想”中提出了今后与水问题相关的重要课题，其中包括“控制灌溉农业的扩大”、“提高水的生产效率”、“增加蓄水量”、“改革水资源管理方法”、“强化流域内的国际合作”、“评价生态系统功能”、“援助技术革新”等。

(4) 确保粮食的可持续性和公平性

粮食供应不均衡以及公平分配

联合国粮农机构（FAO）的报告注13指出，2008年这一年全世界约有9亿1500万人处于慢性营养不良的状态，每年有1800万人因饥饿致病而死。人均热量供给量（图14）撒哈拉以南非洲最低，其次是南亚。这些地区的热量供给量仅有高收入国家的约三分之二，地区间粮食供给存在巨大差异。

根据FAO的估算，2005年世界谷物总产量约22.4亿吨。根据川岛2008年计算注14，如果把世界总产量22.4亿吨的谷物均等地分配给世界65亿人的话，年人均可以得到约350公斤的谷物供给量。比如其全部为大米的话，每天人均热量供给为2390千卡。虽然比目前日本每天人均粮食供给量2750千卡要少，但是如果考虑人类除谷物以外还摄取其他食物的话，世界平均年人均350kg谷物足以养活全人类。也就是说，世界生产的粮食如果能在全世界进行适当的分配，就不会出现粮食不足的问题。但实际上，由于地域的社会经济以及自然条件等不同，致使粮食生产以及确

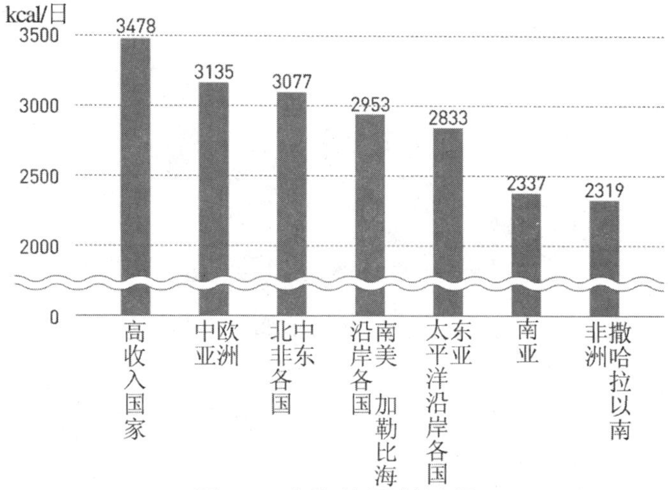

图 14　人均热量供给量

依据 FAOSTAT，FAO 制作

保食物出现了不均衡，因而出现了营养不良的地域。具体地讲，主要原因有自然灾害及战争造成农业生产力下降，大大高于农业生产率的人口激增，以及贫困等都是原因之一。

FAO 指出，从 20 世纪 70 年代开始世界营养不良人口逐渐减少，但是到了 90 年代中期又开始转为增加倾向，正如上述 2008 年达到 9 亿 1500 万人。1996 年世界粮食峰会在罗马召开，虽然提出的目标是到 2015 年把当时营养不良人口减半，但是此后营养不良人口持续增加，于是在 2002 年世界粮食峰会上指出要达成 1996 年的目标非常困难。另外，预计随着人口增加以及食物结构变化，例如由于发展中国家对肉食需求增加，到 2020 年用于家畜饲料的谷物需求将是现在的 2 倍，谷物将需要大幅度增产。需要指出的是今后新用耕地只能利用土壤条件差、降水量不充足以及偏远地方的土地。

在中国、巴西、印度这样的新兴国家，一方面国内最贫困层的人们营养不良，另一方面富人们则面临着肥胖等健康方面的问题，两种极端的状况同时存在。还需要指出世界粮食市场为了维持价格，相当一部分食物被废弃，剩余食物用于家畜饲料等，带来了营养价值浪费。

今后的粮食供需

就今后的粮食需求，根据 FAO 的谷物需求预测，特别是在东亚和南亚等发展中国家，谷物需求将增加（图 15）。另据预测，工业国以及向市场经济过渡国家注 15的谷物自给率将会提高，到 2030 年将达到 120%以上（图 16）。另一方面发展中国家的自给率大体下降，特别是中东、北非各国的自给率预计在 2030 年将低于 60%。

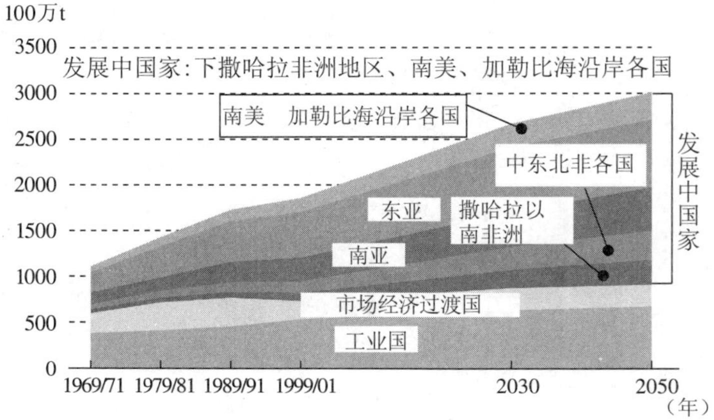

图 15 不同地域的谷物需求预测

注：市场经济过渡国（Transition countries）指东欧各国及前苏联联盟各国。

依据 World agriculture：towards 2030/2050 Interim report，FAO 制作

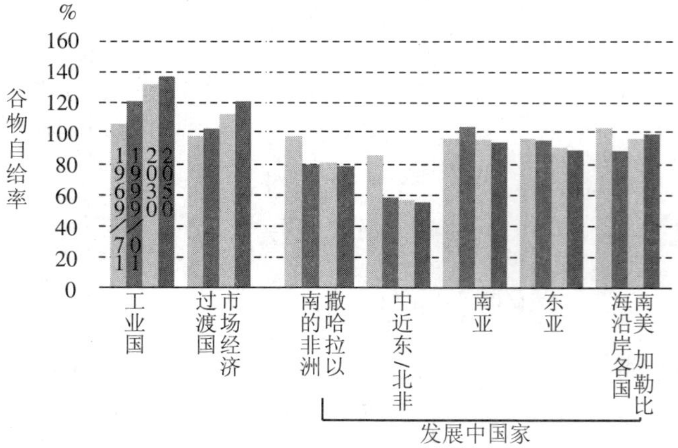

图 16 不同地域谷物自给率预测

注：市场经济过渡国（Transition countries）指东欧各国及前苏联联盟各国。

依据 World agriculture：towards 2030/2050 Interim report，FAO 制作

就未来粮食的供需均衡，可以考虑增加单位面积相当的收获量和开垦农业用地来增加粮食生产，这样从世界整体来看，供给的粮食就可以满足粮食需求。川岛计算（2008 年）推算出要想满足 2050 年粮食需求，就要由 2005 年单位面积收获量的世界平均值 3.3 吨/公顷，提高到 2050 年 4.0 吨/公顷。他还指出这个世界平均值的增加可以通过利用高产量品种、化肥、灌溉等的普及来实现。特别是在目前单位面积收获量较低的地域进行普及既有好的效果，也非常重要。

根据 FAO 的研究表明，充分考虑环境影响进行农业用地开发时，就会有很多的可用作农地开发的闲置地。例如据推算在撒哈拉以南非洲就有可用作农地开发的闲置地 7 亿公顷以上注 16。以上是宏观推测，说明了满足未来粮食需求的供应是可能的，但是实际上由于化肥以及农药的过量投放等，使土壤劣化，加之气候变化也会对粮食生产造成很大影响。

气候变化给予粮食生产的影响

气候变化给世界粮食生产造成了很大的影响，据预测其结果将促使世界粮食供给陷入严峻的状况。到 2050 年全球气候变暖的结果，预计可能会促使发展中国家总的农业可生产量减少 9%～21%注 17。

特别是非洲应对气候变化比较脆弱，由于气候变化的影响农业生产将减少 15%～30%左右，结果就是进口依赖度将大幅提高注 18。

在中高纬度地域，由于世界平均气温上升 1～2℃左右，尽管某些谷物的生产率提高，但是如果平均气温继续升高，农业生产率就有可能整体降低注 19。

粮食生产给环境带来的影响

农业基本上是与土地息息相关的产业。换言之，为了确保农业用地，人类社会的活动之一是改变自然和生态系统，这无疑将给自然带来很大的负担。

从环境保护的角度来看农业所带来的问题是，过度开垦使生态系统遭破坏、农药等会造成土壤污染以及邻近河水的污染、农作物进出口还会带来意识不到的水资源移动、此外导入转基因作物也会影响其他作物、无意识的基因重组产生基因扩散等。

为了生产粮食确保水资源和农地

灌溉可以有效地促进农业生产，但是灌溉农田仅占世界耕地的约17%。这些灌溉农田生产了占世界总产量的三分之一以上的粮食。发展中国家中可利用的水资源有约40%用于灌溉，但是一半以上的水由于渠道漏水以及供水损失等原因而消失注20。为了提高农业生产率，必须有效的利用灌溉用水。

从确保耕地方面来看，一方面中南美以及东南亚由于开垦热带雨林，在短期内带来了产量增加，但是另一方面由于热带雨林消失，造成土壤流失，给土壤中的养分带来影响等长期性的土壤劣化。另外，过度开垦对后面将涉及到的物种多样性的保护产生恶劣影响。

确保可持续性粮食生产的国际性合作

有关粮食问题相关的世界性合作的进展，包括了援助对粮食问题困扰的发展中国家、农作物市场和贸易的稳定，促进世界粮食生产等视角。

1996年世界粮食峰会在罗马召开，会议制定的目标是到2015年把全世界营养不良的人口从当时的约8亿人减半，并通过了“关于世界粮食安全保障的罗马宣言”以及“世界粮食峰会行动计划”来援助对粮食问题困扰的发展中国家。但是1996年粮食峰会之后，营养不良人口还在继续增加，在2002年的世界粮食峰会上，终于认识到了达成1996年目标的困难性，同时确认为消灭饥饿强化国际间合作的必要性。此后2008年6月召开的高级别会议上发表了宣言书。重新确认了这些宣言以及行动计划、千年发展目标注21(MDGs)，其内容除了即时和短期措施，还制定了中长期措施，还有对现行粮食体系如何应对气候变化进行支援，在保障食品安全的基础上生产和利用生物燃料等措施。在2008年7月举行的洞爷湖G8峰会上，还通过了关于保障食品安全的G8首脑声明，作为中长期的努力方向，协议通过了在5—10年间帮助非洲各国的主要粮食生产翻一番等援助目标注22。

3. 悄然而至的危机

以上概述了资源和能源等不足带来的危机，已经直接影响到了人类活动。这里提出的全球气候变暖和物种多样性丧失，对人类来说很难有明确的切身感受，因此可称其为悄然而至的危机。这两种危机也是由人类的各种行为给地球环境造成负担，使地球环境失去均衡，最终给人类自身造成了巨大影响。

全球气候变暖是因为经济增长所需的能源依赖化石燃料而造成的结果，可以认为是以二氧化碳为中心的温室气体排放量的增加，它促使整个地球气候变化，给人类造成深刻影响。物种多样性的丧失是由于人类以各种形式扩大土地利用，大规模地改变自然，其结果是自然这一给人类带来巨大恩惠的基础在逐渐消失。

（1）全球气候变暖

全球气候变暖问题

为什么会引起全球气候变暖以及会带来怎样的问题等，经过大量研究已经使科学认识在逐渐加深。在此，首先对“全球气候变暖”进行简单说明。

太阳照射到地球上的阳光，通过大气层被地表吸收，温暖着大地，进而从被加温的地表向着宇宙空间散发出红外线的热量。这中间从太阳照射的阳光以及从地表向宇宙空间散发的红外线分别通过包围地球的大气层，使大气层变暖。在大气层中原本就存在二氧化碳以及沼气等“温室气体”，从地表附近向宇宙空间散发的一部分热量也被吸收成为大气中的温室气体。被温室气体吸收的一部分热量又会反射到地表，加热着地表层以及位于下层的大气。由于这样的原理，地球大气层保持着适于生物生存的气温。可是，随着温室气体浓度增加，反射到地表的热量也会增多。其结果就是地球大气层以及海洋的温度升高，平均气温上升。这是“全球气候变暖”的基本原理。

人类活动造成二氧化碳增加

已经可以通过各种方式观测到温室气体二氧化碳增加这一事实。这其中最为著名的是1957年国际地球观测年的时候，在夏威夷毛纳罗亚的美国海洋大气厅地球系统研究所的气象学家查尔斯·D. 齐林博士注23等开始进行的大气层中二氧化碳的精密测定数据（图 17）。从齐林曲线（Keeling Curve）中可以看出，反映植物生长而季节反复变化的同时，大气中的二氧化碳含量逐年增加。齐林博士取得了扎实的持续观测数据，作为进行科学讨论的契机，给全球气候变暖问题提供了重要的依据。

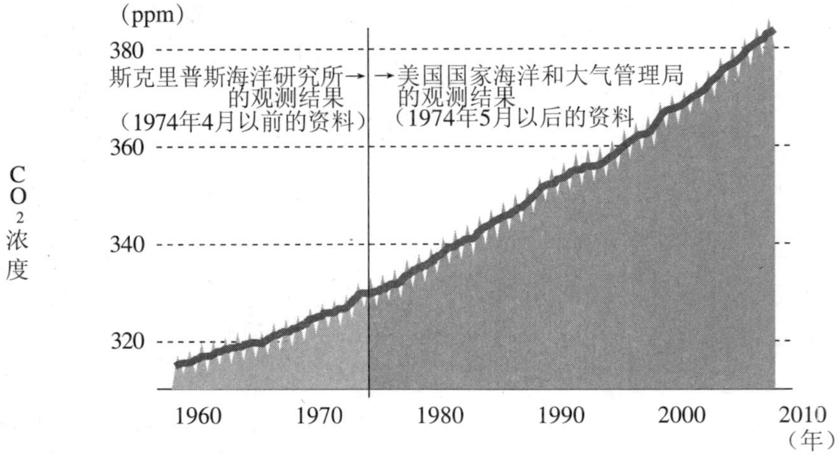

图 17　大气中二氧化碳浓度的变化趋势

依据美国国家海洋和大气管理局地球系统研究所的网页制作

（http：//www. esrl. noaa. gov/gmd/ccgg/trends/co2 _ data _ mlo. html）

在 2007 年 IPCC 第四次评估报告书中发表的调查结果，就人为起因的温室气体增加是全球气候变暖原因的可能性问题，使用了“相当可能 very likely”这一字眼。其表述形式比 2001 年第三次评估报告书中所使用的“可能 likely”表现更为深刻。从夏威夷毛纳罗亚的美国海洋大气厅地球系统研究所的数据中可以看出，过去的 50 年间，大气层中的二氧化碳浓度约增加了 20%以上。同样在 IPCC 第四次评估报告书中还指出，过去 100 年间世界平均气温约上升了 0.7℃，特别是近 50 年来的温度上升速度比过去 100 年间几乎增长了 2 倍。这可以从图 18 中看到。

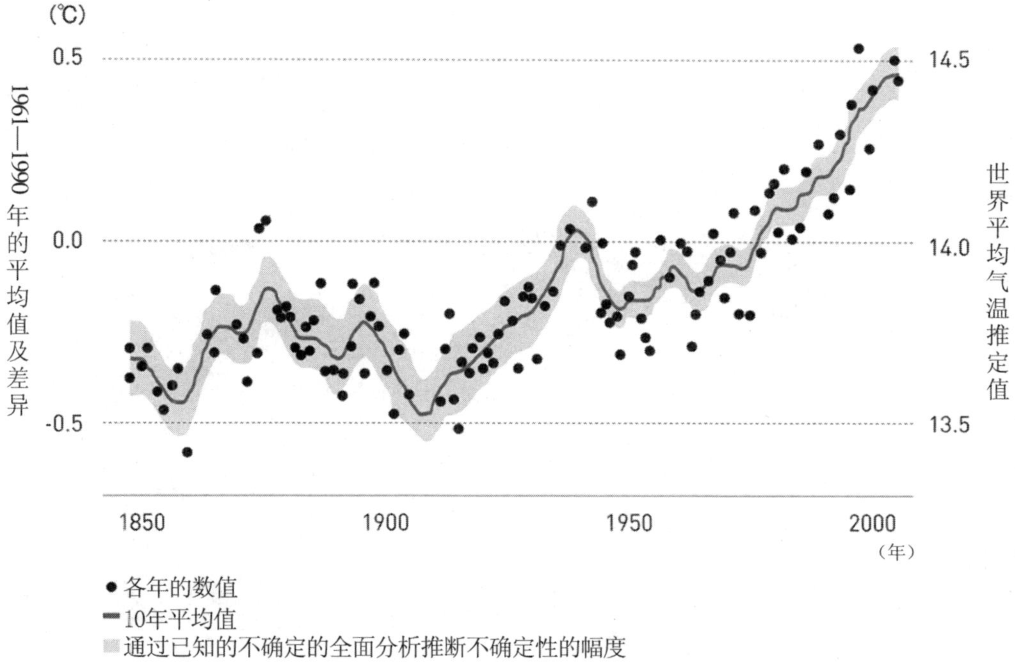

图 18　世界平均气温的变化趋势

依据 IPCC 第 4 次评价报告书第 1 作业部会报告书制作

预测气候变暖造成的影响

据 IPCC 第四次评价报告预测，以 1980—1999 年为基准，当气温提高 2℃以上时，将新增数亿人面临严重的水不足，生态系统中有 30%的生物可能灭绝，低纬度地域的谷物生产率下降，沿海地区的洪水和暴雨灾害频繁，传染病增加等，在各个地域出现灾害的规模将越来越大（图 19）。更进一步预测，气候变暖还会引起海平面上升。目前图瓦卢、马尔代夫等国家已经发生因海平面升高致使国土淹没的情况，这都是气候变暖的具体影响。

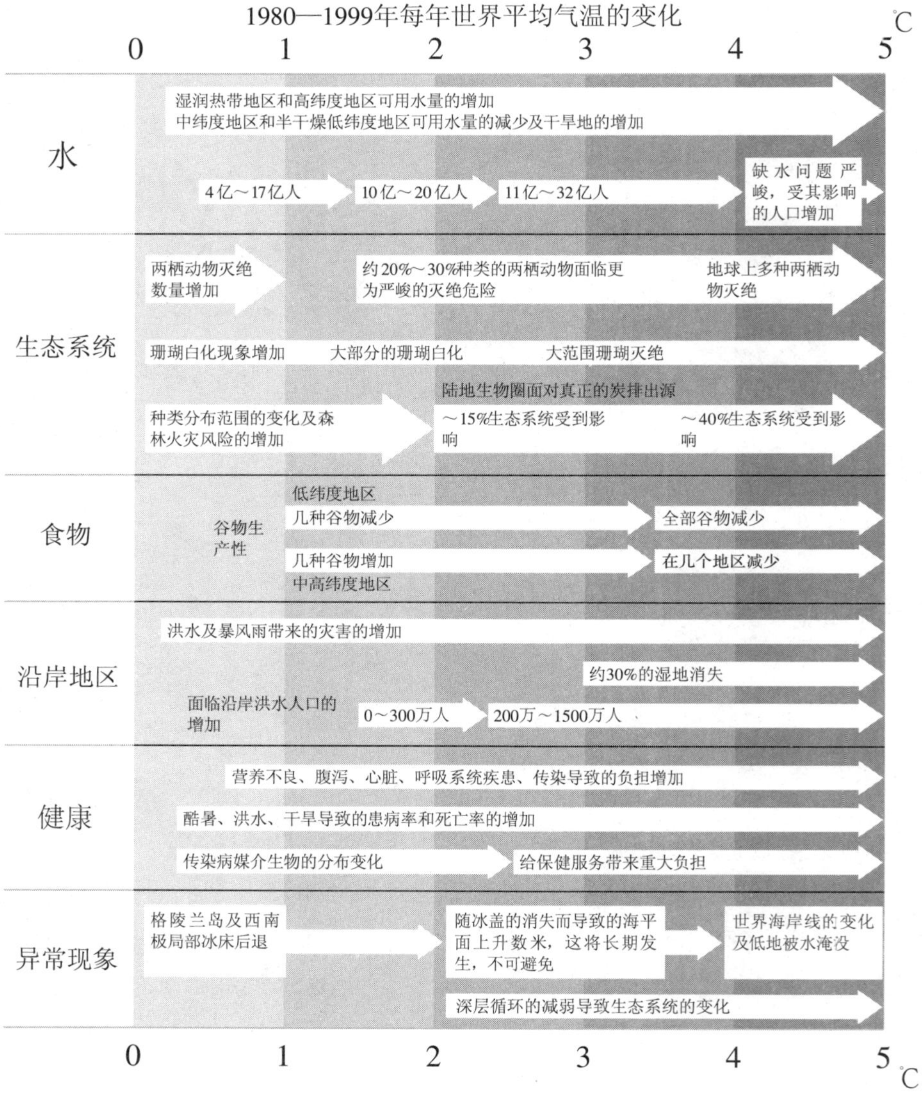

图 19　因世界平均气温上升带来的主要影响

依据 IPCC 第 4 次评价报告书第 2 工作小组报告书 技术摘要（日语版），环境省制作

削减温室气体排放的努力

为了削减温室气体排放，1992 年在里约热内卢召开的地球峰会上，采纳了气候变化合作公约，该公约于 1994 年 3 月生效。公约的目标是“防止

气候系统受到危险的人为干扰，稳定大气中的温室气体浓度的水平上”。公约规定各缔约国有义务实施减排温室气体政策。并且应当在“共同但有区别的责任”的原则下，“发展中国家等视本国情况而定”，“实行迅速有效的预防措施”。

温室气体应当削减到何种程度，在 IPCC 第四次评价报告书中指出，为了使大气中的温室气体浓度稳定在 450ppm，全世界的温室气体排放量在今后的 10～15 年必须由增加转向减少。共同实现到 2050 年将全球温室气体排放量削减至 2000 年的一半以下。特别是在联合国气候变化合作公约附属文件Ⅰ中的国家注 24，到 2020 年其温室气体排放量必须比 1990 年消减 25％～40％，到 2050 年应削减 80％～95％。

为进一步推动温室气体的削减，在京都举行了 1997 年第 3 次缔约国会议（COP3），会议通过了《京都议定书》，各国分别制定了温室气体排放量要在 1990 年的基础上进行削减的目标值。《京都议定书》规定从 2008 年到 2012 年间（第一承诺期），有义务注 25 比 1990 年削减一定的数值，并于 2005 年 5 月开始生效。

目前正在对第一承诺期之后的目标值（后京都议定书问题）进行讨论和研究。欧盟理事会就到 2020 年温室气体排放量比 1990 年至少削减 20％的方针已经达成基本共识。2009 年 9 月鸠山首相在联合国气候变化首脑会议上明确表示，作为“国际公约”到 2020 年日本中期目标比 1990 年削减 25％的温室气体排放。曾经对设定目标值态度消极的美国，在 2009 年奥巴马政权上台之后，表现出想要在应对气候变化政策领域主导世界的姿态。在后京都议定书的讨论中，发展中国家如何设定减排目标成为重要的课题。中国和印度反对制定义务性目标，但是中国国家主席胡锦涛在联合国气候变化首脑会议上也表示，努力做到 2020 年的每单位国内生产总值（GDP）的温室气体排放量比 2005 年有“大幅度削减”。

2009 年 12 月第 15 次缔约国会议（COP15）以及第 5 次京都议定书缔约国会议（COPMOP5）在丹麦的哥本哈根举行，就后京都议定书采纳了不具备约束力的国家间协议（哥本哈根协议）。虽然 COP15 在哥本哈根协议中把取得政治意见一致作为最低目标，但是最终决议还是停留在内容不具备约束力层面上。哥本哈根协议中提出世界整体必须大幅度削减温室气体排放量，把温度上升控制在 2℃以下。还有发达国家应当设定到 2020 年的定量减排目标，并实行强制减排已达设定目标。再则发展中国家在削减温室气体排放中采取行动，在资金上发达国家援助发展中国家等等。比此前的峰会文件等在内容上更加深入。哥本哈根协议虽然在政治上没有达成一致意见，但值得评价的是各国认同协议内容的重要性，并且协议内容可以作为今后讨论的基础。但还是留下了非常艰难的课题，后京都议定书相关联的发达国家和发展中国家之间利害关系的隔阂很大，为了消除隔阂探讨具体方针和策略，有必要建立一个具有实效性的国际性的框架。

(2) 物种多样性的丧失

物种多样性以及恩惠

约 40 亿年前地球上诞生了生命，生物不断进化创造出多姿多彩的自然。从单细胞原始生物开始，进化成为多细胞生物，然后进入陆地，诞生了各种各样的生命。作为生物之一的人类注 26也是在生物进化过程中诞生的，因此人类与其他生物有密不可分的联系。

在这一生物进化的历史中产生出来的就是“物种多样性”。所谓物种多样性，是指生态系间、生物间、生物内（基因）三个层次的多样性。所谓生态系多样性指在不同场所适应其环境而共同生存的各种不同生态系。所谓生物间多样性是说由于地域和环境的不同，有各种不同的生物存在。生物内多样性则意味着由于基因的不同，即使相同生物在形态特征等方面也千差万别。

生态系建立在非常复杂的均衡基础上。生态系的机能很大程度上依赖于其内部存在的生命多样性，生物通过相互关联和相互扶持来维持生命。生物消失意味着影响生态系的均衡，造成生态系的价值降低。虽然我们在现实生活中很难切身体会到自然中的一个生物消失会带来什么深刻影响，但是必须认识到这对于自然来说却是一个重大的问题。

自古以来人类过着遵循自然的生活。那样的生活使人类从其他的众多生物和其周围环境中，得到了各种各样的恩惠。但是近代以后，由于人类的开发行为破坏了自然，结果引起了地球环境的问题。

人类的健康和福利依赖于物种多样性带来的以下那样的生态系服务。支撑物种多样性的自然不仅给人类提供食物、纤维、木材之类的基本素材，以及医药品的原材料。近年来各种各样的生物遗传信息还为药品开发，食物生产，能源生产，科学的进步做出了贡献（供给服务）。还可以净化大气和水，维持自然环境，促进人类健康（协调服务）。地域固有的山川森林惠及当地的风土和饮食文化，在孕育传统文化中扮演了重要角色（文化服务）。

逝去的物种多样性

自从地球上诞生生命以来，生物就进行着多种多样的分化。约 2.5 亿万年前存在的约 35 万生物从海洋向陆地迁移时，呈现大爆发增加，目前确认已有几百万生物。在此期间，地球上的生物经历了 5 次大量灭绝。陨石碰撞以及地壳变动等被认为是促使许多生物灭绝的原因。即使如此，当地球稳定，变成适于生物居住的环境时，生物就会增加，造就了今天的多姿多彩的自然环境。

可以说，目前地球上的生物正面临着第 6 次大灭绝时代。据蓝色星球奖得主（2001 年）罗伯特·梅爵士注 27以及诺曼·麦亚茨博士注 28等研究者指出，目前生物灭绝速度之快是过去灭绝速度无法比拟的，现在地球上的生物正濒于大量灭绝的危机。

那么实际上到底减少了多少生物呢？生命行星指数（The Living Earth Planet Index）是以世界上公开发表的数据为基础，整合了约 3000 个体群变迁的统计指标。按照 WWF（World Wide Fund for Nature）发表的这个指标，可以看出 1970—2000 年之间，生物的个体数约减少了 40%。淡水生态系的生物已经减至半数以下（图 20）。

那么，目前存在的生物濒临灭绝的危机到底多大呢？迄今人类已发现了约 160 万生物。大部分的脊椎动物和植物都已经被发现，而未知的生物大多数是昆虫等无脊椎动物。世界自然保护联盟（IUCN）调查了人类已发现的 160 万生物的灭绝危险性。现在已经完成评估的生物约 4.5 万种，其结果如表 2 所示，约有 40%的生物濒临灭绝的危机。

目前生命的丰富性和多样性正逐步减少，是约 6500 万年前引起恐龙灭绝以来的最大规模。在过去 100 年间，鸟类、哺乳类、两栖类中有约 100 种灭绝，即每年平均有 1 种生物灭绝。这是过去曾记录过的标准灭绝速度的 50～500 倍。如果考虑未被记录在内的灭绝生物的话，可以推算出目前生物

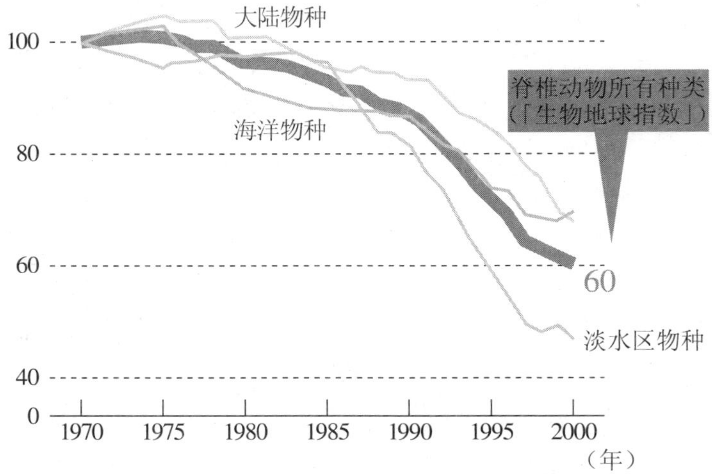

图 20　生命行星指数（1970 年的个体数以指数 100 代表）

地球规模生物多样性概况 2（日语版），环境省制作

（原出处：Living Planet Report（2004），WWF、UNEP—WCMC、Global Footprint Network）

		人类已经发现的物种的数量	生息状况经过调查的物种的数量		濒临灭绝的物种的数量	生息状况经过调查的物种中，濒临灭绝物种所占比率
脊椎动物	哺乳类	5,488	5,488	(100%)	1,141	21%
	鸟类	9,990	9,990	(100%)	1,222	12%
	爬虫类	8,734	1,385	(16%)	423	31%
	两栖类	6,347	6,260	(99%)	1,905	30%
	鱼类	30,700	3,481	(11%)	1,275	37%
无脊椎动物*		1,232,384	6,161	(0.5%)	2,496	41%
植物*		298,506	12,055	(4%)	8,457	70%
其他*		50,040	18	(0.04%)	9	50%
合計		1,642,189	44,838	(3%)	16,928	38%

表 2　濒临灭绝的生物所占比率

*IUCN 红色名录对无脊椎动物（昆虫等）、植物、其他生物划分得非常细致，这里只表示合计。

Red List of Threatened Speeies（2008），IVCN 制作

的灭绝速度是以往地球史的 1000 倍以上。再加上生物数量极多的昆虫，可以说地球上每年都会有几万生物消失。

森林的劣化及其影响

森林生态系约占地球表面积的1成左右，占陆地面积约3成，是主要的生态系。但是在过去300年间其面积减少了40%，促使森林守护下的物种多样性正在大量减少。可以认为过去50年里，造成陆地物种多样性减少的最大原因就是森林向农耕地转换（烧荒、放牧）。

近年来，从自给自足走向货币经济，人口增加和食物（特别是肉类）消费扩大，对自然的价值观（敬畏之心）变化等原因，森林保护受到威胁。例如，亚马孙河流域开垦的森林70%变成了牧草地。另外，以往实行的传统烧荒农业是在人口密度较低的条件下，森林可持续利用的方法，如今也威胁到森林保护。最近，由于人类对矿物资源的需求，涉及矿物资源开发的森林破坏也时有发生。

森林生态系除了给人类带来清洁和安全的水资源之外，还提供各种各样的生态系服务。森林的减少，促使蒸发到大气上空的水蒸气减少，造成降雨量减少，降雨量减少使得饮用水不足，进而导致传染病频发等保健和健康方面的问题。我们知道森林在防止土地滑坡以及斜坡崩塌等方面起着重要作用，可以预想由于森林减少，这些灾害造成的损失将会扩大。

森林有促使地球的氧和碳循环的功能，而且通过植物的光合作用，使大气中的二氧化碳含量维持稳定。但是近年来由于森林转用于耕地，大规模烧荒开垦增加，以及不适当的商业砍伐，森林火灾等，森林迅速消失。由此造成的影响使整个世界年二氧化碳排放量上升至60亿吨注29。这相当于使用化石燃料排出的二氧化碳量（二氧化碳年排放260亿吨）的2成以上。

总之为了防止全球气候变暖，不仅要大幅削减化石燃料的消耗，同时植树造林以及防止森林减少的方针策略也十分重要。IPCC第4次评价报告书中指出，如果实施植树造林以及防止森林减少的话，有可能将全年二氧化碳排放量削减13亿～42亿吨左右。从现状来看，可以说还未采取充分的对策。如图21所示，南美和非洲等地域目前还在继续着违章开发以及乱砍乱伐，从世界整体来看，森林面积还在趋向减少。

因违法砍伐以及违法获取促使森林不断劣化和消失的地域，现状是其大多数还处于经济贫困状态。在进行商讨气候变化合作公约时，有必要就如何控制由于森林减少和劣化所引起的温室气体排放（Reducing Emissions form Deforestation and Degradation in Developing ountrise：REDD）建立新的机构。提出了碳信用观点，引进了物种多样性额外补贴（加价）注30的考虑方式，来防止违法砍伐，保护森林，寻求建立给当地带来好处的机构。

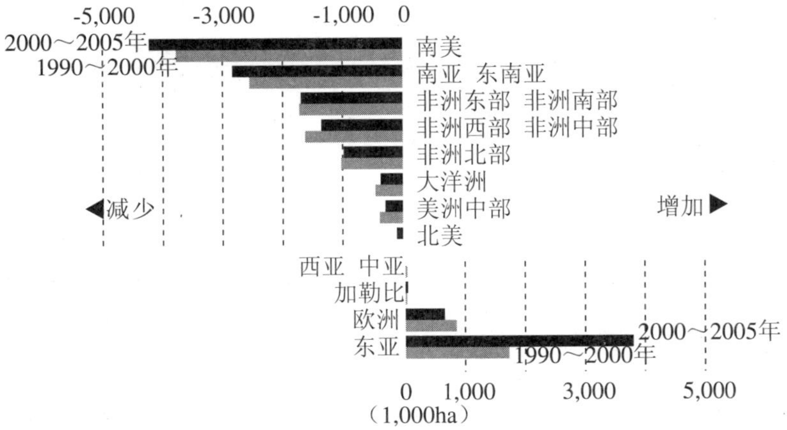

图 21 不同地域的森林年纯变化（1990—2005 年）

Global Forest Resources Assessment 2005 Progress towards sustainable forest management，FAO 制作

损害物种多样性恢复能力的人类行为

每个生物与其生息在同一区域的其他生物相互关联，而形成了生态系（图 22）。生态系中的植物、动物和微生物等之间相互作用互相联系，形成了复杂的系统。在相对稳定的生态系因为存在着多样生物，所以生物之间得以均衡。但是由于人类破坏生物的生息地，过度捕获生物或个体群，污染环境等行为，给物种多样性带来了危机。

目前很多自然生态系的均衡遭到破坏，其严重程度到了不可恢复的状态。物种多样性的危机最明显的表现就是灭绝的生物以及濒临灭绝的生物不断增加。森林砍伐、生物或者个体群的过度捕获，过度使用农药，外来生物增加等人类活动正是产生这种物种多样性危机的起因。

IPCC 第 4 次评价报告书预测，全球气候变暖对于物种多样性造成的影响将使生态系的恢复能力减小，陆地生态系的碳吸收量减少，生物濒临灭绝的危险增加，从生态系中能够得到的水、食物等财富和服务将劣化，随着海洋的酸性上升珊瑚等生物减少等等。

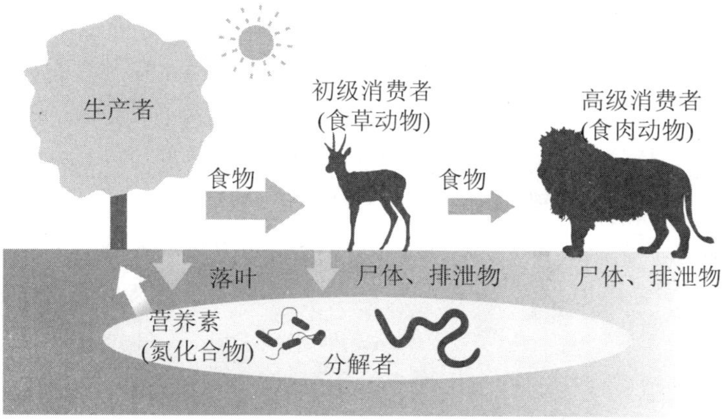

图 22　生态系的形态

具体地讲，出现生态系恢复能力减小是由于气候变化及其带来的洪水、干旱、森林火灾，虫害以及海洋酸性化等引起的。此外改变土地利用，土壤污染，过度开发资源等也是根源之一。预计陆地生态系实际碳吸收在 21 世纪中期以前将达到最大值。此后碳吸收能力将减弱，或者是转向排放，这就有可能增加气候变化的幅度。另外当世界平均气温升幅超过 1.5～2℃时，约 20％～30％的生物濒临灭绝的可能性增加，生态系给人类带来的水和食物等财富和服务也将可能受到显著的恶劣影响。因大气中的二氧化碳浓度增加造成海洋的酸性化，给珊瑚等海洋性贝壳类生物以及依赖其生存的生物带来恶劣的影响。

可以预见的物种多样性丧失带来的影响

2008 年的 COP9（物种多样性条约第 9 次缔约国会议）上，TEEB（The Economics of Ecosystems & Biodiversity）研究项目小组发表的“生态系和物种多样性的经济学”的中间报告注 31中指出，如果针对物种多样性丧失不采取积极的应对措施，到 2050 年所产生的经济损失将会达到世界 GDP 的 6％。

由于全球规模的物种多样性丧失，今后我们要想得到以往人类很容易得到的生态系的各种财富（包括农林水产等）以及服务（包括水和空气的净化，控制气候变化和自然灾害，提供休闲场所等）将变得越来越困难。另外生态系针对干扰及剧烈变化的能力也会变得脆弱。例如，当某种农作物只剩下一个品种时，就会因病虫害而全部消失，使依赖这一农作物生产的社会陷入很大的危机中。存在多样的品种，就可以使生物应对来自外部的各种因素。

生态系被干扰或者物种多样性丧失会给直接依赖身边生态系服务的人类生活带来深刻的影响。例如，居住在发展中国家自然条件优越地区的人们，其生活所必需的水、食物、燃料等可以取自于身边的森林等自然环境中，此时，这种行为有可能使地区的生态系遭到破坏，就难以确保从森林等取得安全的水、食物和燃料。由于这些地区的经济活动不是很繁荣，人们不能通过市场确保水、食物和燃料。其结果是由于物种多样性丧失，人们摆脱贫困更加困难。千年发展目标（MDGs）把消除贫困作为国际社会共同的目标，要想实现这一目标，保护物种多样性也是重要的环节。

保护物种多样性的国际性合作动向

保护物种多样性的国际性合作包括物种多样性公约，华盛顿公约，国际湿地公约等。华盛顿公约针对濒临灭绝的野生动植物的国际性交易进行了限制，国际湿地公约主要是谋求在国际范围内保护水鸟栖息地等重要的湿地。无论是华盛顿公约还是国际湿地公约都只是限定于针对特定的生物以及区域的物种多样性进行保护，而物种多样性公约则是对于这些公约的补充和概括。

1992 年 6 月在巴西里约热内卢举办的“环境和开发联合国会议”上，有 168 个国家在物种多样性公约上签名，该公约于 1993 年 12 月生效。该公约的目的是为了保护地球上多样的生物及其生息环境，促进生物资源可持续利用，公正和公平地分配利用遗传资源得到的利益。

在物种多样性公约第 6 次缔约国会议上，为实现公约中的各项目标，通过了“物种多样性公约战略计划”，整体目标是“到 2010 年大大减缓目前物种多样性损失的速度”，各缔约国针对保护物种多样性相关的能力开发、国家战略的制定实施以及物种多样性的重要性方面进行普及和启发教育。但是，在第 9 次缔约国会议上，对“物种多样性公约战略计划”所实施进展状况进行了解和掌握之后，做出预测难以达成“到 2010 年物种多样性的损失速度显著放缓”这一目标。这就需要在强化今后合作的同时，重新考虑物种多样性公约战略计划。2010 年 10 月在日本名古屋市召开的第 10 次缔约国会议上，制定出了保护物种多样性的新目标。

在缔约国会议上针对遗传资源的发展途径及其利益分配也进行了商讨。

第 6 次缔约国会议中制定了针对遗传资源的获取、利用以及公正公平地分配从资源利用中获取的利益等指导方针。目前，物种多样性公约和世界知识产权机构（WIPO）正在商讨进行构建更细致更具法律约束力的国际性框架。许多发展中国家主张构建一个使用本国起源的生物资源的产品所得到的利益还原给本国的框架。另外，站在发达国家的立场上，发展中国家这一主张与专利制度以及贸易相关的知识产权（TRIPS）等现有的制度有可能抵触。有必要加深构筑国际性框架的商讨。

为了防止因基因重组技术等现代生物工程被改变的生物（Living Modified Organism：LMO）对保护物种多样性以及可持续的利用带来恶劣影响注 32，物种多样性公约规定有必要制定适当的手续等议定书。2000 年 1 月在蒙特利尔通过了该议定书，采用议定书会议举行的地名命名为“卡塔赫纳议定书”。在卡塔赫纳议定书中规定了有关 LMO 进出口的相关规则，目前，正在进一步商讨由 LMO 进出口引起损害的国际性相关规则。

除了与公约相关的国际性合作以外，还有很多与物种多样性研究相关的国际性合作。例如，物种多样性科学国际共同研究计划（DIVERSITAS）、全球对地观测系统（GEOSS）等。此外，为了促使科学和政策相配合，正在商讨设立 IPCC（联合国政府间气候变化专门委员会）的物种多样性版权机构，即“跨政府物种多样性和生态系服务的平台”（Intergovernmental Science-Policy Platform on Biodiversity and Ecosystem Services：IPBES）。

第 2 章

21 世纪应有的面貌
——太阳能源社会

蓝色星球奖获奖者英国科学家詹姆斯·罗夫洛克博士注 33提倡的盖娅假说。他指出,地球上的生物圈与海洋、陆地、大气之间相互作用,整体上能取得均衡。这是把地球看做如同一个巨大生命体一样的系统。可以认为这一地球系统造就了适合人类的生存环境。地球系统得以通过阳光、水、大气、土地等无机物质维持非生物环境和生物环境的相互均衡来实现。人类行为给地球环境造成伤害,就是破坏这一均衡系统,就会给人类的生存基础带来损害。

那么人类应当如何应对自身的生存基础面临的危机呢? 正如第 1 章中所阐述的那样，人类已经开始在个别问题上采取具体的应对措施。但是为了更好的克服危机，不仅需要短期的对策，还需要放眼百年后，通过描述克服危机之后应有的社会面貌，提出更加根本彻底的应对措施。

1. 什么是“太阳能源社会”

由于人类对自然的无知和漠不关心，其生存基础受到损害，出现各种危机。为什么会产生这种无知和漠不关心? 这需要重新认识人类和自然的关系，然后思考怎样重新构建这种关系的方法。

(1) 作为生物存在和作为社会存在的人类

我们人类既作为社会存在，同时也作为生物存在。作为生物的人，以自然作为生命的基础，作为生物的一部分在自然中生息。处在自然中的人类存在只受到环境的影响。当我们人类以社会存在这一侧面进行活动时，就会引起环境问题。如今，人类已经忘记自己是自然的一部分，通过社会存在的人类活动打破了自己生存的基础——自然界的均衡。可以说以往以人为中心的经济发展观有欠缺，是给地球带来环境问题的元凶。18 世纪以后，现代化和工业化不断推动人类应用科学技术对自然资源进行开发、消费、废弃。结果是造成其破坏已经超越了自然恢复能力，自然资源逐渐消失。

解决地球环境问题不仅需要灵活运用科学技术和重新思考社会制度，还必须改变以往以人为中心的思考方式。首先需要认识到人类只是自然中的生物之一，如果不能够维持健全的自然环境，人类就会失去生存基础。同时在人类相互之间的关系上，也有必要进行重新思考，所有的每个人都不是单独存在的，而是在家庭、地域社会以及其他组织中各自承担着其应有的责任，在相互合作和协助下生存的。这就好像是自然界的生物个体中多样的细胞各自承担其应有的机能以此来维持个体存在，又如同多样的生物相互支持和配合而形成的生态系。

存在于自然中的人类

因为人类作为生物存在，对自然界是所有生命生存的基础认识不足，因此在进行经济活动时完全不考虑自然环境、有限的资源、自然恢复能力的极限等问题。尽管对人类来说经济本来是手段，但是人类只把经济增长作为目标，一味地追求物质上富足以及生活上便利，就会忽视维护自己生存的自然恩惠，就会忽视与他者之间的相互依存关系，也会对自己内心世界是否丰富漠不关心。

目前我们的发展目标，首先应当弄清楚地球复杂多样的自我恢复机能，与整个地球的自然保持可持续性共存，不去破坏自然和资源的恢复能力。最重要的就是构建“既能保持自然系统均衡，又能充满生命力的活着的社会”。为了使这样的社会得以实现，就需要维护人类生存基础的自然系统均衡。用“蓝色星球”来概括这样的地球印象。人类存在于宇宙、地球和地域等自然中，依存于自然而生存。因而，人类社会必须是应该维护自然均衡，尊重以自然环境为生命基础的社会。在充分认识到人类只是自然中存在的一员，构建起“个人及社会的丰富多元和有活力的文化得以保障的社会”。只有构建这种崭新的社会，才能实现“蓝色星球”。

（2）充满生命力的“太阳能源社会”

20 世纪是一个扩大个人欲望和利害关系的竞争时代。我们在追求个人竞争的同时，完全忽视了地球环境这一巨大而复杂的自然整体。因此，给地球环境造成了极大的伤害，已经威胁到了包括人类在内的所有生物的生存条件。

地球这座充满生命的神奇星球，没有太阳就不可能生成，在这座神奇的星球上生息的所有生命，包括我们人类都是靠太阳的能量来维系的。太阳能量极其庞大，自然恩惠也是由太阳直接或间接创造出来的。

太阳发射到地球的热能，使地表和海面的温度上升，引起大气以及海水的对流，水蒸气又变成雨水滋润着大地。由于有了太阳照射的阳光和地球上存在的水，诞生了生物，大地生长出植物，来维持以植物为食物的动物的生命，不仅养育了地球的自然，还通过植物的光合作用，吸收二氧化碳，提供氧气和有机物。并且太阳能量洒向地球的各个角落，给所有的人都带来恩惠，成为维持生命的源泉。

太阳能量维持着包括人类在内的所有生物生命，给所有生物都带来了恩惠。由于不同地域的太阳能量有差别，带来了各种气候现象，孕育出多姿多彩的自然环境。在自然中生存的人类也是在不同的自然环境中经营着各自的生活，形成了各式各样的生活方式和文化。

21世纪的社会要想拥有在阳光下自然和人类都充满生命力的社会的话，我们人类就要合乎自然法则，以所有生命根源的太阳能源为中心。换言之，就是保留自然的最大价值，尊重生物以及人类之间的多元性及相互价值，必须在太阳能源的基础上，充分发挥其具有的活力，既不是以人类为中心，也不是以富裕者或强国为中心，我们把这样的社会称之为“太阳能源社会”。

在此，对太阳能源社会的思考方式进行较详细的阐述。工业革命以前，人们每天是在享受太阳能源带来的恩惠同时，与大自然一起生存的。但是工业革命之后，人们开始依赖于来自太阳长年积蓄的财富“化石燃料”，来扩大经济活动，每年都在浪费大量的化石燃料。其结果造成化石燃料枯竭，全球气候变暖等危机出现。另外，由于化石燃料存在地区性不均衡，再加上利用技术也存在差异，产生了生活及经济的差距问题。

要想克服这一危机，我们的思考方式必须重新回到遵守太阳所维系的地球自然和生物上来。包括人类在内的所有生物最终都是由来自太阳能源的各种资源来维持生存的，因此我们不应该把这些经过长期积蓄而得到的财富全部用光，而应该实现一个可以有效灵活运用每时每刻都给人类带来恩惠的太阳能源社会，这才是克服危机的唯一之路。

我们提倡的“太阳能源社会”，不仅是指对太阳能源方面利用的社会，它还应当是一个以对太阳所维系生命等的自然环境，能够进行可持续保护为基础的社会。它应当具有以下的特征：

①承认自然本身价值的社会。

②关怀自然和他者的和谐社会。

（3）太阳能源社会的面貌

承认自然本身价值的社会

很多人对地球上所有生命的生存基础——自然的存在都表现得既无知又漠不关心。还没有充分了解到自然带来的各种恩惠，仅为了经济发展进行各种开发而改变自然，给自然带来了很多负担。结果是产生了全球气候变暖以及物种多样性丧失等地球环境问题。如上所述，由于人类理所当然地接受了自然赐予的恩惠，忘记了自己也是在自然约束下生存的，不断地破坏和获取已经超越了自然恢复能力，这才是带来了这些问题的根源。

约40亿年前，地球上生命首次出现，随着诞生、灭绝、进化等不断地反复，分化成了多种多样的生物。据推定目前地球上存在着约数百万生物。人类和其他生物一样，也只不过是由进化而形成的生物之一。但是，人类在工业革命以后，以人口增加和市场经济发展为契机，使得食物以及资源的增产，促进了工业化和城市化的进程。伴随着这些，改变自然获取生物资源以及污染环境等行为，已经造成了很多生物灭绝。而生物的灭绝速度也在加快，以至于出现了物种多样性的危机。地球上的有机体经过几亿年的沉积所产生的化石燃料仅仅因为人类几百年的利用就面临着枯竭。

包括人类在内的所有生物在自然界中是相互联系的存在关系。当人类对自然的改变已经超过自然的再生能力，就会危及到人类自身的可持续。我们需要再一次对我们赖以生存的自然，究竟对包括人类在内的所有生命体有怎样的意义和价值进行重新评价。同时，我们还应阻止以往行为所造成的地球环境问题进一步恶化，为了使后代子孙能够继续享受到自然所带来的恩惠，有必要把我们的社会改建成为一个人类作为自然的一部分，并与自然共存下去的社会。

“把自然环境作为生命的支柱而尊重自然恩惠的社会”，就是上面所提及的太阳能源社会。对于人类来说，自然的价值并不在于常常作为被利用的对象，自然的真正价值在于它是人类生存下去的基础。承认自然本身价值，把顺应自然法则作为人类行为的基本。当我们的行为顺应了自然法则，就可以实现承认自然本身价值的社会。

2007年蓝色星球奖获奖者艾默里·洛文斯博士注34就呼吁摆脱“工业资本主义”，而转向“自然资本主义”。所谓“自然资本”不是仅限于自然生态系的范畴，它还包含维持人类生命必不可缺的肥沃的土地以及大气循环等环境基础，以及水资源、矿物资源、石油等人类利用的所有资源都在内。这样的自然资本主义就是重新确认自然资本的维持提供和人类进行工业生产之间的依存关系，并以创建充分考虑自然资本价值的经济社会为发展目标。自然资本主义的思考方式非常重要，它认识到自然是经济社会所必需的资本，要想维持它就必须承认自然的价值，创建顺应自然法则的社会。

此外，2009年蓝色星球奖获奖者宇泽弘文教授提倡，最重要的是要想维持社会的可持续性和稳定性，应当以“社会的共同资本”的概念为基础，把自然环境以及社会设施加以适当管理和运作作为社会性基准。所谓社会的共同资本，意味着能够满足一个国家或某个特定地域富裕的经济生活，展现优秀的文化，维持可持续和稳定发展的自然环境以及社会设施具有人性魅力的社会。自然环境在社会的共同资本中是最重要的资本，它不仅包含了水资源、土壤、大气等等，还包含了山脉、森林、河流、湖沼、海洋等。重视作为社会共同资本的自然环境思考等同于，在“太阳能源社会”中把自然环境视为人类和其他生物在生存上不可缺的价值观。

关怀自然和他者的和谐社会

20世纪的市场经济社会，过分强调了竞争原理。竞争产生了个人创意，带来了社会活力。但同时人类也是在自然的基础下生存的，也是受到自然约束的意识逐渐淡漠，这种竞争的确带来了自然环境的破坏。

可以说，如果思考方式回归到人类在自然中生存，人类社会有着相互依存关系这一原点上来的话，21世纪就可以评价为不再是竞争而是和谐的时代。如果对人类生存的可能性进行深入思考的话，就会认识到人类只有在自然的恩惠下才能生存下去。换言之，学会懂得没有自然的恩惠，就没有人类的生存。与此同时，在非常复杂化的社会中生存，众多主体相互依赖相互合作。换言之，也要学会如果不与众多主体相互依存，就不能够生存。这样，每个人都会理解到自己存在于自然和社会中，都有着各自的责任和义务，就能够体会到对他者“关怀”的重要性。所谓“关怀”可以说是尊重不同立场的他者的主体性。社会是由不同性别、年龄和能力的个人组成，只有相互尊重他者，才能在和平的基础上，保持平等关系。特别对在市场经济社会中被遗忘的社会弱者的尊重，是今后的社会有必要重新从正面进行努力的课题。

我们的这种“关怀”不仅是作为个人对他者，还应当是自国对他国，现代人对未来子孙，进而人类对大自然需要拥有的态度。这样做就可以产生为对方着想，相互帮助和扶持的合作关系。这种关系在只一味追求个人利益的竞争社会是无法产生的。体谅和关怀，互相帮助和互相扶持的关系是在相互尊重中产生的。相互认可，才能实现丰富多彩和充满活力的社会。

肯定和谐，为实现充满生命力的社会，就需要个人、企业以及国家在各个层次上尊重自然，必须不断地探求人类在自然中生存的新模式。作为个人确立以体贴和关怀为基本价值观的生活方式，企业也必须在关注自然的同时，充分考虑自然恢复能力，构建全新的企业经营理念。经济活动全球化，国与国之间的相互依存关系越来越深入，每个国家为了地球环境以及人类的可持续性，都有必要明确其应有的责任和义务。在此之上，国家还必须采取合作的态度，充分考虑对其他国家和地球环境的影响。

这种充分考虑自然和他者，而且在所有的领域都能够和谐的社会，就将成为“太阳能源社会”的基础。

图 23 总结归纳了对上述崭新的社会——“太阳能源社会”的印象。

目标	**实现充满生命力的社会(蓝色星球)**
崭新的社会印象	**太阳能源社会** • 承认自然本身价值的社会 • 关注自然,关心他人,和谐发展的社会
为实现这一崭新社会应有的思考	• 改变成为不违反自然法则的社会 • 对人类共同的财产进行公平、公正的分配和继承 • 面向“太阳能源社会”的对话 • 面向“太阳能源社会”的科学技术

图 23　崭新的社会印象

2. 为实现“太阳能源社会”

（1）转向不违背自然法则的社会

迄今为止，人们没有充分考虑自然恢复能力的极限而不断地扩大经济活动。前面所述，20 世纪 70 年代，罗马俱乐部向全世界提出了“增长的极限”概念，虽然针对极限有了一定的了解，但是至今还处于漠不关心的状态。随着市场经济全球化，在经济社会中的竞争越来越激烈，毫无节制的开发使人们和各种组织变得越来越利己。竞争机制产生了一定的活力，但是使他者以及他国陷入了不可再利用状态的竞争，最终将损害全体社会的活力。我们应当重新认识到人类原本在自然法则中相互依赖而生存，今后的各种行为不应当超越自然的恢复能力，以不违背自然法则为活动准则，推行使他者以及他国在可再生的范围内进行有节制的活动。

人类社会自人类诞生以来就是利用自然恩惠延续至今。但是，自然本身有其应有的法则，顺应这一法则，保持其均衡状态，在自然循环及其恢复能力的范围内活动，不打乱自然法则就可以享受自然恩惠。近些年，世界上的水资源不足以及粮食问题等，可以被认为是超越这种极限利用资源的结果。据预测今后世界人口增加，水资源以及食物的需求也将大大增加。长此以往水资源以及粮食问题将会变得越来越深刻。

人类应对这一课题就需要在不破坏自然环境及其恢复能力的范围内利用自然，这样才可以持续性地从自然中享受其巨大的恩惠。为此合乎自然循环的水利用、森林利用、土地利用等不违背自然法则的行为是十分必要的，人类有必要站在上述观点上，创造以这种思考方式来利用自然的社会。另外还应当正确理解自然和人类之间的复杂关系，有必要不断地探求自然与人类所应有的共存关系。

（2）公正地继承和分配人类共同财富

1987 年布伦德兰委员会（世界环境与发展会议）的报告书中提出的“可持续性发展”的概念是“在不破坏满足未来需求能力的同时，满足现代需求的发展”，这是以实现世代间公正为基础的。自然作为生存的基础满足了人类的各种需求，但是由于现代人的过度开发，给自然造成了巨大破坏，也将损害未来满足子孙需求的基础。因此，我们必须重新认识到自然也是未来世界的生存基础，我们有责任让将来也能够继承在精神上和物质上带来恩惠的富饶的自然。

未来子孙理应继承下来的不仅是自然环境，还有道路、交通设备、上下水道、电力和煤气等社会基础设施，以及教育、医疗、司法、文化、金融等社会制度，当然也包括人类积累下来的知识。对于社会来说自然环境、社会基础设施、社会制度以及知识是保护和维持人类的生命、生活以及尊严不可欠缺的共同财富。其中最为重要的是构筑人类社会以自然为生存基础的社会基础设施、社会制度和知识等。

从地区间的公正公平观点来看，纠正发达国家和发展中国家之间产生的单方面榨取以及资源分配不均的问题也十分重要。例如，受全球气候变暖影响最深的地方是发展中国家，以及生活在那里的人们。在应对全球气候变暖的问题上必须考虑发达国家和发展中国家之间在技术开发能力以及费用承担能力等方面存在的巨大差距。

(3) 面向“太阳能源社会”的对话

无论从其原因还是从其影响上来看，地球环境危机与人类的所有活动都息息相关，因此全世界的人们都应该参与进来，一致寻求对策。因此，要想在世界整体范围内寻求问题的解决方法，就需要建立社会性的联系。构成这种社会性联系的可以是个人、企业、地区、NGO、国家等不同主体间，以及同一个范畴中的不同主体间（个人与个人，企业之间，地区之间，NGO之间，国家之间等）。正像在“关怀自然和他者的和谐社会”一节所阐明的，要想在不同主体间建立联系，就必须要尊重对方的立场，构筑相互体谅和关怀的关系。

为了建立替对方着想的关系，在讨论和商谈问题的时候，就不能够以打败对手为目标，而应该承认对方的立场，在相互认可的基础上，为摸索出双赢的道路而进行对话。各个主体通过对话构建起主体间的联系，就能够明确自身的责任，由此实现长期性的双赢。要想推动建立不违背自然法则的社会，就需要在全世界范围达成一致意见，并为此而明确各个主体的责任和义务等，通过对话构筑主体间的合作和协调体制。

但是，一个国家为了本国的利益就会牺牲其他国家利益，而国家之间的对立关系逐渐深化还会引发战争。考虑到人与自然，或者人与人之间的相互依存关系，那么无论是国家之间还是对手之间构筑相互尊重的关系都是十分重要的。在应对地球环境问题上，特别需要各国能够超越国家利益采取行动，为实现这样的国际合作，就需要建立一个基础，就像欧盟这种国家之间建立的共同体作为一个典范很有参考价值。通过构建可能的共同体就有可能实现国与国之间超越自身利益的对话。而且这种方式要比通过国际协调使国家之间达成一致意见或共识更具效果。

(4) 面向“太阳能源社会”的科学技术

首先，分析地球环境问题的科学技术现状。气候变暖以及物种多样性丧失等地球环境问题，不仅涉及范围很广，而且还涉及到多方面非常复杂的因素。因此要想完全探明问题的主要原因，还需要相当长的时期。对地球环境问题进行全面地剖析和阐明，一味地追求完善的解决方式，找出解决方向，再进行应对的话，可能为时已晚，会陷入无法挽救的危机。为预防不可逆性的灾害发生，在解决地球环境问题时我们需要采取的方法是，以客观数据为基础对人类的开发行为进行风险评估等，有必要最大程度的利用目前可以参考的知识和技术进行事先评估注 35，即进行预测性的研究和探讨。在做事先评估时，我们不仅要评估对环境的影响，也要评估对社会以及经济方面的影响。这样才有可能进行跨领域的合作研究和探讨来解决问题。

其次，从长远的角度思考科学技术的方向性。迄今为止科学技术主要是在给人类带来丰富的物质以及舒适和便捷上得以有效利用。相反，人类对于利用科学技术会给环境和社会造成怎样的影响并不十分关心，而且掌握的知识也不充分，因此对地球环境造成了一定的影响。当然，科学技术对地球环境问题可以带来解决的方法也是不可争辩的事实。因此，我们人类在利用科学技术的时候，一定要充分考虑其对环境和社会的影响，把科学技术作为实现不违背自然法则的社会手段加以利用，并不断开发解决地球环境问题的科学技术。

要想通过推动科学技术发展来实现蓝色星球的梦想，就需要从环境和社会的影响等多方面对科学技术进行评估，这不仅需要在自然科学领域进行横向的智慧融合，还有必要调动人文社会科学方面的知识。这里所谓人文社会科学知识是指那些与人类在自然法则中活动的伦理观以及社会体系相关，有必要把这种知识体系化，使科学技术与人文社会科学的知识相辅相成，通过综合的方式解决问题。最重要的不是像目前这样把问题以及研究领域分开，通过细致的划分来推动发展，而是抓住问题的整体，把所有问题都包括在内，进行横向跨领域的研究和探讨。

科学技术必须为人类的可持续性发展做出贡献，必须以创建太阳能源社会为目标。只有以此作为目标进行灵活运用，科学技术才会成为实现蓝色星球梦想的有力而必要的武器。

地球上的生命之源是太阳能源，太阳源源不断地照射维持着地球上的生物圈。人类必须摆脱依托具有枯竭性的化石燃料的能源供给，为了实现不违背自然法则与自然共生的社会，就必须灵活运用太阳能源这一可持续利用的能源，为此科学技术承担着巨大的责任。

第 3 章

克服危机，创建未来社会

——通向充满生命力的“太阳能源社会”之路

太阳能源社会是创建克服危机的未来社会。我们必须思考通向这一未来社会之路，应该具有什么样的导向。在此，将通过以下几个视角进行研究，它们分别是转向实现承认自然本身价值的社会、可持续能源的利用、生活方式的变革、城市和地域的协作，社会体系的改善，以及国际合作。

1. 转向实现承认自然本身价值的社会

自然以及生态系原本都具有一定的恢复能力，但是如果人类的活动超过了这种恢复能力，就会给物种多样性造成危机，可以说作为生物之一的人类正在用自己的手破坏着其生存基础。生态系内的生物在相互影响的同时不断进化，因此，这一学术领域的研究被称为“共进化”。促进这一领域进一步发展的保罗·R. 厄里奇博士注 36就曾经明确地指出，支撑着物种多样性的生态系的稳定和维系，对于人类的存续是不可或缺的条件。因此所有的人都必须共同认识到包括人在内的所有生物生存的同时，相互之间还保持着各种联系。人类作为自然的一部分，就需要建设一个与自然能够共生存的社会。

只要在自然循环及其恢复能力的范围内，人类不违背自然法则，就可以享受到来自自然的恩惠。但是近年来全世界所出现的供水不足问题以及粮食不足问题等，都是由于利用自然时超越过这一极限而造成的结果。今后随着世界人口的继续增加，预计水资源以及粮食的需求还将增大。长此以往水资源以及粮食的问题会变得越来越深刻，情况十分令人担忧。

人类要想持续享受自然带来的巨大恩惠，在应对这一课题时就必须要在不破坏自然环境及其恢复能力的范围内利用自然。为此，必须建立一个依照自然循环，针对水资源利用、森林利用以及土地利用等自然的利用时，不违背自然法则的社会。

（1）保护自然循环

承认自然本身的价值是指在自然的生态系中，多样的生物、水、大地之间有着微妙的均衡，同时又相互依存的价值。为此可以说最令人期待的就是对包括水和大地在内的自然环境本身进行保护。

在多种多样的生物生息的同时，也有很多的生物濒临灭绝。作为物种多样性的世界性的重要地区被称为热点地区注 37（图 24）。这些地区虽然仅占地球表面的百分之几，但是对这些地区进行保护就能够使大多数的生物也得到保全。

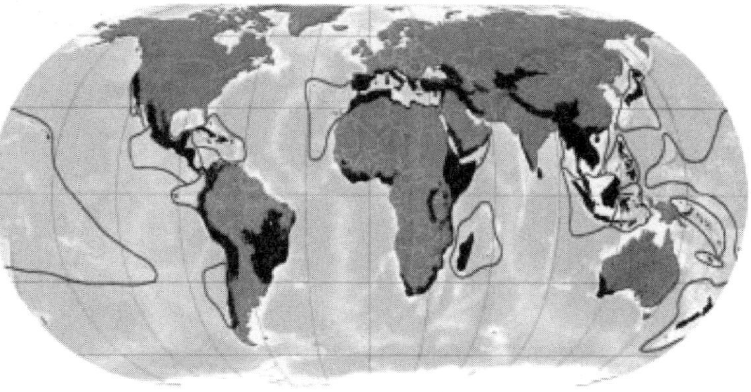

图 24　物种多样性的热点地区（2004 年）

出处：Biodiversity Hotspots，Conservation International（2004）

虽然在世界各地受到保护的地区每年都在增加，但是其入选标准以及管理方法并不统一。特别是在发展中国家等地区，很多国家公园由于管理草率，致使违章砍伐到处泛滥。今后有必要统一管理方法，明确入选标准。

为了保护物种多样性人们正在构建全新的国际性资金机构。在发展中国家虽然有着丰富的物种多样性，但是由于资金和人才不足，很多地区的保护措施并不十分到位。例如，关键生态系统合作基金（CEPF）就是面向这些地区的资金机构，该机构向那些致力于保护发展中国家物种多样性热点地区的NGO、地域社会团体，以及其他市民社会组织进行长期性援助。这一机构设立于2000年，由全球环境基金注38、世界银行、自然和资源保护国际协会注39、日本政府、约翰·D. 凯瑟琳·T. 麦克阿瑟基金会，以及法国发展厅组建的共同基金。确立了从物种多样性受益者的发达国家向物种多样性资源供给者的发展中国家持续性的资金运作机制，是物种多样性得以保护的方法之一。灵活运用这样的资金机构（GDM：绿色开发机构注40）对于环境保护是非常有效的。

把对象地区进行完整的保护也是有效方法之一，但是必须考虑到由于在保护区内限制开发等因素，给该地区居住者的生活会造成一定的影响。而且如何认定保护区也是一件困难的事情。在自然环境本身不能够得到保护的时候，就需要保存珍贵的生物，以备将来遗传资源的利用。其保存方法可以通过稀有生物中心、水族馆、动物园、植物园等设施进行个体保存，一部分生物还可以通过基因银行等形式进行保存。遗传资源是整个人类共同的财产。今后还需要通过建设世界性体制来保存和管理具有延续性和系统性的遗传资源，以此作为后代可以继承的重要财产。如果在行动中只看到本国的利益，就不可能保护地球整体的自然资源。为了保护100年之后的地球自然财产，在构建具有实际效果的国际性框架时，必须要有超越本国利益的合作体制。

（2）顺应自然法则的开发

为了实现不违背自然法则的社会，首先必须正确理解针对水循环、自然和生物之间的机制以及土地生产力等相关自然法则。然后对目前为止的开发状态进行修改，在准确理解的基础上从尊重自然的观点出发，不断向前推动顺应自然法则的开发。此外以往的科学技术大多是在为了克服自然和改变自然的情况下取得发展的，如果引入向自然学习的视角，那么科学技术就必须要进行改变，使其能够不违背自然法则。

自然是复杂的，要想了解自然法则的整体形象还需要经过长期的研究。但是要等到对其全面了解之后再开始考虑今后的开发方向则为时已晚。今后我们应该把已知的知识作为基础，并加以科学性的分析，再把全球气候变暖给水资源以及生态系造成的影响等不确定的因素都考虑进来，从预防性的判断出发，寻求不违背自然法则的开发途径。

(3) 维护自然水循环的开发

地球整体的水循环量是根据自然条件决定的，从世界整体全年总需求上来看，计算出来的结果并没有供水不足。但是由于水资源分布存在着地区性的不均衡，还有降雨量的季节变化，以及长期性的气候变化引起的降雨模式的变化等原因，造成一些地区不能够稳定供水，这已经成为急需解决的世界性课题。

考虑到全球气候变暖以及气候变化会引起每个地区的降雨模式以及水的蒸发量发生变动，因此今后在各地区供水不足的状况将会更加严重。我们把全年潜在可利用的水资源量与实际用水量的比率作为水资源紧缺程度的指标，可以了解世界各地的水资源紧缺状态。加上气候和地理条件的不同造成水资源地区性不均衡等因素在内，这一水紧缺指标也反映了人口以及水供给设施的装备状况等社会经济性因素。从图 25 中可以看出中国的北部、中亚、中东、非洲北部、美国的西部等地区水资源紧缺状况非常严重。

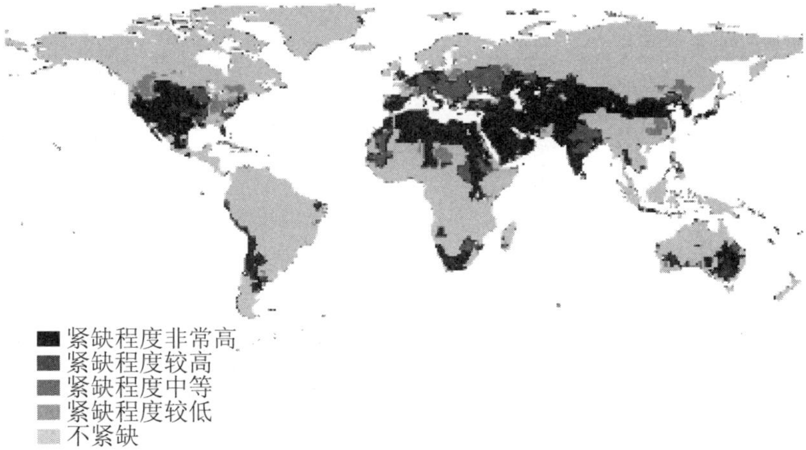

图 25　世界水资源紧缺状态

水资源紧缺指标：年间利用量/潜在的年间可利用量

出自：World Water in 2025. KASSEL WORLD WATER SERIES REPORT No2

水资源是依照自然机制进行循环的，从百年后的长期视点来看，水资源的利用也应该顺应自然的水循环法则，只有这样才合乎自然法则。在应对供水不足的问题时，长距离的引水和输送，把海水淡水化等都需要耗费大量的能源，因此不能够依靠这些方法进行水资源调配。我们思考问题的立足点应当是在可利用的水资源量范围内对水资源进行利用。

为此我们在构建起超越地区和国家的协调体制的基础上，应当以河流流域为单位把握可利用的水资源量，以整个流域的水资源管理以及流域内的可利用水资源量作为限制和约束条件，在人口以及工业立足地进行开发和水资源利用的管理时，必须兼顾不破坏河流流域的自然水循环。

从世界整体来看，农业用水约占水利用的 70%，成为水资源的主要用途。因此灌溉用水已经成为解决水资源问题最重要的课题。如果进行非效率性的灌溉，水就会随着蒸发而消失。再加上灌溉用水的水渠破损而造成漏水现象的出现等，都会促使水的利用效率大大降低。特别是在发展中国家以地表灌溉为主，这种做法蒸发量大，效率非常低下。由于节约灌溉用水对于解决供水不足问题有很大的帮助，因此发达国家应当对发展中国家在防止蒸发、预防漏水、利用地下储水等方面进行技术援助，这样就可以取得很大成效。

在发展中国家的一些地区，即便周围有充足的水资源，也会有很多人得不到生活用水或者是卫生的水资源。针对这一问题，发达国家先进的制水技术可以发挥巨大作用。对发展中国家进行技术援助以及资金援助，改善其水供给的基础设施具有重大的意义。在进行援助的时候，对作为样板的城市以及地区进行集中完善，向当地展示明显的实际成果，也是非常有效的做法。在完善其基础设施的同时，也要帮助当地培养技术人员，使他们能够对基础设施进行持续性的维护管理和运营，这一点是十分重要的。

从图 26 中可以看出澳大利亚、美国、加拿大、意大利以及日本等以发达国家为中心的人口人均城市用水消耗量较多。很多发达国家由于对水资源的过度利用，以至于要向其他的国家寻求新的用水来源，以确保其对水的利用。这种行为只会给其他国家的自然环境造成破坏。当然仅仅依靠日本来节约用水，并不能直接改善世界上水不足地区的供需，但是我们需要对世界整体的水需求状况有所了解，理解水资源的宝贵。全世界各国都应当共同认识到珍惜利用水资源的重要性。

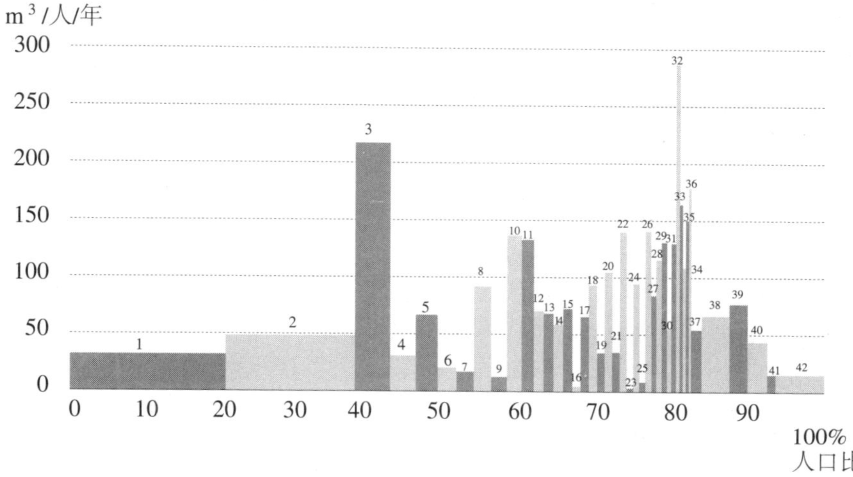

图 26　城市用水的人均使用量

1. 中国	10. 日本	19. 泰国	28. 西班牙	37. 东亚其他国家、太平洋沿岸各国
2. 印度	11. 墨西哥	20. 法国	29. 哥伦比亚	38. 欧洲其他国家、中亚
3. 美国	12. 德国	21. 英国	30. 波兰	39. 南美其他国家、加勒比海沿岸各国
4. 印度尼西亚	13. 越南	22. 意大利	31. 阿根廷	40. 中东其他国家、北非各国
5. 巴西	14. 菲律宾	23. 刚果民主共和国	32. 加拿大	41. 南亚其他各国
6. 巴基斯坦	15. 埃及	24. 乌克兰	33. 伊拉克	42. 撒哈拉以南地区、非洲
7. 孟加拉	16. 埃塞俄比亚	25. 缅甸	34. 乌兹别克斯坦	
8. 俄联邦	17. 伊朗	26. 韩国	35. 委内瑞拉	
9. 尼日利亚	18. 土耳其	27. 南非	36. 澳大利亚	

出自：AQUASTAT，FAO 制作

（4）保全土地再生产力和粮食公平分配

解决粮食问题的方法大致可以分成两个方向，首先是优化粮食生产，再就是优化粮食分配。

从世界整体来看，土地生产力有着很大差别，有效的利用高生产力的土地就有可能使粮食增产。如果把增产的粮食进行世界性的分配，就有可能解决粮食不足的问题。换言之，有效利用适于粮食生产的土地，就是不违背自然法则的粮食生产的态度，这样做就可以防止不必要的土地开发使自然遭到破坏。但是粮食生产与保障国家安全息息相关。以全球化的视点来看，依照土地生产力进行粮食生产，并把生产出的粮食向全世界流通这种做法在当今并不现实。从现在开始我们有必要把目光放到百年之后，从超长期的角度来构建一个生产和流通（分配）的世界性框架，对实现粮食的恰当生产和分配进行探讨。

世界上除了有忍受饥饿之苦的饥饿国家，还有大量浪费粮食的饱食国家，这些饱食之国因过剩摄取食物热量而对人体健康不断产生危害。只有消除这种不均衡状况才有可能期待粮食问题得以缓和。解决这一问题需要强有力的国际合作，并在其支持下建立粮食分配的框架。

1950年以后粮食谷物产量增加，其主要原因是引进了生产效率高的品种。此外由于灌溉技术的普及灌溉面积增大，还有肥料的投放量增加等都是粮食产量增加的原因。一方面，中国和印度等新兴国家由于收入水平提高，食品需求变得多样化，很多人开始喜欢食用动物蛋白，因此促使畜牧生产的需求加大。畜牧生产需要大量的水和谷物饲料，如果以质量基准来计算，假设生产1kg的肉食，其所需的谷物量分别是：牛肉8kg，猪肉4kg，鸡肉2.5kg。从图27中可以看出，预计今后食用谷物生产比率将会下降，而饲料用谷物生产比率将会提高。这表明了由于世界整体的食物习惯发生改变，今后的畜牧生产量将会越来越增大。另一方面，大幅度发展农业技术（品种改良等）还存在着不确定的因素，再加上全球气候变暖造成的收获减少，灌溉用水不足，燃料价格高涨等因素，目前还很难期待可以大幅度提高饲料用谷物产量。

未来随着人口的增加，预计将会出现全世界性的粮食不足现象。每个人都有自己的食品嗜好，喜欢什么样的食物是个人的自由，但是思考一下未来，发达国家在食物选择上不得不三思而后行。

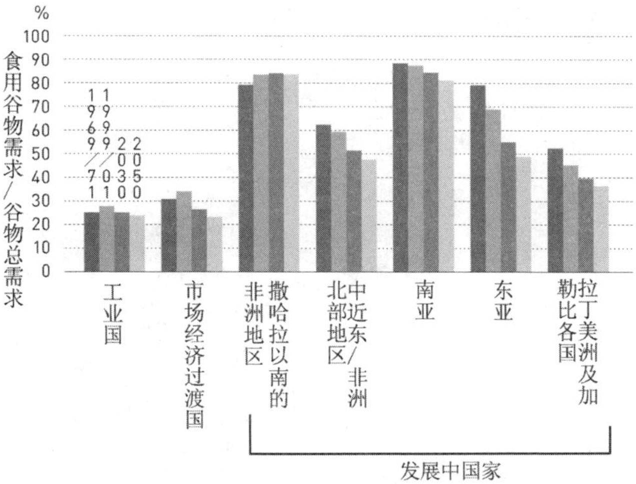

图27　不同地区食用谷物需求占谷物需求的比率预期

注：市场经济过渡国（Transition countries）是指东欧各国以及原苏联联邦的各国。此外食用谷物以外的谷物需求被认为饲料用等。

“World agriculture towards 2030/2050 Interim report”，FAO 制作

2. 面向可持续能源的利用

（1）庞大的太阳能源及其有效利用

化石燃料是有限的，正像“石油峰值论”中所指出的，世界石油产量达到顶峰之后将会减少，预计最终将会走向枯竭。百年之后我们不可能还像现在一样过着化石燃料依赖型的生活方式，我们必须从化石燃料依赖型的社会中摆脱出来。而代替化石燃料依赖型社会的就应该是“以太阳能源为中心的可持续社会”。

照射到地球上的太阳能源会成为怎样的能量，从图 28 中可以看到其整体状况。通过这里面的种种能源养育了大自然，使得包括人类在内的生物得以生存。

在 1 个小时内传到地上的太阳能源本来就远比全世界所有人一年所消耗的能源要多。整个地球从太阳接受到的能量在地表和海面变成热量，其中极小的一部分成为引起风、海浪、海流等的能量来源。此外也用于植物的光合作用，作为生物能而储存起来。如果我们对化石燃料的来源进行探究的话，

会发现它也是太阳能源在地下积蓄而成的产物，因此可以说化石燃料是过去太阳能源的沉积形态。太阳能源照射到地球之后变化成各种形式的能源。我们再通过各种形式来利用太阳能源。

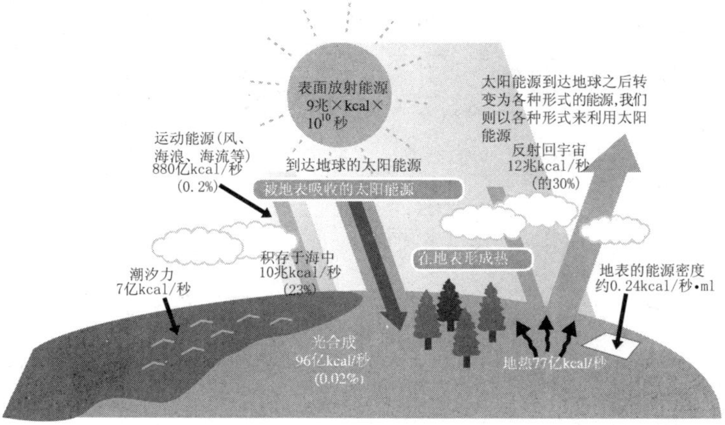

图 28　太阳能源利用状况

出自：太阳光发电协会

		能源量（石油换算toe）
太阳光 照射到地球上的光源:174pw 实际可利用的光能源:1pw[1]		
可利用的太阳能源量(全年)		7.53× 10^5Mtoe
全世界一次能源的全年供给量(2008年)		0.12× 10^5Mtoe
化石燃料	埋藏量（2007年）	
石油	1兆2379亿桶[2]	1.68× 10^5Mtoe
煤炭	8475亿 toe[2]	5.87× 10^5Mtoe
天然气	177 兆m^3[2]	1.84× 10^5Mtoe
铀	547 万toe[3]	0.75× 10^5Mtoe
埋藏能源总量		10.14× 10^5Mtoe

表 3　照射到地球的太阳能量的大小

1）B. SORENSEN，Energy Policy（1991）386—391

2）BP，Statistical Review of World Energy 2008

3）OECD/NEA－IAEA. Uranium2007

如果能够有效利用太阳能，我们的生活就不需要依赖于化石燃料。这种有效的利用太阳能源的社会就是“以太阳能源为中心的可持续社会”。

表 3 把太阳光和化石燃料等能源用石油换算后进行比较。从中可以看出，到达地球的太阳光能源中约 0.5%能够被我们人类利用的话，全年可以利用的太阳光能量是 7.53×10Mtoe 注 41。这几乎相当于化石燃料以及铀等能源资源的埋藏总量（10.14×10Mtoe），是目前人类全年利用的一次能源量（0.12×19Mtoe）的 60 多倍。可以说从太阳照射到地球上的能源量是极其庞大的。

（2）太阳能源和可持续社会

设想一下以太阳能源为中心的可持续社会，它应当是一个生活所必需的几乎所有能源都依靠照射到地球上的太阳能源来提供的社会。这并不是简单的低碳型社会，而是积极和有效的利用照遍全球的太阳能源的社会。其意图就是打造一个社会经济构造以及生活方式被完全改变的全新社会。

如果我们在百年之后还迟迟不能够实现以太阳能源为中心的可持续社会，全球气候变暖的问题就不能够得到根本解决，资源问题也不可能得到解决。就目前的情况而言，想象太阳能源社会是十分困难的事情。要想实现以太阳能源为中心的可持续社会，如图 29 所示，有效利用化石燃料以外的能源资源，采取有效利用太阳能源的生产方式，采取有效利用太阳能源的生活方式，认识并有效利用本地区的太阳和自然所带来的恩惠。

以太阳能源为中心的可持续社会，具体地讲就是推行利用太阳光能、太阳热能、风能、水力、生物能、地热能、潮汐等可再生能源的社会。实现这一目标需要社会进行大的改革。在技术层面上，通过大幅度的技术革新实现智能电网、超导输电系统，以此提高供电效率。此外还要做到输电时能源浪费最小化，利用高效蓄电池和其他蓄电技术等实现能源的有效利用。

实现以太阳能源为中心的可持续社会的前提条件是我们生活方式要做出巨大的变化，使其成为能够有效地利用太阳能源的生活方式。试想这样的社会还应该是我们对来自太阳和自然的恩惠，及其应有价值有充分认识的社会。即便是现在我们的生活虽然受到太阳的巨大恩惠，但是人们却很少会感谢这种恩惠。要想实现以太阳能源为中心的可持续社会，培养这种关注太阳恩惠的宝贵精神是不可欠缺的。

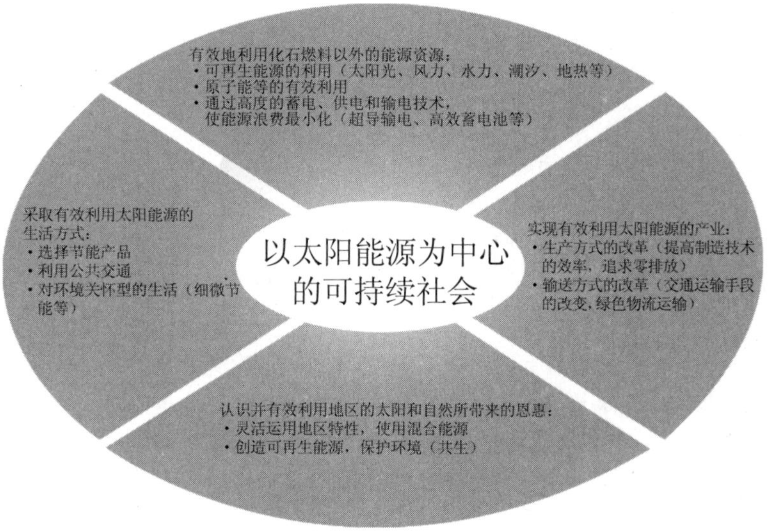

图 29 以太阳能源为中心的可持续社会的应有状态

要想实现以太阳能源为中心的可持续社会还需要面对很多的课题。预想百年之后长远未来，我们可以从各种不同视点出发构想未来的蓝图。但是要想实现这些蓝图最要紧的就是从现在开始朝着这一目标而努力。

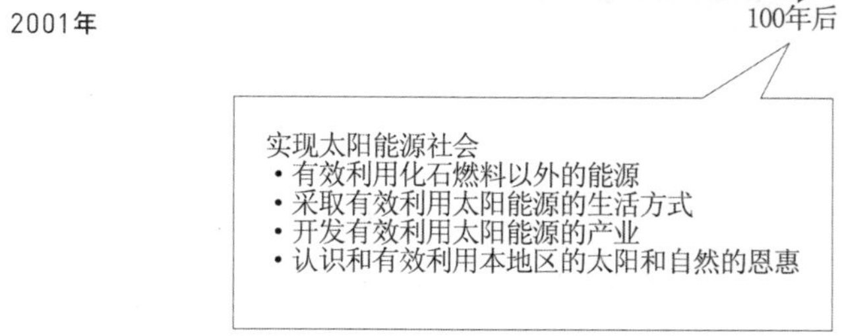

图 30 走向以太阳能源为中心的可持续社会

太阳能源社会作为我们努力的目标，并不是在一朝一夕之间就能够过渡到百年之后的理想状态。图 30 显示了到实现以太阳能源为中心的可持续社会为止，从能源侧面看到的变化模式。只有通过技术开发以及社会制度的变革等长期且大规模的改革，才能够实现这一理想。过渡期也许需要花费很长的时间，因此我们从现在开始就应当脚踏实地着手准备。当然在实现这一理想社会之前，我们的能源来源还必须依靠化石燃料和原子能，因此在过渡期间针对能源供给和利用问题还需要我们下一番功夫。

推动可再生能源技术开发

目前世界各国都在进行太阳光能、太阳热能、风力、水力、生物能、地热、潮汐等可再生能源的技术开发。在日本，大学、研究机构和企业也在积极地进行各种研究工作，对新能源以及节能研究开发、实证、实地调查事业、引进普及事业等进行研究援助。

可再生能源从研究开发阶段达到实用化阶段需要各种各样的技术，我们期待以此能够实现控制碳排放或者零排放。目前由于成本过高等问题使这些技术还没有得到充分普及。通过新技术开发可以提高可再生能源的能源转换效率，期待可以通过商业标准使其得以普及。

为了创建太阳能源社会我们不仅要进行可再生能源技术的开发。由于太阳能发电、风力发电等可再生能源技术受到气象条件的限制，其发电量变化非常不稳定，因此就需要各种技术加以改善。例如把电力储存在蓄电池中，在没有损耗的情况下，利用 IT 技术把电力输送到更需要的地方等等。其他技术还有利用超微粒子碳生产的二次锂电池具有很高的效率，是蓄电技术革新中的代表之一。由于蓄电池的高效化，通过太阳光发电输出的电力被储存在超电导圆盘状的电力储蓄装置内，夜间则再次变成电力进行供电。另外通过燃料电池也可以发电，其原材料氢因此而又被看做是不同形态的电力储存。制造、输送和储藏氢的技术等也是推动氢利用的关键技术。

有效利用高温超导材料的超导高效率输电系统就是革新性的输电和供电技术。只要通过技术开发使高温超导材料的价格更加便宜，就可以环绕全世界进行输电。例如，在撒哈拉沙漠发电的电能就有可能被输送到亚洲，这些地区就可以使用到不受气象变化以及日照时间限制的太阳光发电的电力。随着利用 IT 技术的智能电网的深入化，人们在供电时就有可能有效地应对不稳定电力。

在技术开发的时候，不仅要把实用化当作是有发展前途的技术，今后一个世纪，在那些被誉为未来技术的领域中进行基础研究也十分重要，例如，宇宙空间的太阳能利用，核聚变反应技术，超导的输电技术等。此外针对那些实现起来颇为困难，研究进展缓慢的领域也有必要从地球社会可持续的长远角度出发，努力进行技术开发。

科学技术要摆脱目前为止的对化石燃料的依赖就必须要寻求大的技术改革。实现大的技术改革不应只看到眼前的产业利益，而应该研发出长远的、保障全球利益的科学技术。当然市场竞争在短期内确实也可以产生有效的技术，但是基本上有益于地球和人类可持续的科学技术研发中，按照政策性的意向促进研发以及研发资金的供给都是必不可少的，站在长远的角度进行评估才有可能产生有益的效果。

现有的能源技术的改善和高度化

·追求完全彻底的节能以及节能技术的世界性普及

要想防止全球气候变暖不仅要利用可再生能源，如何转变成为节约能源的社会也是我们需要解决的问题。为此有必要向全世界普及节能技术。

推动节能最重要的是力求能源消耗体系整体效率化。构建阶段性利用能源和资源的体系，也有必要推动具有复杂功能的生产进行节能等，如，用于信息处理和传导的设备对稳定和高品质电力的需求即是间断性的，我们要把各类供电形式区分开来，建立多种多样的供电形式，以便应对不同的能源需求。从节能整体看，最具节能效果的就是在接近终端消耗附近的节能。稳步促进这一阶段的开发研究十分重要。

目前世界各国都在推进各种节能技术的开发，要想实现以太阳能源为中心的可持续社会这一理想，今后还需要不断谋求开发彻底节能的技术。这些被开发的节能技术不仅要在发达国家中普及，还需要把这些技术传授到发展中国家，使节能技术在全世界得到普及。发展中国家以发展经济为目标，因此今后需要创建越来越多的社会性基础设施。以发电站和炼钢厂为代表的大型设施一经建设，即便其能源效率不高也不能够被轻易的改建。为此在建设这些设施时应该尽可能有效地利用效率高的最新技术。从这个意义上讲，我们应当加紧向发展中国家转让技术。能源利用效率低下的国家和地区越早的引进节能技术，就可以越有效地利用能源，在全世界控制二氧化碳排放方面就可以取得更大的成效。

要想促进节能技术在全世界普及，针对接受援助一方的人才、组织、制度等方面的基础建设也十分必要。此外还需要考虑知识产权以及成本负担等问题。通过技术合作计划等形式，援助发展中国家完善其作为接受方的体制。同时还需要创造一种环境使发展中国家在得到转让技术之后，其自身还可以继续有效灵活运转。

· 原子能的有效利用

再生能源要想在我们的生活中得到全面利用还需要花费一定时间。在此之前，我们有必要有效利用以往的能源。目前最有影响力的能源被认为是原子能发电，虽然这种能源在建设、维护以及拆除等方面需要很大的成本，但是它可以产生巨大的能源。

原子能发电不会产生二氧化碳，因此在资源以及环境方面受到的限制有可能得到大幅度缓和。图 31 表示的是世界原子能发电量的变迁。欧美地区正在积极地加强现有原子能发电站的输出功率，发电量有增加的倾向。亚洲地区原子能发电设备以及发电量也在稳步增加，从能源稳定供给的角度来看，预计今后以亚洲各国（中国、印度）为中心的发展中国家，随着经济增长将会大幅度引进和扩大原子能发电。

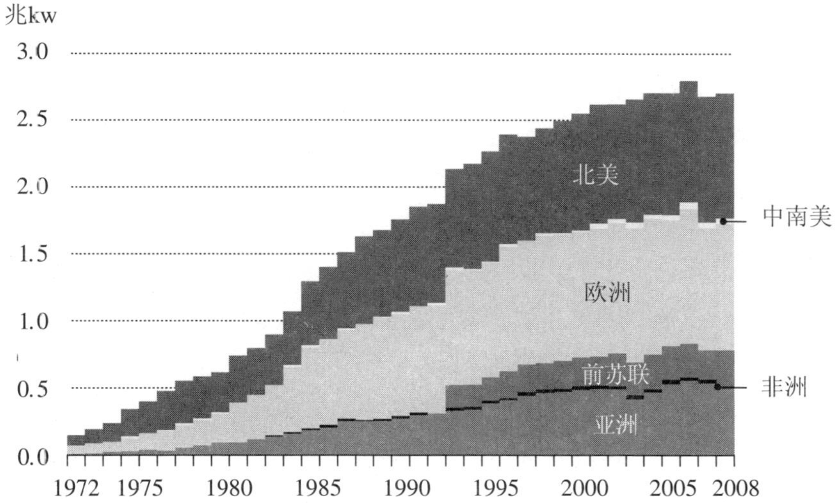

图 31　世界不同地区原子能发电量的变迁

依据 2009 年版能源白皮书制作

（原出处：NUCLEONICS WEEK，The McGraw—Hill Companies）

在原子能利用上还遗留了一些未解的难题。例如，保护原子能发电设施的安全，确保其能够和平利用，以及放射性废弃物的恰当处理等。如果不推行能够得到市民充分理解的关怀措施，就会给原子能有效灵活运用带来很大困难。这就需要我们开发安全新型的原子能发电技术，同时促进市民对原子能利用的了解，构建安全和平利用原子能的国际合作关系，推动全面削减核武器谈判的进程等。2009 年 4 月美国总统奥巴马在布拉格发表声明，表明了核不扩散和废除核武器的决心。这一表态对于今后和平利用原子能，以及在国际原子能管理的探讨上起到了国际性推动作用。此外，促进原子能利用最重要的课题就是培养有能力的人才，在安全和平利用原子能上可以进行综合性研究，并能够促进其进一步利用。

·化石燃料的有效利用

目前约八成的一次能源都由化石燃料来承担。因此在中短期内化石燃料还将是人类最重要的能源来源。实现以太阳能为中心的可持续社会之前，人类还不得不依靠化石燃料。但是我们此时在利用这些能源时，应当选择能够严格控制二氧化碳排放的方法。例如，天然气的二氧化碳平均排放量就要比石油和煤炭少，因此我们可以提高天然气的利用率。煤炭气化之后可以进行高效发电，与以前的煤炭火力发电相比较，能够大幅度削减二氧化碳的排放量，这样在采取煤炭汽化技术之后煤炭就可以得到有效的利用。电热供给系统能够削减二氧化碳排放量，其发电的同时废热会产生蒸汽，供给这种热能也可以提高能源效率。通过有效灵活运用目前的技术，同时掌握好化石燃料的利用方法，就有可能削减二氧化碳的排量。通过化石燃料发电时，不仅要提高发电效率，还要推进二氧化碳回收储留（Carbon Capture & Storage：CCS）的技术开发，以便能够回收和储留产生的二氧化碳。这也可以说是寻求低碳化的有希望的选择方式。

针对 CCS 储留二氧化碳的举动以及对环境的影响等技术课题还没有得到解决。因此推广这一技术的时候，必不可少的是在环境影响的评估以及安全性评估上进行深入探讨，提高其社会接受度。

有效利用太阳能源的构想事例

针对以太阳能源为中心的可持续能源社会最终的状态，各种机构都提出了各种各样的构想。

例如目前 IEA PVPS 注 42（IEA：国际能源机构。在其框架下制定的“阳光发电系统相关的实施协定”〈欧美和日本等 19 个国家和 2 个机构加盟〉）正在实施的国际合作项目（IEA PVPS Task 8），就是研究在沙漠等未开发利用的地方建设 10 万～100 万 kW 的超大型阳光发电系统（Very Large Scale Photovoltaic System：VLS－PV）的可能性。日本是这一计划的召集国之一，2009 年 9 月发行的活动成果报告书《Energy from the Desert》中提出了面向 2100 年的 VLS－PV 路线图，以此作为对超长期未来的展望。这份路线图参照了德国联邦政府全球气候变化咨询委员会提出的《2100 年一次性能源供给的三分之二来自于太阳能发电》的计划大纲，指出在 2100 年三分之一的能源供给来自于阳光发电，剩余的三分之一则依靠太阳热能发电来提供。

此外 2009 年 7 月 13 日西门子公司、德国银行等欧洲 12 家大型企业经过协商设立了沙漠技术工业倡议公司。从图 32 中可以看出，该计划耗资 4000 亿欧元，在撒哈拉沙漠等地带修建大型太阳热能发电设施，如果发电被输送到欧洲，可以解决欧洲 15％的电力需求。

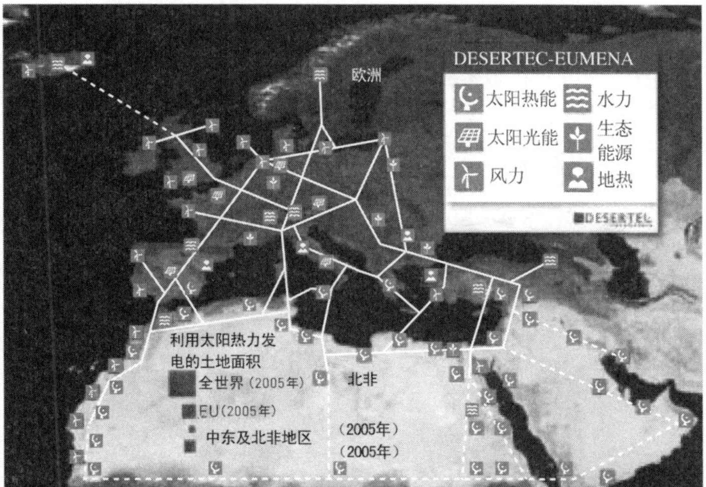

图 32　沙漠技术工业倡议公司

DESERTC Foundation 资料（http：//www. desertec. org/）制作

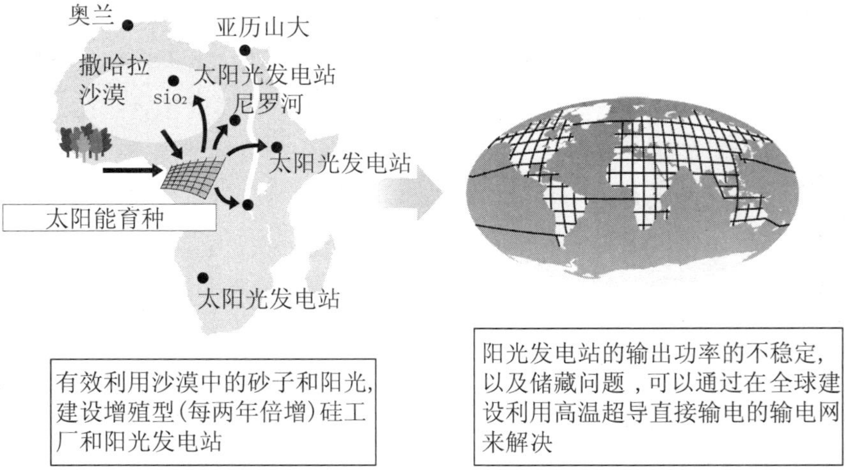

图 33　撒哈拉太阳能育种计划

根据金泽学术会议会长记者交谈会的补充资料制成

据估算随着太阳能源的利用技术和超导等供电技术的发展，在沙漠地带设置阳光发电设备，有可能为全世界提供电力需求，为此又提出了一项宏伟的计划（撒哈拉太阳能育种〈SSB〉计划）。2009 年 3 月 G8 学术会议在罗马召开，日本学术会议提出了“针对全球清洁能源高速公路的撒哈拉太阳能育种（SSB）计划”(图 33)。其特点是从撒哈拉周边设置太阳电池得到电能，其中一部分电能用于制造以二氧化硅（硅砂和硅石）为原料的太阳电池，在沙漠中含有无限多的二氧化硅。其剩余电能则进行增殖型的扩大建设。所得电能供应至周边地区不仅可以改善这里的生活，同时最终通过超导电网为地球整体提供电力。

3. 生活方式的转变

（1）转变生活方式

目前引发的全球规模的环境问题是由人类自身引起的。因此如果人类不转变目前的思考方式和生活方式，地球环境问题就没有办法得到解决。由于科学技术和市场经济的发展，不仅使我们的物质生活越来越富足，生活便利性也得到了提高。这种富足和便利性是依靠消耗大量资源和能量，同时向环境中大量排放废弃物来维持的。虽然人类要想生存下去就必须要消耗资源和能源，但是如果浪费资源和能源并产生大量的废弃物注 43就会给自然带来恶劣的影响。同时，浪费行为也会加快资源枯竭的速度。只要我们不转变目前的生活方式，随着资源枯竭、地球环境恶化，就有可能造成我们生存基础的消失。我们人类应该摆脱不必要的物质追求，把内心的富足作为宝贵的精神财富。

观察与自然息息相关的人类生活方式就会发现，虽然现在人们的生活都是依靠自然的恩惠来维持的，但是我们好像已经忘记了这一点。人类的衣食住行都是由于丰富的物种多样性来维持的，可是人类为了增加粮食生产，不断扩大农业耕地，因此造成了物种多样性的丧失。为了粮食和饲料生产而进行土地开垦，为了确保畜牧业的发展以及生产棕榈油等而砍伐热带雨林，为了养殖鱼虾而砍伐红树林等等，其结果就是造成了物种多样性丧失。另外在发展渔业时由于没有考虑到生物的持续性，促使大型鱼类的个体数量出现减少的倾向。

除了产业活动以外，从与能源相关的生活方式来看也会发现，人们个人生活中也消耗着大量的能源。在日本，家庭能源消耗一直在不断增加，与35 年前的第一次石油危机的时候相比较，现在的能源消耗增加了 2 倍以上。我们应当在不过分妨碍便利性和快捷舒适性的同时，探寻能够控制能源消耗的方法转变生活方式，在个人层面和家庭层面作出努力，可以说是我们实现太阳能源社会理想的第一步。

关于生活方式的转变可以提高能源利用效率的重要性在理论上已经得到剖析。能源学者埃默里·罗宾斯博士从资源效率性的利用以及系统整体优化可以提高经济水平的观点，阐述了消费者作为能源传递最终阶段，即处于“需求端”其节能的重要性（图 34）。以电力供应为例，由于到达需求端之前损耗的能源较多，在需求端寻求效率化就可以给系统整体供给带来巨大的节能效应。这一阶段的节能加入系统效率性，包括消费者都很容易做到，对提高消费者节能参与意识也是有效的。

正如上面所提到的“需求端”节能的重要性一样，转变生活方式正是从现在就可以开始的解决地球环境问题的方法之一。如果所有人都可以转变自己的生活方式，其产生的效果将会非常之大。为了实现太阳能源社会，转变生活方式是必要的也是不可或缺的方法。

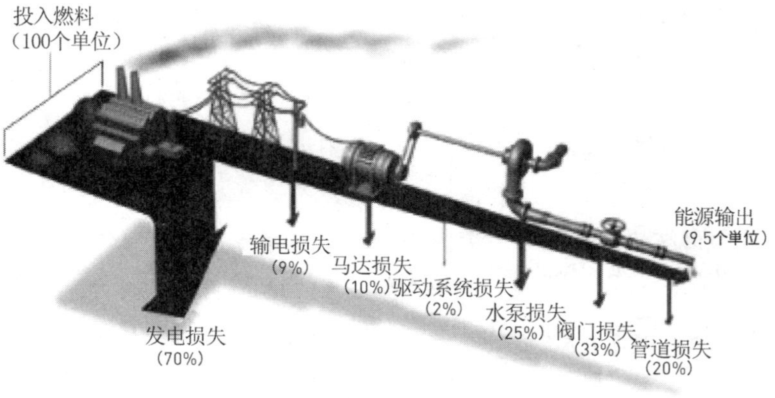

图 34 提高需求端效率的效应

参考:埃默里·罗宾斯(Amory B. Lovins)博士提出的在需求端效率提高的成效

以水泵进行水输送的系统为例，在火力发电站投入 100 个单位的能源，通过能源转换和输电以及马达泵系统的工作等系列过程，会被消耗掉 90.5 个单位。而从管道中作为能源输出的仅有 9.5 个单位。相反，如果能够使需求端的输出减少 1 个单位，系统整体大约能节约 10 个单位的能源。可以看出其成效是非常显著的。另外上游所有的构成要素也可以是小型化和简约化的。

资料出自：引用和翻译埃默里·罗宾斯博士在第 16 次（2007 年）蓝色星球奖获奖时的讲演稿。

(2) 现在开始追求生活方式的转变

那么我们的生活方式有怎样的问题，今后应该怎样进行转变呢？人类丰富的物质生活极其便利性是由大量生产和大量消耗、大量废弃等形式来进行维持的，上面我们已经阐述了这种做法给自然造成的恶劣影响。这样的生产和消费方式是怎样产生的？其根本原因也许是我们人类在追求物质充足的过程中，过分的个人欲望以及市场竞争促使人们对自然以及他者缺乏关怀，因此造成了只要满足人类自己就可以的做法。这样的做法不仅出现在个人生活层面上，也出现在企业活动中，因此其结果造成了只把注意力放在追求个人以及自己公司等狭小世界的利益上。

这种只在各自的世界中追逐利益的方式，与兼顾地球整体资源丝毫无益。因此只有通过地球环境问题来告知人类地球的有限性，追求利益的结果是引起各种地球危机。

从现在开始我们必须要认识到地球是一个有限的世界，为了人类以及所有的生物能够充满活力的生存下去，就必须要实现太阳能源社会这一理想。为此人类在进行生活以及事业活动时就必须要顺从自然法则。对于能源以及资源这些来自大自然的恩惠要珍惜利用，人类在考虑问题时要认识到我们要让自然延续下去，因为我们生存下去需要自然恩惠的支撑。只有站在这样的立场上，我们才会对他者以及自然产生关怀之心，从而也会发现协调合作比竞争更加重要。

当然为了消除我们的社会经济活动给自然造成的恶劣影响而重返 50 年前的生活方式等，把目前非常便利的生活水平降低下来，这并不是一个非常有建设性的提议。我们需要的是给人们的心情带来温暖的喜悦，能够发现美丽而和谐的事物其应有价值的喜悦等。不光要考虑物质的丰富，还要在文化等方面寻找充实人们心灵的新乐趣，以此来改正自己的生活方式。日本曾经是一个拥有“知足”和“节约”精神的社会，这种精神难道没有必要再一次得到重新认可吗？这种生活方式与以往一味追求物质丰富的生活方式有着完全不同的价值观，如果以此为基础的生活方式能够在全社会展开，太阳能源社会的理想就可以得到实现。

在我们生活中做到不违背自然法则，或者是把能源和资源作为大自然的恩惠来珍惜利用应该有怎样的实际行动呢？首先在生活方式上朝着可持续的方向进行转换。其中特别值得指出的是国际性组合联合国环境计划署提出的《可持续性的消费和生产》(Sustainable Consumption and Production〈SCP〉)，把焦点放在消费和生产方面进行了探讨。在 SCP 中提出了“在不对后代人满足其自身需求构成危害的基础上，满足当代人的基本需求的同时可以利用提高生活品质的产品和服务。即在生活方式的整体过程中，其产品和服务必须要把资源和有害物质的利用，废弃物和污染物质的排放控制在最小的限度内”这样的思考方法。如果人们在消费和生产上立足于这种思考方式，在促进经济发展过程中就不会出现环境污染的进一步恶化，也不会出现资源枯竭的问题。以 SCP 思考方式为基础开展的具体性措施之一就是 3R 政策的展开。3R 是指对于产生的废弃物的控制（Reduce）、再利用（Reuse）、可再生利用（Recycle）的略称。其努力方向就是通过控制废弃物的产生以及有效的利用资源来形成循环型社会。这一措施在以发达国家为中心的各国已经开始展开，行政、企业以及居民联合参与其中，在废弃物的回收、区分和解体，循环资源利用，恰当处理残渣方面正在逐步构成社会性的体系。在生活方面人们尽量做到减少垃圾产生，灵活运用二手制品。为了促使废弃物品的再生利用，在分别回收方面进行合作等。另外在产品等生产方面，力求做到提供的产品注 44是可循环利用产品，消耗资源和能源较少的产品，以及利用有害物质较少的产品等。

我们有必要拥有关怀自然之心，有必要很好的理解构筑 3R 这一循环型社会的举措意义，并且作为消费者应当重新审视自己的行为。同时我们在进行消费行动时还应当选择把资源和有害物质的利用，以及废弃物和污染物质的排放控制在最小限度。提出这一观念是因为，如果消费者选择了这样的消费行为，就可以促进生产形态以及产品的现有状态发生改变。

（3）生活方式转变所需的必要教育

我们人类由于经济发展在物质上享受着富裕的生活，但是这是否就是真正的幸福呢？要想实现太阳能源社会的理想，首先必须要学会认识到内心的富足要比物质上的富足更重要。真正的幸福并不在于大量消费，而在于心灵充实，我们要想了解这一点，教育是十分必要的。

生活方式应当有哪些具体的转变呢？首先重要的是了解人类生活与地球环境之间有怎样的联系。我们在现实生活中很难切实地感受到地球环境的重要性，因此就需要我们了解正确的信息，通过教育得到正确的知识，并拥有恰当的判断能力。此外人类与环境之间的关系非常复杂，其中还有很多未知部分存在。不断积累新知识，并对人类是大自然中一员的观念进行重新认识也非常重要。为此实现与自然共存的社会就需要提供教育，使人们能够获得正确的知识，同时培养能够正确判断事物的能力。这些都是重新认识人类是大自然中一员的观念所必须的教育活动。

目前联合国正在致力于为实现可持续社会而进行的 10 年教育。这是以“面向实现可持续社会，每一个人都要认识到世界上所有的人及其后代的生存与环境是息息相关的，因此必须要改变自己的行为”的思考方式为基础展开的必要性教育。具体地讲就是各国可以采取独自的措施，把可持续的思考方式、原则以及行动等带入所有的教育场所。这种思考方式本身也是相互关联的，因此它与太阳能源社会的思考方式相吻合。太阳能源社会就是一个对他者以及自然更加关怀的和谐社会。为可持续而采取的教育并没有什么特殊的内容。正像上面所阐述的，最重要的并不是接触大量的信息和知识，而应该是培养一种能力，使每个人都能够主动收集各种信息，通过自身探求和思考，做出恰当的判断之后采取行动，或对事物进行重新认识。

（4）促进生活方式变革的结构建设

仅通过环境教育以及环境学习来深化知识,并不能带来社会整体生活方式的转变。目前的现状则是人们在思想上理解,但是却很难落实到行动上。要想在深刻理解的同时落实到行动上,就必须要提供可以进行实际行动的机会。以地区共同体为中心的环境保护活动,各种 NGO 针对环境活动等提供信息及介绍各种活动等,以及政府、居民、企业、NGO 的联合体制及其针对居民的信息提供体制的健全完善,对于居民可以轻松的参与环境活动都十分重要。

此外绿色标记以及环境管理体系认证制度等与产品自身以及事业活动相关的认证制度和信息提供也非常有效。例如，我们在购买食品类商品时可以有意识地选择拥有合理交易商品标签注 45以及海洋环保标签注 46等得到认证的商品。在利用以木材为原材料的产品时也应当尽可能的使用经过认证的产品注 47。当大多数人都利用或购买经过认证的产品时，就可以实现关怀他者的社会。为了促进这一行动的实施，认证制度一定要有确实的科学依据，能够得到市民们的认可，并可以使他们灵活运用。

此外，环境税、绿色积分、补偿、保证金、绿色基金以及地区货币等能够促使人类行为发生变化的经济性构造也正在进行探讨和实施，但是这需要合乎地区特性，或者是在全球建立起有效的机制。

4. 城市和地方联合形成充满多样性和活力的社会

20 世纪的社会是全世界向城市化迈进的社会，并逐渐成为能源和资源大量消耗的社会，因此正如上所述，我们的社会开始面临各种各样的极限。在城市化的进程中人类逐渐背离自然，逐渐疏远了作为人类生存基础的自然，生活方式变得越来越个人化，人与人之间的交流和沟通也变得越来越疏远，个人以及社会整体的活力都在逐渐降低。这些可以说是城市型生活方式的负面影响。随着城市型生活方式的普及，在地方与大自然相互接触和交流的机会也在减少。

出现以上情况的城市和地方其目标就是要实现“太阳能源社会”。也就是实现以自然作为基础的关怀他者和自然的和谐社会。为此城市和地方就需要引进以太阳能为基础的能源供给体系，力求恢复和保护大自然，促进构建有着丰富交流和参与社会活动机会的社会。当然城市和地方有着各自不同的特点，因而建立相互关系也十分重要。合作应当建立在发挥各自特点的基础上，使双方的活力可以得以充分发挥。当人类与自然的接触和交流机会越来越广泛时，自然以及人性也会得到恢复，就能使我们的社会转变成为充满多样性和活力的社会。

（1）充满多样性和活力的城市和农村

20 世纪的城市是人口、工业、经济等非常集中的区域，作为经济活动、物流活动和产业活动的中心，在人们追求效率性和功能性方面一直扮演着重要角色。另外，城市又是大量消耗资源和能源的场所，随着不断的成长自然环境被人工建筑代替，使其逐渐远离自然而变得孤立起来。由于过度重视工业的经济机能这一特性，迫使工作和生活在这里的人们可以亲近自然的场所变得越来越少，单调无味的生活被迫成为大多数城市居民的现状。再加上经济全球化，以及趋同城市型生活方式的普及等，不仅使物种多样性丧失，也使人类以及地域社会的多样性丧失，逐步破坏了城市活力。

另外，农村不仅是粮食等农作物的供给地，随着城市经济的发展这里又成为人力资源的供给地。在以经济原理为基础的农作物价格竞争下，大片森林被开垦成农田。为提高生产效率而使用化肥和农药促使土壤环境恶化，而剩下的土地由于人力资源的不足而不能得到有效管理，其结果是促使农村出现显著衰退。

本书中提出的“太阳能源社会”就是要使城市以及农村的人们能够重新回到大自然中，建成充满活力和多样性的城市和农村。

建设充满活力的城市

· 面向太阳能源城市的结构转换

城市消耗着大量能源和资源，要想实现“太阳能源社会”的理想，其城市结构就必须由太阳能及其创造出来的自然恩惠来维持。为此就需要建立最大限度有效利用阳光、风力、生物能等可再生能源体系，同时利用能源效率最高的能源机器，通过修建高保温性能的建筑物等方式进行节能，寻求效率化利用每一种资源和能源。从长期来看，通过职住接近以及土地利用的多用途化来控制交通需求，通过多种运输等方式促使交通系统效率化，建立资源以及能源循环利用体系等，都是城市构造转换时谋求能源和资源利用效率化所必须的。

以利用太阳能源作为基础而建设的能源效率化而节能的城市，可以作为有效利用能源和资源的样板在各个地区的建设中得以灵活有效利用。

·太阳能源城市构造的轴心是自然走廊结构

在城市中实现“太阳能源社会”的理想，不仅可以保护地球环境，还能够使人类重新恢复多样而充满活力更具个性的生活，而不只是作为大自然中的一员而生存的人类。换言之，更多地与大自然接触可以恢复人的本性，同时还可以使相互关怀的心态得以恢复。

在建设太阳能源城市时要想把大自然带到城市中，最具效果的措施就是形成自然走廊，使其作为城市构造的轴心。例如，我们可以把目前城市中保留下来的河流和湖泊等自然环境进行重新建设，再造一个大海与河流、湖泊相连接的水生生物生息的空间。同时修建一些绿地和公园，把以往被孤立隔开的森林以及树林等用绿色的空间连接在一起，把那些在山地和丘陵生存的陆上生物重新唤回到城市中。这样就可以建设成一座能够与大自然亲密接触的城市。

·具有交流和合作精神的太阳能源城市

太阳能源社会是一座人与人之间相互认可，充满了丰富多样性和活力的社会。但是人类要想持续不断享受大自然给予的恩惠不仅需要我们以“关怀之心”认真地对待大自然，还需要我们人类相互之间建立起信赖关系。这一点对于重视效率的城市社会非常重要，这样可以使缺乏交流的人与人之间的关系变得更加紧密。如果能够创建一个城市居民积极参与城市建设的地域社会，就可以使充满人性活力的城市得以再生。建立新的交流以及共同体可以创造出更多的机会使人们可以参与到社会中，当人们参与社会活动越来越活跃时，就可以发挥出每个人的有效作用。

通过市民参与的方式在城市中进行森林、公园、庭院等建设活动和管理，不仅可以像上述那样在城市中重新创造自然，而且通过城市生活的主导者进行绿色保护和利用等活动，还可能有机会创造出新的交流。新的交流以及活跃的城市不仅可以作为具有效率性和充满活力的产业经济中心，还可以在人与人之间形成相互信赖的关系，在感受身边大自然的同时，使人类变得越来越充满人情味，最终使城市变成一个充满文化魅力、宜居的场所。

自然循环地域圈的形成

·建设能够有效利用太阳能源具有先导性的地域社会

上面我们曾经讲述了要想实现太阳能源社会的理想，就必须要最大限度地利用以太阳能源作为本源的可再生能源。农村拥有丰富的自然资源，这里不仅有太阳能源，还存在风力、中小水力、生物能等可再生能源和资源，再加上这里有充分的土地资源，为能源资源有效利用提供了有利条件。另外农村与城市相比较人口稀少而且分布范围广，这对于利用可再生能源和资源进行分散独立型的能源供给方式有很大的好处。

从长远的观点看，把农村作为最大限度有效利用这些可再生能源的样板性地域圈，对于创造可持续的能源社会和减少给大自然造成负担的社会是非常重要的。

·对自然循环地域圈寄予的期望

在“太阳能源社会”自然环境是人类及其他生物生存下去的无法替代的必要条件。农村就是这种珍贵的自然环境非常丰富的地区，而且在农村可以有效利用自然环境，为满足人类的衣、食、住而创造出必要的财富和服务。同时，自然环境是社会整体得以继续维持和有效利用的资本，因此可以说农村在这一点上是值得期待的。农村通过其经济社会活动以及地区建设承担起了使珍贵的自然环境得以继续维护的责任。

但是从经济上来讲由农村单独承担保护自然环境的责任是很困难的。考虑到自然环境是社会整体共同资本，因此城市有必要承担起保护自然环境的责任。例如水源税，就是为了可以持续利用水资源，以保护水源地区的自然环境为目的而设置的。作为利用河流水资源的主体这是理所应当承担的负担。作为水源税征收的税金主要用于保护水源涵养机能而进行的森林维护管理费用等。此外，通过农业进行的粮食供给是在有效利用自然环境下产生的，为了维护因为粮食供给而被消耗的自然环境，城市居民也有必要承担相应的责任。

今后要想使自然环境作为社会共同资本继续维护下去，像这样为了能够使城市和农村之间分担必要责任而进行制度构建是非常重要的。此外城市和地区联合起来作为保护自然环境框架，也是谋求形成自然环境地域圈所必要的。以母城为中心包括农村以及自然环境极为丰富的地区在内形成一个地域圈，以此建成一个在经济方面和自然方面联系非常紧密的自然环境地域圈，由此就能够进行综合性的地区经营和管理。这其中再引入有效灵活运用自然恩惠的视点，这一地域圈就有可能成为利用地区自然资源以及可再生能源等，并实现不违背自然法则的社会场所。

· 地区共同体的再生

现代化之前的地域社会形态是祖祖辈辈都生活在同一个地区，在相同的价值观下互相帮助、互相扶持维持着自己的生活。但是随着现代化的发展，城市也得到巨大的发展，因此有很多劳动力离开农村迁移到城市，特别是支撑着农村发展的年轻人走向城市，使农村的活力大大降低。

为此，今后要想使农村作为自然循环型地域圈而成为有魅力的地区，就必须要阻止作为其核心力量的年轻人向城市流动。但是这并不是社会方面的和心理方面的强制行为，而是期望他们能够主动地去选择这种在农村定居，保护自然环境，从事农业生产的生活方式。这就需要城市和农村联合起来，同时城市应当承担起农村一定的经济负担，这样才有可能得以实现。只要构建起这种城市对农村进行经济援助的制度并进行灵活运用，农村的人们才有可能作为自然中的一员而生存下去，才能够形成可以持续享受自然巨大恩惠的自然循环地域圈。

(2) 为形成自立的自然循环地域圈而进行合作

太阳能源社会把自然环境作为人类共同的社会资本，使人类从破坏自己生存基础这一进退维谷的地步中解放出来。农村有着丰富的自然环境，农业等只有利用自然环境进行经济活动才能够维持。此外由于自然环境是社会共同资本，因此农村也可以被当作是受到整个社会委托而对资本进行维持。当农村在经济上产生困难时，为了使受到整个社会委托的自然环境资本得以维持，有必要利用城市以及其他地区之间的联合来维持这一地区的经济活动（图 35）。这种联合能够使地区以其母城为中心形成一个自然循环地域圈。创建有效利用具有地区特征的资源地区，形成自然循环地域圈是有效手段。

如果城市和农村发挥各自的特性朝着太阳能源社会的目标发展，城市就有可能成为充满人情味和活力的场所，农村也可以成为拥有丰富自然和魅力的定居圈。城市和农村之间建立交流和合作关系，可以推进发挥城市和农村各自特点的地区形成，特别是农村作为有着丰富自然的定居圈，其魅力会有所增加，这样就可以控制人口从农村向城市流动，或许还有可能出现人口从城市向农村回流的情况。在太阳能源社会城市和农村相互之间的关系并没有差距，作为有魅力的多样居住环境，成为对等存在关系。

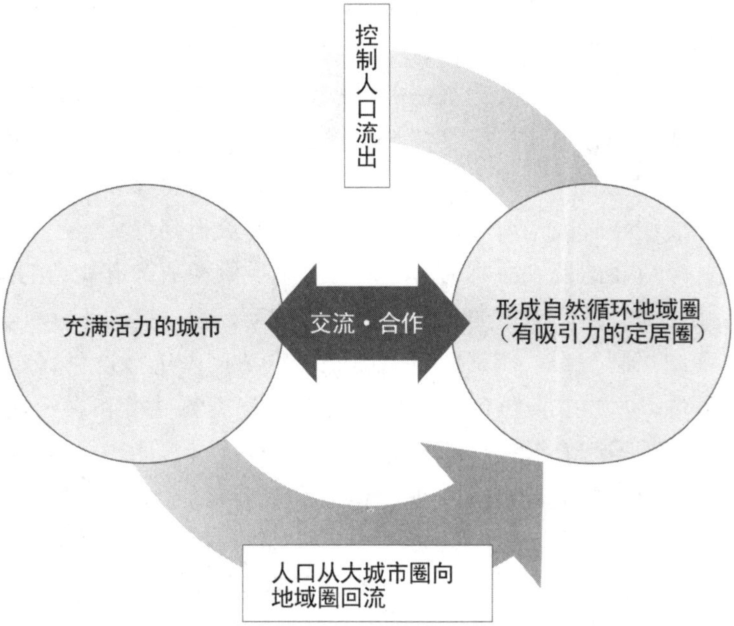

图35 构建城市和农村联合的具有多样性和充满活力的社会

5. 社会体系的改善和国际合作

（1）政治和行政上的坚强意志

要想实现以太阳能源为中心的可持续社会，不仅需要我们进行技术革新，还需要对社会制度进行改革。推进与环境相关联的社会制度改革最重要的是以长远的眼光和坚强的意志为基础在行政上作出努力。为此全社会的人都应该对政治和行政保持兴趣，参与政治和行政过程，为实现“太阳能源社会”的理想做出具体的行动。此外政治和行政上应当以长远的角度展望未来，并以此为基础制定目标和计划，为实现目标把各种方针政策组合在一起，推动计划向前发展。制定研究开发目标以此实现可持续社会的理想，为实现这一目标还必须在政治和行政上推进基础技术、重要技术的开发，并为大学以及研究机关、民间企业提供后援。

要想实现以太阳能源为中心可持续的社会，推动各种行政措施也十分的重要。目前世界各地正在以各种形式逐渐导入设立援助政策（设立成本补助金、减税、低利率融资等）以及周转援助政策（分摊制度、投标、固定价格买卖制度、税收优惠措施）等市场基础的政策，此外还有行政手续简单化以及指导方针的建设等市场基础以外的政策。例如，系统发电企业在德国有义务以固定的价格全量购买可再生能源发电的高价电力，因此产生的成本增加可以从家庭以及企业的电费中显示出来。而且从 2005 年 1 月欧盟就二氧化碳的排放在欧盟地区内开始采用排放量的交易制度，目前已经拥有多个国家参加，因此成为世界最大的排放量交易制度。我们必须强烈地意识到这些政策要在政治和行政上有坚强的意志才能够得以推进。

(2) 面向实现太阳能源社会的国际性合作

地球环境问题是整个地球都受到损害的问题，要想解决这一问题，各国不能只看到本国的利益，而需要全球合作来努力应对。也就是说必须要有国际性的对话和联手合作。联手与合作包括技术合作、资金合作、政策协调等各种形式。

有关技术合作方面早已有主张表明了在全世界普及节能技术的必要性，而且除了节能以外需要普及的技术还有很多。在充分考虑专利等问题的同时，创建技术交流的平台，创建全球性的技术交流框架都非常重要，这样就可以把世界上最先进的技术带入更广泛的地域。

在发展中国家由于国家财政问题以及开发优先型国家政策等显得更加重要，因此环境对策被放在后面。为了推进发展中国家在全球气候变暖应对上有所进展，能够朝着以太阳能源为中心的可持续社会迈进，从外部得到资金援助是必不可少的。目前已经设立了清洁能源开发机构（CDM：Clean Development Mechanism）、特别气候变化基金（The Special Climate Change Fund）以及其他各种与全球气候变暖对策相关的国际基金组织等。我们在考虑如何使这些资金机构可以更有效利用的同时，还应当不断增加补充性资金机构，只有这样才可以在全球规模实现太阳能源社会的理想。

为了平衡发达国家和发展中国家之间的不公平，2009年蓝色星球奖的获奖者宇泽弘文教授倡导建立“按比例收取碳税的制度”。这一制度是以各国居民平均收入为基准按比率制定税率来征收碳税。同时他还提出了自己的构想，这就是各国按照这一制度所征收的税收，可以拿出一定比率作为筹资创建“大气稳定化国际基金”，把这些筹措的资金按照一定的规则分配给发展中国家。这一提议立足于环境的公正和公平基础上。此外为确保气候变化等地球环境问题的对策资金，国际货币基金组织（IMF）还提出了国际连带税构想。还有提议针对超越国境进行的经济活动征税，具体的征税方法正在探讨中，其中包括向货币交易以及国际性运输等征税提议。

从制定京都议定书时给我们带来的经验可以看出，没有国际协议以及政策协调就不可能实现以太阳能源为中心的可持续社会。这里所出现的问题是导致其产生的原因和受害者错位的问题。大量排放二氧化碳的国家是发达国家，而容易遭受全球气候变暖所带来的危害的地区大多数是在发展中国家。发达国家和发展中国家互相坚持自己的利益、自己的主张，问题就没有办法得到解决。要想解决问题首先需要我们每一个国家都有强烈的愿望，希望能够在全世界实现太阳能源社会。

此外为了后代着想，我们不应该固执的坚持本国利益，而应当考虑全球利益，做到地区性、多国间或者是两国间的协调合作，为在全世界实现太阳能源社会做出具体行动。通过我们市民努力使联合国各个成员国都能超越本国利益，优先考虑地球利益。进一步说联合国也有必要推动改革，使其成为能够引领全世界朝着太阳能源社会迈进，并能够起到协调作用的机构。

跋　语

恢复地球丰沛的生命力
——再现蓝色星球

我们正面临着地球环境问题所带来的危机。克服危机的唯一之路就是通过实现“太阳能源社会”使地球重新恢复成为充满生命力的蓝色星球。

1. 恢复地球丰沛的生命力

什么是我们未来应有的目标？坚实地保护地球环境不仅对于人类，而且对于地球上生存的所有生物来说，其丰沛的生命力都将得以存续。我们目前的责任和义务就是要使地球在百年之后得以恢复。下面即是我们所思考的未来目标。

没有太阳地球上就不会有生命诞生。太阳能源庞大的光和热照射到地球上不仅带来了生命，也维持了植物以及动物等各种生物的生存。

为了使地球恢复其生命力，人类需要改变迄今为止的一些错误观点，不要将自己置于其他物种之上，把自己看做是一个特殊存在，也不能自由地改变自然或无限制地利用自然。人类必须认识到自己只是众多生物之一，与其他物种之间是相互依存关系，与其他生物一样都需要依赖自然的恩惠生存下去。人类还需要认识到人与人之间的社会性存在，因而不可能孤立存在，也不能够与他者对立生存。在人类的相互关系上应当做到互相尊重对方的存在，相互之间应当约束自己的行为以免损害对方的立场。这样做不仅可以得到对方的尊重，而且也不会损害自己。

包括人类在内的多种多样的物种是相互依存关系，同时保持着适当均衡，这样才能够使各种生物充满生命力的存续下去。我们只有尊重所有的物种，才可以使物种多样性的减少得以控制，最终在新的生态系统的均衡中充满生命力的地球才有可能得以恢复。人类要想不断地享受来自自然的恩惠，就必须在不破坏自然的循环和恢复能力的范围内利用自然。这就需要我们在利用水资源和森林、土地等资源的时候遵守自然循环的规律，人类活动的思考方式应当站在不违背自然法则的基础上，因此必须建立新的社会经济结构。同时，我们还需要理解自然与人类之间具有的复杂关系，从而在自然的框架中从根本上改变人类活动的现有状态。

首先，来看人类活动不可或缺的能源。在本书中提出了太阳能源社会的思考方式。太阳能每天都会照射到地球的各个角落，是任何人都能够利用的能源。所以利用太阳能不仅不会改变自然，也不会损害自然的恢复能力。这里提到的太阳能社会顺从自然法则，把太阳能作为人类活动的能源。化石燃料也是来自太阳能的恩惠，经过长期积累而产生的。但是从短期来看消耗化石燃料会增加地球上二氧化碳浓度，由此引起全球气候变暖。从现在开始，我们不能够再依赖化石燃料，而应当以太阳能为中心。太阳能源不仅照到地球各个角落，而且任何人都可以受到恩惠，因此，我们的目标必须是以太阳能为中心的可持续社会。

太阳能源社会的思考方式除了表明我们利用的能源是太阳能，还表明人类活动应当遵从自然法则，不损害自然的恢复能力。从当今的人类之间的关系中可以看出，包括家庭关系在内都变得过分以自我为中心，人与人之间缺乏交流，对他者的关心与关怀逐渐淡漠。如今的社会由于人与自然接触机会减少，人类对其他生物以及自然的关怀也变得越来越少。人口向城市集中的同时，人与人之间的关系却变得越来越冷漠。因此人类社会必须要做出改变，使之成为一个能够与大自然密切接触，通过地区共同体实现人与人相互支持和援助的社会。在多样的自然环境下形成多样的社会。城市和地方相联合，每一个地区都以实现具有多样性和充满活力的社会为目标形成共同体，成员之间相互配合，这样才能够实现充满生命力的太阳能源社会，地球丰沛的生命力才能得以恢复。

2. 转变思想迈向新时代

要使充满生命力的地球得以恢复，就必须要以全新的思想为基础重新构建地球社会。

（1）自然是人类生存的基础

我们人类作为社会性存在的同时也是生物界的一部分。对于作为生物之一的人来说，自然是其生命存在的基础，人类作为生物的极小一部分在大自然中生存着。作为大自然中的一员，其生存只有接受环境的影响。

环境问题是作为社会性存在的人类的自我行为造成的。人类为了自己的方便，认为可以用人造物来代替部分自然，18 世纪以后的现代化和工业化发展就是人类通过科学技术开发、消耗和废弃自然资源而实现的。可以说，人类至今都想要控制自然和支配自然。

但是，人类作为大自然中的一员如果不与自然和谐相处就无法生存。在面临全球气候变暖的自然环境危机时，我们不能够再继续破坏自然——这是包括人类在内的所有生物生存的基础。我们有必要认识到自然是一切生命的生存基础，人类不能够跨越自然。以往的经济发展中由于缺少这样的视角，才会带来一系列的地球环境问题。

解决地球环境问题不仅需要灵活运用科学技术和重新构筑社会制度，还要改变以人类为中心的思考方式。我们人类只是与大自然共存的生物之一，如果不能够维持健全的自然环境，人类的生存基础就会遭到破坏，因此人类的思考方式必须做出改变，我们与自然只是依存关系。

（2）关怀之心

当前的地球环境问题，是大量生产、大量消耗、大量废弃以及为了维持其生活方式而大量消耗资源能源所带来的负面影响。在这样的生活方式背景下，对自然的支配和榨取使人类变得越来越以自我为中心，近代以后的经济合理主义以及竞争主义为基础的社会经济体系才得以存在。市场经济基础下的竞争虽然给社会经济活动带来了创造力和活力，但是，个人为了追求自己的利益，思考问题的方式以自我为中心，不仅产生了人与人之间的对立情绪，而且也产生了强者支配弱者的人间关系。

很明显，人类没有来自自然的恩惠就无法生存。如果人类想要支配自然，超越自然的恢复能力去改变自然，生态系统就会产生异变。如果生态系统发生巨大的异常，变化也会波及我们这些作为生态系统中一部分的人类，最终将会威胁到人类的生存。也就是说，我们人类如果再这样一味追求自身利益而缺乏对自然的关怀，不仅会破坏大自然的恢复能力，也会威胁到我们自身的存续。

人类在人与人之间的关系上是相互依存的，没有相互合作和配合就不可能生存下去。就家庭方面而言也是一样，夫妇和子女之间没有协作，至少孩子就无法生存下去。再有，从前的农村也是一个共同体的典型例子。当代社会人际关系变得复杂化，多种利害关系相互对立。在这种复杂的社会环境中，大多数的主体之间必须要相互关联才可以生存下去。因此每个人与他者都不是对立的关系，关心和关怀对方，相互合作才是最重要的。强者应当站在弱者的立场上考虑问题，如果自己是强者时不希望的事情就不要强加给弱者，这种“关怀”之心是必要的。如果我们充分考虑对方的心情，反过来将来对方在合作的时候就会充分考虑我们的心情。

我们反复重申人类是与自然共存的生物之一，如果健全的自然环境得不到维持，我们人类的生存基础也会遭到破坏，这种思考方式必须是整个地球社会共同的思考方式。不关怀和关心健全的自然环境，人类的存续就会受到威胁。为了充满生命力的地球得以恢复，今后有必要改变社会经济的现状，也有必要改变人与人之间的关系。人与人之间的关系不是相互对立的关系，应当尊重对方的主体性，理解对方的立场，带着“关怀”之心互相协调合作则是非常重要的。同时，我们还应当尽量避免由于对立和过激的竞争造成社会性浪费，均衡竞争和协调相互间的关系，创造出充满生命力的社会。

在当代社会中，需要我们以“关怀”之心对待的，不仅是自然环境以及个人的人际关系。像发达国家和发展中国家之间或者是多国间的国际关系，还有当代和未来之间的世代间关系也需要我们关注。

3. 面向实现蓝色星球的方法

使充满生命力的地球得以恢复的唯一之路，就是构建“太阳能源社会”，这就需要我们尊重由太阳创造和维持的大自然，并以太阳产生的能源为主要能源。为此，我们必须在自然法则中生存，必须依赖以太阳能为中心的可持续能源生存。只有这样，所有生命才有可能保持活力生存下去。此外，为实现太阳能源社会而实行的科学技术和社会制度，也必须以在自然中生存为目的。

(1) 科学技术的智慧与人文社会的智慧相辅相成解决问题

此前，虽然科学技术在为人们提供丰富的物质生活和舒适的生活方式方面得以有效的利用，但是另一方面也给地球环境造成了一定的破坏。事实上，挽救地球环境离开科学技术是办不到的，因为科学技术是人类的智慧结晶。为此，我们有必要在以往的科学技术中加入保护地球环境这一新视点，谋求开发和普及。新能源技术的开发需要巨大的投资和人才力量，我们不能只追求短期效益，而应当站在长远角度采取制度性措施使研发得以实施。

为了改变人类社会与自然之间的关系，科学技术不仅需要跨领域综合知识，还需要调动人文社会知识。这里所讲的人文社会知识与在自然中生存的人类伦理观和社会体系相关联，我们有必要把这些相关知识系统化，使科学技术和人文社会知识相辅相成，谋求在社会范围内解决问题。为此，我们不应分化以往的研究领域，通过细致的划分来推进研究。最重要的是各个领域互相合作，总括性地掌握和了解全盘问题，把握均衡，进行全面研究和探讨。

(2) 创造培养“关怀之心”的社会体系

确立以“关怀之心”为中心的环境教育和新的生活方式

地球环境问题是由于人类对环境的无知引起的。因此，从儿童到成人的所有人都应当了解地球环境问题的重要性。解决地球环境问题最重要的，就是杜绝破坏地球环境的行为。为此，首先需要在学校教育以及生涯学习中进行环境教育，此外在博物馆、自然公园等所有的场所都需要设置环境教育。

这种环境教育的基础就是培养人们的“关怀之心”。关怀要从尊重他者开始。重要的是，要认识到人与人之间的相互关系，人与自然之间的相互关系（依存关系）的重要性。“关怀”的基本，就是了解各自行为会给自然在内的他者造成什么样的伤害。

从现在开始环境教育最重要的，就是思考各自与他者之间有怎样的依存和共存关系？如何形成必要的关系？培养出能连接现代和未来，开辟新社会的人才。由于人类和自然环境之间的关系很复杂，就其全貌还存在着很多未知部分，因此需要我们不断积累新知识，不断地调整人类与自然环境之间的关系。为此，无论在任何情况下都不应当半途而废，而应当持之以恒地进行环境教育。

培养这样的“关怀之心”就可以改变以往的大量生产、大量消费、大量废弃的生活方式，建立起能够促使人类在自然中存续，使人类形成和维持相互良好的协调和合作关系的生活方式。

目前，各方面都在呼吁转变生活方式的必要性，意识到其必要性的人们也已纷纷开始采取实际行动。但是，这些至今还只停留在个人的努力上，并没有形成社会整体的行动。今后，还需要我们进一步明确以“关怀之心”为中心的新生活方式的样式，并寻求建立普及和促进这一新生活方式的社会制度。

在自然恩惠下人类能够存续的经济和社会

经济是保障人类生活富裕的手段，但是为了追求利润，人类的欲望和竞争被无限度地扩张，也促使人类之间产生了不平等和对立等情况。重视短期经济利益的结果，是很多企业向外排放污染物质因此造成公害。全球气候变暖的症结就是源于超限度地消耗化石燃料带来的结果。

由于我们在计算企业活动成本时，没有把被称为外部不经济的环境成本像劳动成本以及原材料等成本一样计入其中。因此，在此之前自然环境遭到破坏，招致出现了地球环境问题。虽然从 20 世纪后期开始局部地区为了防止环境破坏进行了各种尝试，但是要想解决地球规模的环境问题，就需要建立各种社会性规则以及机构。市场经济一直被看做是提高社会富裕度以及促进其活力的最有效机制，在以市场经济为前提的同时，我们还需要在法律和政策措施上加以引导，构建不损害自然恢复能力的经济框架。

以经济合理性和效率性为基础，优先追求利润的企业活动是引起地球环境问题的主要原因之一。从现在开始，企业应当提倡新的价值观和生活方式，同时有责任向社会进行普及。企业存在的意义就在于，在与以往不同的新企业理念之下，提供适合社会需求的产品和服务。只有这样，企业才可以在克服地球环境问题这一人类生存危机上做出巨大贡献。

不损害自然恢复能力社会的应有状态是怎样的呢？我们应当把自然当作生命一样来看待，对应方式必须适合其地域特性。不同地域自然环境也大不相同，因此每个地域的人们都是以接受来自当地的自然恩惠而生活着，并且孕育出了独特的文化。把自然当作生命一样认真对待，就是要充分地了解各地域固有的自然环境，在维持生活时不要破坏其健全的自然机制。为此，有必要在城市和农村建立能够与大自然充分接触，并且能得到大自然恩惠的社会结构。要想建立具有地域特性，能够从大自然中得到恩惠的社会，就必须集中每个地域的每一个人的智慧，建立区域共同体扩大人与人之间的联系。

(3) 为建立地球社会进行对话和国际合作

20 世纪是市场竞争时代。虽然市场经济为经济社会发展创造了活力是不争的事实，但是同时也引起了为欲望和利害关系而扩大竞争的个别情况发生。其结果之一就是地球环境问题。

资源和环境是有限的，在 21 世纪已经不允许我们无限制的开发和竞争。目前最重要的是我们如何能够通过合作和协调来保护和利用有限的资源和环境。以往人们非常重视"竞争"意识，而现在我们必须要相互"协调"和"合作"，分担痛苦和责任来保护自然和环境。可以说，对于他者从"对立"转向"关怀"变得越来越重要。竞争造成人们把追求利益放在第一位，考虑问题时以自我为中心，对于竞争对手产生不信任，人与人之间变成了对立关系。今后，要想恢复人与人之间的信赖关系，人类彼此之间重新构建拥有恰当交流和沟通的社会组织非常重要。以共同体形式构成的家庭和地域社会与以往有着很大的改观，这些作为血缘或地缘共同体的组织，在环境保护等方面仍然可以起到重要的协调作用。此外，对于地区的珍贵资源，例如，水资源以及给地区带来丰富恩惠的森林、美丽的景观等，在地域社会内的相互合作和信赖的基础上，有可能得以适当的保护和有效的利用。

另外，由于地球环境问题等都是需要在全球范围内进行应对的，而且国与国之间以及产业层面上都有着不同的利害关系，仅仅在家庭以及地域社会等身边构建信赖关系，并不能够应对这种全球范围的问题。就国家而言，每一个国家都拥有自己的国家主权，在目前的情况下，针对地球环境即便已经有了令人满意的条约，如果某个国家为了本国的利益而表示反对，国际社会也不能够强制这个国家履行条约。从近期围绕联合国气候变化框架公约以及京都议定书进行的国际谈判就可以看出，每一个国家都在主张本国的利益，针锋相对，结果非常令人遗憾。国与国之间应当尽量缓和对立情绪，充分地互相理解，为探寻解决途径而进行"对话"。不仅国家之间，国家与国际机构、NGO 之间也应当有充分的交流和沟通。对话并不是与对手对立，也不是以打败对手为目的，而应当是认可相互关系，做到相互理解。

从现在开始，每一个国家都不应只强调本国利益，而应当相互合作，应以全球利益为重。我们不应拘泥于以往的国际框架，而应当在地球社会这一大的思路下，各国相互联合努力解决地球环境问题。

4. 实现蓝色星球和充满活力的社会

为了解决地球环境问题，使人类在自然的恩惠中充满活力地存续下去，本书提出了全新的社会形象，即“太阳能源社会”。为了实现“蓝色星球”的梦想，又向所有的人发出了需要承担各自的责任和义务的倡议。通过应对地球环境问题，使地球社会实现能够灵活应对包括人类和自然在内的地球系统的变化，就科学技术和社会体系应有的状态进行探讨。我们的目的并不是强迫每一个人都进行统一的行动，而是希望在“蓝色星球”这一公共价值实现之下，每一个人都能够发挥自己的创意和能力，创造充满活力的社会。

衷心期望我们每一个人都能够以人类是大自然中的一员进行思考，不要以自我为中心，要充分考虑自然、他者、别国以及后代的事情，带着“关怀”之心，相互合作，没有对立和战争，实现以和平和对话为基础的地球社会。

第三部

寄语

——蓝色星球奖获奖者的留言

在编写本书之际有幸得到蓝色星球奖各位获奖者投寄的小论文，这些获奖者在其各自的领域都有着很深的见解，并为解决地球环境问题做出了自己的巨大贡献。他们的建议和提案为我们指明了目前人类必须要努力的方向。

构筑公众对环境的支援

(Building Public Support for the Environment)

杰弗瑞·A. 麦克尼利——第2届蓝色星球奖获奖者（1993年）

1944年出生于美国，1967年毕业于加利福尼亚大学洛杉矶分校。1972年成为泰国朱拉隆功大学的讲师。此后的12年间一直在泰国、印度尼西亚、尼泊尔从事资源管理活动相关研究和实践。1995年成为IUCN首席科学家。目前是高级科学顾问，并作为世界上最大的自然保护网络的主管，在生物保护领域担当着重要的角色。

从目前的现状可以看出，一半以上的世界人口都居住在城市里，感觉上好像人们已经失去了与自然接触和交流的机会。由于技术进步带来的方便和便利，使人们觉得与其到外面与有生气的自然环境进行接触和交流，还不如在家中玩电子游戏更简单。在这种情况下，要想让更多的大众能够认识到维持一个对于地球上所有的生命来说都健全的生态体系的重要性，我们到底能够做些什么？

对于这样一个基本的问题一定会有很多的答案。但是在这里我仅指出几个答案作为焦点来讨论。大多数的经济学家从经济学角度对生态体系的价值进行了说明，这种方法得到了很多人的支持，也被认为是最有效的方法。人类是大自然中的一员。在地球上正是因为拥有元素、岩石、土壤、物种、生息地等的多样性，生命才得以繁荣发展。生态体系能够净化大气和水，使谷物粮食得以授粉，并且可以分解废弃物，控制有害昆虫以及疾病等，当人们对它的这些重要功能有所了解时，也许可以改变对地球的思考方式。

举一个例子，2004 年 12 月在安达曼海周边各国遭遇海啸袭击之后，灾害调查结果表明，拥有红树林保护的地区受灾程度远比那些砍伐红树林修建养殖虾水池的地区要小。因此，人们对红树林的维持以及再生能力的评价不仅越来越高，而且也越来越关注。

当人们注意到，饮用水以及食品、服装用的纤维、燃料、医药品等都是通过生态体系复杂的相互牵连才生产出来的时候，对于生态体系保护就会变得更加积极。

生态体系服务的经济学

人类从大自然中得到的恩惠，即“生态体系服务”具有相当高的经济价值。举一个例子，最近在调查和研究加拿大国家公园的碳储存价值时发现，要想把公园内储存的碳进行置换需要花费 720 亿～780 亿美元的成本。据推算，动物的授粉服务的经济价值是 1970 亿美元。2009 年发表的“与生态体系和生物多样性的经济学相关的计划（TEEB)”调查报告中指出，热带雨林平均每公顷的生态体系服务价值相当于 6120 美元，远远高于以木材的形式得到的经济价值。此外，还针对很多的生态体系进行了生态体系服务价值的计算，其总计价值超过了全世界的 GNP。因此，仅从经济学角度来看保护生态体系是非常有价值的。

虽然我们已经知道这种计算方法，但是全球规模的环境破坏速度并没有放缓。因此，首先应当考虑什么可以改变人类的行动，然后也许还有必要在实际中寻找人们行动发生变化的例子。人们为了公共利益应当采取怎样的行动，这一问题一直以来就存在。在大多数规模较小的社会，对于禁忌以及高于需求的收获都制定了严密的规定，所采取的各种措施也是为了能够给可持续的社会的维持做出贡献。在尼泊尔的珠穆朗玛峰山脚下生活的夏尔巴人所雇用的森林监视员被称为 shingo nawa，他们用从当地社会那里获得的权限来限制人们采集薪柴的数量。这些小型社会长久坚持下来的事实表明，可持续性单靠人们的愿望或者是联合国发动的口号是很难实现的。

大多数的自然资源以及生态体系都遭到过度开发，即便我们已经看到被破坏的征兆，但是在行动中人们还是把重点放在继续扩大经济发展上面。在这种状况下，每一个人要想找到可以影响强大的经济力的方法仍是非常具有挑战和困难的事情。

集团的自我利益

虽然大多数人主要关心的是自己自身的利益，但是另一方面也会有热情去帮助自己的家庭、同族、村庄。对于这样的集团来说，即便与身边的事情相比责任感并没有那么的强烈，但是这种感情还是可以延伸至国家层次或全球层次上。一旦了解到自己对于环境所采取的行动会给地域社会造成影响，人们就会采取更负责任的行动。虐待动物是绝对不允许的社会行为，当我们能够与其他动物成为一体时，这种感情就能够蔓延至整个生物体系。关键在于找到每一个人都具有贡献精神的方法。在气候变化领域可行的方法是收取碳税。温室气体排放越多支付的税金越多，以这种方法作为减排方向，就可以为公众利益作出贡献。另外消费者在购买食品的时候，选择并利用对环境无害的方法生产出来的并得以认证的产品，对环境也是一种帮助。

来自周围的压力

其他人在做些什么？他们对你做的事情有何看法？要想对这些问题有所了解，通过已经非常普及的网络通信就可以办到。当年轻人看到著名歌手、运动员以及艺术家等为环境所做出的努力，他们也会加大对环境的支持。据调查，当一个人与邻居、好友以及工作单位的同事接触越多，其获得成功、幸福和健康的可能性就越大。利他性的行为会通过社会性的网络而蔓延，对他人的热情帮助就像被传染了一样扩展开来。因此在进行环境保护的时候，利用社会性的网络这一方式，从心理学以及社会学方面看都有确实的根据。

知识和信息的构筑

拥有的信息越准确，在面对人们必须要克服的环境问题这一挑战时，就越能够恰当地应对。如今，人们可以从大量的媒体中得到各种各样的信息，如果这些媒体是支持克服环境问题的，人们就会对保护环境有更强烈的愿望。在幼儿早期就应当教会他们关心环境，那些担负着照顾幼儿责任的动画节目，可以通过有趣的方式来介绍环境问题。人们能够为人类自身提供知识和信息，对于环境保护行动也是很有效的。例如，园艺师向人们报告植物发芽和开花的日期，这种方法对记录气候变化的影响非常有帮助。一些人也许对观察鸟类很感兴趣，以此来记录春天最早的候鸟，其实这种观察对于调查生物多样性以及有关的气候变化也很有用处。当信息的不断积累使人们意识到生态体系的根本是生物多样性的时候，恐怕人们会用全新的角度去看待保护生物多样性。

其他相关问题

假如“环境”与其他问题没有关联而仅是一个单独的问题，假如其只是行政上需要解决的问题，那么困在其中的人们也许会认为并不需要贡献什么。但是，正像早已指出的那样，维持健全的生态体系对人类的幸福来说是至关重要的，从农业到国家安全保障，社会所有的领域都与之相关。地球上12%左右的陆地处于某种保护下有着重大的意义，剩余的88%所提供的生态体系服务也同样的重要。第10次生物多样性公约缔约国会议（预计2010年10月在名古屋举行）日本提出的新计划“里山倡议”就是一个例子，它指出了农林业的传统形式，至今还具有其充分的合理性。

当世界环境问题所带来的挑战就摆在人们眼前时，大多数人都会感到无能为力。在气候变化逐渐扩大，生物多样性丧失，污染加大，经济混乱的面前，我们每一个人到底能够做些什么呢？

回答是：可以做的事有很多。第一，每一个人都应当把自己的生态立足区限制在最小化，在尽可能的情况下施行“绿色”生活，现在已经有很多人开始实践这种生活。第二，任何人都可以收集和拥有与其自身的生活方式相适应的信息和知识。由于网络的普及，如今全世界的人获得信息的途径变得越来越简单。因此，我们已经不能把环境问题没有得到充分的信息这一说法当作狡辩的借口。人们就环境问题可以参加公开讨论，为了促进生态体系健全化，还能够主动建立起强大的公众协议。

每一个人对于环境关联的事物都是敏感的，那些为了公共利益，为了实现健全的环境在地区、国家以及国际性的政策上作出不断努力的政治家，一定能够得到所有人的支持。

人们既可以加入到环境保护活动的组织当中，也可以对这些组织表示支持。几乎所有的国家都设有地方性的环境保护活动组织，人们可以加入其中。此外，还有国家和国际性的大型组织，这些组织都是以健全环境为共同的目标进行活动的。在地方参与到湿地保护当中，或者对把生息地分隔开来的道路进行重新设计，以及保护古老的森林等宣传活动等等，不仅是对个人的报答，在环境方面也是非常有意义的。

这些行动不一定能够带来很大的变化，但是当人类一旦意识到环境然后开始行动时，下面采取的措施就会变得简单起来。当越来越多的人支持对环境采取措施时，就会有越来越多的政治家开始关心这个问题。就这样一步步地，我们朝着可持续的环境这一尚未得要领的遥远终点出发。

危险的曲线，简单的主意，复杂的实情
(Threatening Curves, Simple Ideas, and a Complex Situation)

奥根·塞博德博士——第3届蓝色星球奖获奖者（1994年）

1918年出生于德国，1948年获得图宾根大学理学博士称号。1958年担任基尔大学地质学教室主任教授。1980年担任国际地质科学联合会会长。1986年担任弗赖堡大学名誉教授。他阐明了海洋碳酸盐堆积物的形成过程，确立了给气候变暖带来巨大影响的是大气—海洋之间二氧化碳交换这一基础，这些都是剖析地球环境问题所需的先驱性的研究成果。

下图象征性的表明了目前人类所面临的危机。人类坐在行驶的车中，挡在前面的陡峭的上坡路象征着人类的前途。250年前工业革命时期的世界人口大约是10亿，当时正处于稳定的发展阶段。此后人口呈指数函数性的增加，1950年25亿人，1970年37亿人，1990年53亿人，在2000年人口达到60亿。

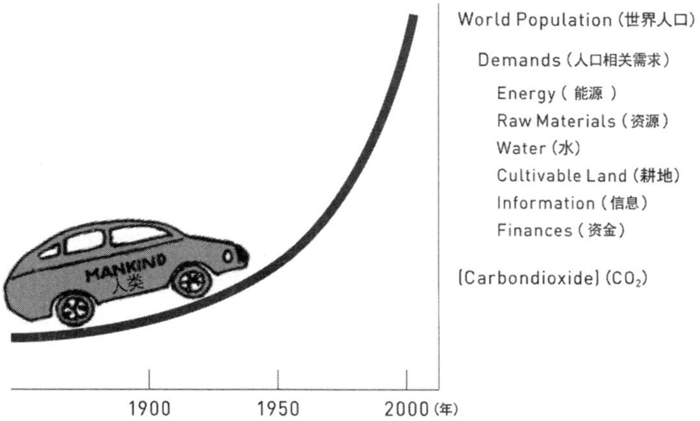

从年增加率来看人口确实有减少的倾向。1970年代的年增加率是2.5%，1980年代是2.2%，1990年代是1.9%，2005年报告年增长率是1.6%。但是这并不等于说已经“解除警报”。因为目前每年人口的增加数量还在8000万左右，与人口相关的需求也在不断的增加。例如，从原始能源的消耗量上来看(人均的石油换算桶)，1970年是1.36，2005年增加到1.62。

这里列举的所有作为参照的数据，都是经过简化的世界平均数据，并没有进行发达国家、发展中国家、南北、东西的区分。全球化促使世界的实际情况变得越来越复杂，针对很多问题都必须要一个个的应对解决。在这里，我将对与世界人口增加相关联的各种危险曲线进行分析。

石油

从人类发展这一短时间的轴心来看，矿物资源并没有增加。即便我们可以循环利用，但是最终将被消耗殆尽，走向枯竭。石油经过燃烧被酸化，形成的二氧化碳大部分被排放到大气中。因此引起大气中的二氧化碳含量增加，使人们面临气候变化的问题。

我是一个地质学者，在1973年石油危机之前就已经计算出：自然界在过去的5亿年间，以每100万年数百万桶的速度持续不断地创造出石油。而如今我们每年消耗的石油是30亿桶。这完全可以说是盗贼的行为。

煤炭

煤炭和褐煤也是同样的情况。从长远来看，和石油一样它们都是最为理想的有机化学原料。从煤炭中可以生产出汽油，这样就可以减轻汽油供给问题。第二次世界大战中德国政府就已经开始花费大笔的补助金在这方面采取实际行动。

天然气

碳氢化合物中纯度最高的就是天然气，与以往相比其重要性正在逐步提高。在这 10 年间，人们发现了以甲烷水合物的形式被储藏的大量甲烷。对甲烷水合物的形成和保存拥有合适的压力和温度的大陆架周边所有地区，将有望成为巨大的煤气供给源。但是怎样对其进行经济性的开发还是尚未解决的问题。

补助性能源

大概在下一个 10 年，世界能源主要还是化石资源（石油、煤气、煤炭，同时还有具有“安全性”的核反应堆所需的铀），此外可以考虑的还有水资源的供给。目前大约 88%的能源供给依赖于化石能源，因此我们必须要增加从地热、阳光、热量、风力、海流和潮汐，以及可再生的生物资源而来的能源供给。但是在短期内这些能源还只能作为补助性的能源来利用。

可耕种的土地

尽管作为口粮用的植物生产依存于土壤的品质和水，但是在此前最大的问题是是否有可耕种的土地。多少个世纪以来，人类非常巧妙地不断增加可耕种的土地。例如，填埋浅滩，在陡坡上面建起梯田种植稻米、葡萄以及橄榄等。相反地，广阔的高品质农业用地又被用作修建高速公路、机场、停车场，以及其他商业用地或工业用地。从甘蔗、菜子以及谷物中可以生产出生物燃料，致使用于食品生产的土地变得越来越少。人们迫切地需要利用分子生物学来提高农作物的收获量。分子生物学的进步可以提高农作物的产量和品质，可以提高针对寄生虫的耐药性，同时有可能减轻因气候变化带来的灾害。

气候变化

各种观测结果显示，世界气候正在逐渐地发生变化。有很明显的证据表明工业革命以后人类的活动促使这种变化产生。“全球气候变暖”是当今很流行的一句话。在本篇小论文开头指出的几种变化都是因全球气候变暖受到的直接影响。

海洋温度上升和冰川融解造成了海平面上升，给海拔较低的岛屿以及三角洲地带造成威胁。当暴风雨的强度增大时也会对海岸线带来影响，同时陆地的气候带及其植被也开始转移。在一些地区，干旱以及洪水等异常气象比以往增加，造成很大的灾害。由于气温上升还促使一部分高原的冰冻地带融解，其结果是山坡变得越来越容易崩塌。由于气温上升造成北极圈的冻土融解，加速甲烷的产生，这样反而又使气候变暖加速。这些变化的速度到底有多大，目前还有必要进行讨论。

地球系统研究

1969 年人类登月成功带来了与这篇小论文有关的两个结果。第一，由于人类直观地看到了在宇宙中作为天体的地球，切身地感受到地球是有限的，因此诞生了“地球系统研究”领域。地球系统研究的要素包括：对以往领域的调查，在实验室中的高精度实验，通过人造卫星进行的长期性实验，对于冰以及堆积物中残留下来的过去的气候进行调查，以及数值模式化等。这些研究与各种因素相关联，非常复杂，而且研究费用也很大。再加上对于地球的现状我们也还没有充分的了解，因此预测很困难。就像治疗一样，之前必须接受医生正确的诊断，因此继续进行这种研究还是很重要的。

登月成功带来的第二个结果是，人们开始确信“如今任何事情皆有可能”。科学家以及技术人员的一部分已经开始研究治疗地球的方法。虽然最初的研究阶段还没有结束，人们已经开始朝着成效性的第二阶段迈进。我们从当代的焦耳·贝尔内那样的人物的口中已经听到：通过“地球管理者”保证把地球气候变暖控制在 2℃以下，把组织生物学（即合成生物学，Synthetic Biology）用于治疗基因损伤，以及重新创造出原始生物等消息，因此将来到其他的天体上去寻找矿物资源的新矿脉，或者是把那里作为人类的移居地也是十分有可能的。实际上，就在这个“令人惊叹的世界”中，目前还有 10 亿人在忍受着饥饿的痛苦，更有 10 亿人得不到卫生的饮用水。因此前面所列举的对未来的措施还需要我们进行检讨。

几种结论

针对上述，挑战我们需要做的是有效地利用能源和水资源。为了不浪费矿物资源，我们需要有创造性的科学家和工程师的力量。有必要继续研究核聚变反应。为了粮食以及生物燃料的生产，特别需要灵活有效地利用分子生物学，增加植物的产量。正像达尔文所阐述的，竞争是生物的基本特性，是进化的推动力。竞争的重要性早在古希腊的奥林匹克竞赛中就已经得以证实。但是在那种竞赛中，成绩的极限已经被人体所决定。而今天在科学、经济、金融方面的竞争却看不到任何应有的极限。此时，公平性也许就会被牺牲。

人类面临的最大困难就是如何减少世界人口。同时，必须加强全世界科学技术的积累。人口减少和知识积累需要通过教育才可以实现。世界人口大概需要削减 10 亿人。另外还需要增加数百万的科学家和工程师。

假如我们无法阻止这一可怕的趋势所带来的危机，人类这一物种也许会遭遇灭绝的下场。对于地质学家来说这并不是一件令人惊奇的事情。在地球的历史中，所有生物物种的 99％以上因自然的原因已经灭绝，一般来说任何一种生物都不可能持续数百万年以上。说不定智人正是借助自己之手，积极地促使自己走向灭亡的。

最后，在思考我们共同的问题应当如何解决时，必须要考虑到人类所有的特性。人类并不只是一个拥有“理性”的活物，我们还拥有“感情”，在听到优美的音乐和一首好诗的时候，还会感受到那种“超脱的感觉”。这一点，无论是过去还是现在都没有改变。我们必须要把知识和智慧统一起来，必须时常想到谦虚谨慎或者是慈善这样的字眼。同时，要想理解生命，就必须要想到尊敬以及谦逊这些字眼的重要性。

面临危险的曲线引起我们很多狂热的反省。一些人会认为这是一个很简单的事情，也许我们的想法太具想象力了。但是我确信有很多人都会同意上面所阐述的这些简单的看法。我所预测的几种结论也许会被认为是非现实的。但是，如果我们的社会可以认真地接受这些想法和结论，并采取适当的行动，大多数人可以得到很大的益处。我期待在这里所阐述的想法能够被带入大多数人自己的生活当中。

挪威有一句谚语“大家应该做的事情，往往谁也不会去做”。为了避免出现这样的情况，我们有必要进行不断的教育。

粮食不足会造成文明的崩溃吗？
(Could Food Shortages Bring Down Civilization?)

莱斯特·R. 布朗——第 3 届蓝色星球奖获奖者（1994 年）

1934 年出生于美国。1959 年获得马里兰大学农业经济学硕士称号。1959 年就职于美国农业部。1974 年创办了从事全球环境问题分析的世界观察研究所。把全世界有关全球环境问题的数据进行了系统性整理，并创办了每年都会发表的“地球白皮书”。2001 年创建地球政策研究所，宗旨是为实现在环境上可持续的经济，并为此制定了路线图。著作有《B 模式》。

过去的 20 年间，小麦生产一直可以自给自足的沙特阿拉伯，于 2008 年年初发表声明，称曾经汲水用于灌溉的地下水层几乎已经枯竭。政府相关人士声称今后每年小麦都将减产八分之一，到 2016 年将会停止生产。此后，计划利用原油所带来的财富进口所有的谷物，以便保证与加拿大人口相仿的大约 3000 万人的消费。沙特阿拉伯的谷物生产完全依赖于灌溉，这一点非常值得一提。除了沙特阿拉伯以外的其他谷物生产大国，像印度或中国也面临着灌溉用水的减少，今后谷物的生产量也许还将减少。

根据世界银行发表的“印度的水均衡”调查显示，印度谷物收获的 15% 是靠过度抽取地下水来维持的。1 亿 7500 万的印度人所食用的谷物，是依靠即将枯竭的井水抽取的水生产出来的。在中国有 1 亿 3000 万人面临同样的状况。由于地下水减少面临减产的国家，还有巴基斯坦、伊朗、也门等国。

2006年中期到2008年中期，世界的小麦、大米、玉米的价格上涨了3倍，这表明了粮食供给的脆弱性正在增加。

过去几十年粮食谷物价格曾几度上涨，主要原因是因为苏联的干旱、印度的雨量不足、美国玉米地带的热带风暴等特殊情况所导致的。最近粮食价格高涨，则是由于近年发生的几个现象造成的，环境变化会给世界粮食生产造成损害，这些现象也致使环境变化没有能够得到控制。我们所说的这些现象包括地下水位降低、土壤侵蚀、由于温室气体增加造成的气温上升等。气温上升会带来热气流，冰山融解，海平面上升，山岳冰川缩小等情况发生，因而造成粮食减产。

格陵兰以及南极的冰山都在迅速的溶解中，据说到本世纪中，海平面最高可以上升6米。到那时，位居世界第二的稻米出口国越南的湄公河三角洲的大部分地区将会被水淹没，这一地区生产的稻米占越南全国产量的一半。此外海平面仅升高1米，拥有1亿6000万人的孟加拉的水田就会被海水淹没。

全世界的山岳冰川连续18年缩小，很多的小冰川已经消失。由喜马拉雅山以及西藏高原冰川融化的雪水，不仅维持着印度河、恒河、扬子江以及黄河旱季的河水流量，也维持着依赖这些河流的灌溉系统。因此，这些冰川的消融会给这一地区造成很大的威胁。如果没有这些冰川，亚洲大多数的河流在旱季也许水流将会停止。这将直接影响到中国和印度的小麦和稻米生产。中国的小麦产量占居世界第1位，印度是第2位（美国是第3位）。在稻米产量上中国和印度也有着绝对性的优势。如果我们继续以往的方式对环境问题漠不关心，当这些冰川彻底融化时，在粮食安全问题上世界将面临前所未有的威胁。

在最近的几十年，虽然忍受饥饿之苦的人口数量有减少的趋向，而且到1990年中期已经降至8亿2500万人，但是此后却转而升高，2008年达到9亿1500万人，2009年超过10亿人。据预测，世界粮食价格还会继续攀升，那么忍受饥饿之苦的人数也将继续增加。目前每天只吃一餐，忍受饥饿之苦的家庭已经达到数百万。

当我们研究苏美尔人、玛雅人及其他众多的昔日文明时，会发现这些文明之所以崩溃大都是因为粮食不足引起的。虽然这一点还不是很确定，但是对于21世纪初期的文明来说，也许暗示着粮食问题将影响文明的盛衰。

粮食价格高涨，饥饿人口增加，以及与粮食不足相关的政治动向等的出现，象征着世界进入到了新的粮食时代。谷类出口国为了控制本国粮食价格，会采取限制出口或禁止出口的举动。这样，粮食进口国一侧满足需求的市场就会变得不可靠。为此沙特阿拉伯、中国、韩国等富裕的国家为了生产本国国民用的粮食，就会向发展中国家租赁或购买大片的土地。提供这种土地的发展中国家有埃塞俄比亚、苏丹等国家，这些国家控制饥饿在很大程度上需要依赖于世界粮食计划。最终为了获取土地，人们就会越过国境去争夺土地和水资源，粮食安全保障历史的新篇章就此展开。

我们所处的21世纪初期的文明，不仅出现了各国之间争夺有限的粮食的情况，也出现了为了生产粮食争夺土地和水资源而造成相互之间关系紧张的情况。人们期待着本国政府能够保障粮食安全。事实证明，不能够保障粮食安全的国家就是一个即将崩溃的国家。每年这种国家的数量都在增加，因此引起人们的担忧，人们开始探究"到底有多少个崩溃国家出现，世界文明就会衰落呢？"

我们是否又沿着苏美尔人以及玛雅人曾经走过的道路在往前发展呢，还是在此之前修改轨道，使其在环境方面能够步入到可持续的经济轨道上？答案就在《B模式》中。B模式的目标就是维持气候稳定，控制人口增加，消除贫困，促使能够保护自然的经济体系复活。它为我们提供了解决问题的方法，使我们能够到2020年世界纯碳排放量削减80%，大气中的二氧化碳浓度不超过400ppm。在制定这一目标时，并没有考虑什么样的政策是受欢迎的。我们考虑的只是如何才能够救助格陵兰的冰山，或者至少对亚洲山岳地区的大冰川有所帮助。

削减碳排放需要在全世界提高或革新能源效率，能源供给需要从石油、煤炭、天然气向风力、阳光和地热能源方面转换。能源效率的革新就是从照明到运输的所有领域的状况都要改变。以照明为例，把白炽灯换成小型的荧光灯就可以节省75%的照明用电。新型的LED和照明用的传感器相结合也可以节省90%以上的电力。即将上市的新型多功能混合动力车，使用1加仑汽油就可以行使200英里以上。B模式所指出的2020年能源经济中，汽车几乎都变成了多功能混合动力车以及电动汽车，电力以风力发电为主，行驶200英里所需能源换算成石油的花费在1美元以下。

向可再生能源的转换，正在以2年前无法想象的速度和规模向前发展。在得克萨斯州，目前运转中或正在建设中的风力发电站的发电能力是900亿瓦特，加上正在开发中的数字庞大的风力开发项目，得克萨斯州的风力发电能力能够达到5000亿瓦特（相当于50座煤炭火力发电站的发电能力）。2008年全国新型风力发电能力合计84亿瓦特，而新型煤炭火力发电设施的发电能力合计14亿瓦特。太阳光发电能力也有所增长，而且最终将会超过煤炭的发电量。能源转换正在稳步发展。2005年，美国的新型风力发电能力超过德国，此后的4年当中一直处于世界领先地位。2009年，中国的新型风力发电能力将有望超过美国，美国的领先地位即将夭折。中国实施了“Wind Base项目”，有6座百万级的集中风力发电站正在建设中，总计发电能力将达到10500亿瓦特。

风力并不是唯一的选择。2007年德国银行以及西门子公司等欧洲大型企业和阿尔及利亚的企业组建的国际财团宣布，计划在北部非洲以及地中海东部开发庞大的太阳能发电站。据德国的一些企业推算，在北部非洲建立的太阳能发电成套设备，可以解决欧洲电力需求的一半供给，并且非常便宜。在阿尔及利亚国内首次完成了太阳能发电成套设备的建设，并与德国签署了供应太阳能发电电力的协议。阿尔及利亚人认为，在阿尔及利亚的沙漠地带有充足可利用的太阳能，这些太阳能可以为世界经济提供所需的能源。正是人们重新认识到风力、阳光、地热能源这些可再生能源可以在地球寿命极限内不断地被利用这一了不起的事实，才促使针对这些能源的投资飞跃性增长。新型能源与那些在数十年内将要面临减产的新型油田，以及碳层终将面临枯竭的煤田形成鲜明的对比，它们都是可持续供给的能源。

提高能源利用效率，电力供应向可再生能源转换，以及B模式中指出的扩大地球上的森林面积等相结合，到2020年世界纯碳排放量就有可能削减80%。目前40%的电力供应来自于煤炭火力发电，B模式中指出在2020年全部电力的40%将来自风力发电，风力发电将成为能源经济的中心。

目前，我们正处于政治转换点和自然转换点互相抗衡的旋涡之中。我们能够做到尽快削减碳排放以此来拯救格陵兰冰山，避免海平面升高吗？能够尽早关闭煤炭火力发电站以此来维护喜马拉雅山和西藏高原上巨大的冰川吗？在死亡率上升使人口停止增加之前，我们能够通过降低出生率来促使人口稳定化吗？

回答是肯定的。这需要我们像战时那样动员起来并采取行动。与之相仿的例子，就是1942年美国工业经济在数月之间重新站立起来。我们虽然以拯救地球的角度在进行阐述，但是如今置身于危机中的却是文明本身。拯救文明与体育比赛的观战不同，它需要我们每一个人都作出巨大的改变。我们应该作出怎样的改变呢？这需要我们拥有一个广泛参与的计划。

现在已是当机立断的时刻。与那些在环境问题上陷入困境的古代文明一样，我们现在必须作出选择。我们不能做一个旁观者，按照以往的道路继续前进，致使经济衰退，文明瓦解。相反的，我们应当采纳 B 模式的提案和建议，这样就能够成为全体总动员拯救文明的一代。我们这一代必须作出决断。我们的决断会给此后地球上的所有的后代生命带来影响。

为了所有人永远有饭吃

(Achieving Food for All and Forever)

M. S. 斯瓦米纳坦教授——第5届蓝色星球奖获奖者（1996年）

1925年出生于印度。1952年获得剑桥大学博士学位。被誉为“绿色革命”运动的领导者，并为重振印度农业作出贡献。他所倡导的与持久性的绿色革命相关的可持续的农业法，对于可持续的粮食安全保障领域具有指导作用。他是20世纪亚洲最有影响力的20人之一。1988年成立M. S. 斯瓦米纳坦研究基金会，此后一直担任这一基金会的会长。

始于1万多年以前的植物栽培促使农业诞生，人们开始定居耕种的生活，把自己的精力倾注在可持续的生产上面。但是这也带来了两个问题，第一就是由于土壤的逐渐恶化促使产量逐步减少。为此，人们就必须研究一种方法使土壤中失去的养分重新恢复。早期农民解决这一问题的方法就是休耕轮作。把耕种数年的土地放置几年不去耕种。至今在印度东北部很多地区还在实行这种被称为jhumming的休耕轮作方法。早期农民把耕种过的土地要放置几年，通过再生这一形式进行可持续的休耕轮作。很可惜，目前的jhumming其耕种循环周期非常短，被耕种过的土地已得不到完全再生。

恢复土壤的肥沃性还可以采用其他方式。例如，谷物和豆类植物交替栽培，以及农作物和放牧相结合等。通过犁地的方法把残留着农作物的土地进行翻耕，这样做可以改善土壤中的有机物以及土壤的结构。这种维护土壤的健全性和改良的持续性体系，已经通过经验和实验变得非常普遍。

早期的定居农业使人们面临的另一大问题，就是因为病虫害所带来的农作物管理问题。解决这一问题采取的措施是维持生物多样性、选拔耐药性品种、使用植物杀虫剂，以及多种农作物的交互栽培、混合栽培等。这些方法都是为了防止病虫害造成减产，以及保护农业的措施。在温差较大的温带地区，天气异常寒冷时期可以阻断害虫的成长周期。但是，在一年四季都可栽培的热带地区，有些作物则成为害虫的宿主。这就是热带地区病虫害影响较大的原因。过去人们采用多品种混合栽培以及交互栽培的目的，就是为了中断害虫的繁殖周期。也就是说，热带地区的多品种混合栽培以及交互栽培的作用，与温暖地区严酷的气象条件一样，都是为了防止害虫繁殖。

早期农民的农业手段，不仅可以做到保持土壤良好的状况，还可以防止害虫大量产生，此外他们还有效地利用水资源进行栽培。因此，在寺院以及宗教设施旁边经常可以看到蓄水设备，利用水资源进行栽培以及水资源的共同管理，已经成为宗教和社会传统的一部分。

至于保护生物多样性方面，在农业耕地以及充满神圣感的面积不大的森林两方面得以实践。寺院的树木选用的都是具有生态意义的树木。例如，位于 Tamil Nadu 州 Chidambaram 的 Nataraja 寺院的树木，就选择了红树树种之一的 Exoecaria Agallocha。从生物学上看，当沿岸遭遇暴风雨袭击时，红树林具有遮挡来自沿岸影响的机能。

传统保护自然资源的方法以及为可持续利用所采取的方法还有很多，但是这些方法逐渐被对于土地、水、森林、生物多样性来说不可持续的方法所代替。谷物以及豆类之间的交互栽培被单一的农作物栽培所取代。绿色革命虽然在生产效率提高、产量增加以及维护土地和森林上起到很大的作用。但是，另一方面也引起了土地过度耕种，过度的汲水行为，以及杀虫剂和肥料的过度使用造成环境污染等问题。就开发农业所带来的问题，我在 1969 年 Varanasi 召开的印度科学会议上进行了如下说明：

“开发农业如果只是以眼前的利益和生产为目的就会带来很大的危险。我们必须注意到，在印度进行农业开发的人们对于土壤的肥沃性以及土壤的构造并没有进行保护，而是实行彻底性的土地耕种，因此最终招致了土地沙漠化。如果不采取排水措施而进行灌溉的话，土壤有可能变成盐碱地。如果无差别地使用杀虫剂、杀菌剂、除草剂，就会使生物学上的均衡产生不利的变化，同时残留在谷物以及其他食物中的毒素还会使癌症以及其他病症增加。地下水的非科学性抽水行为，也促使常年自然耕种方法给我们保留下来的宝贵的资源急速枯竭。在广阔的范围内，适应其土地特性的多品种种植被一种或者是两种高产量的品种快速替代，像 1854 年在爱尔兰出现的土豆饥荒以及 1942 年在孟加拉地区出现的米饥荒一样，引起重大的病虫害蔓延而造成农作物颗粒无收的情况。从长远的角度看，当我们对传统农业中引进的每一种改变会造成的影响还没有确实了解，针对可持续的农业开发还没有构建起妥善的科学性基础和训练基盘的时候就实行农业开发的话，最终将会把我们带入农业的灾害时代，而不是农业的繁荣发展时代。”

综合性研究的必要性

综上所述，我们知道可持续性的科学非常具有跨学科性，在分析问题的同时我们必须要进行综合性的研究和探讨。针对 1968 年高产农业进行分析的时候，我就提出了这一思考方式。这一想法比美国的 William Gaud 先生在 1968 年 9 月提出的绿色革命这一概念要稍微提前一点。

〈伦理〉

人类在对自然资源进行开发的同时，一定要进行伦理性的考察。生物伦理和环境伦理如今已经成为非常明确的科学领域。保护环境这一伦理上的责任依赖于专业工作者、政治指导者以及我们普通的大众。过去为了让所有的人对环境保护都拥有精神上的意义，伦理有时被带到了日常生活中。

〈经济〉

从生态经济学上讲，没有自然资产折旧这一概念。因此自然资产拥有无限的时间次元。生态经济学是一门正在急速发展的科学，它能够从长期影响这一角度针对开发项目的获利和风险构造进行评估。生态经济学应该成为与技术和管理相关的组织和机构的教学课程之一。依赖于自然资源的所有人都应该明白，健全的生态体系可以使我们通向良好的并可以永远持续的事业。

〈公平性〉

目前，人们有关公平性的概念是从两个方面进行探讨的，一是同一个世代内的公平性，再有就是不同世代之间的公平性（如保护后代的利益等）。例如，过度开发水资源以及污染水资源，就是对后代地下水利用机会的否定。同样，在像 Ladakh 这样的寒冷沙漠地带融化冰和冰川的举动，也会引起供水不足的现象，我们的后代就不得不从这片土地迁移出来。另外，由于冰融解引起的气候变化还会造成海平面上升，引发平原地区的洪水。公平性的另一个重要的要素，就是可持续科学中所强调的可持续性这一方面。女性是生物多样性和自然资源伟大的保护者。我们应当承认女性的作用，并且不断地强化这一作用。

〈能源〉

能源对于经济发展和气候变化这两方面都是关键性的要素。我们应当把太阳、风力、生物能以及地热等可再生能源以最恰当的形式进行灵活运用，开发综合性的能源供给系统。氢能以及原子能等其他对策，应当放在总括性的可持续的能源保障系统中进行考虑。

〈雇用〉

很多发展中国家，土地、水、森林以及生物多样性等自然资源被作为生活手段来利用。新型技术虽然推动经济向前发展，但是却造成了就业减少的倾向。在人口众多但是土地和水资源缺乏的国家，伴随着就业的经济增长是必要的。因此，开发专家以及技术研发者们在进行新技术以及管理手法的研究时，必须要考虑到其对于就业以及生计保障会带来怎样的影响。对于人口较多的国家来说，减少就业的发展并不值得赞赏。

〈教育〉

教育是一个横向领域的课题，以上所阐述的所有概念都必须考虑到。了解环境就是要把“Do ecology”（为了环境的利益而行动）的原则作为基础。例如，针对生物多样性的保护就需要新的经济性投资。珍稀农作物只有通过市场才能够得以救助。自然观光产业也一样，人们在容易受到伤害的生态地区建设别墅和宾馆时，必须明白，有了良好的生态体系才会有好的商机。环境教育也需要以实例为基础，人们把所受到的教育带回家，就可以传授给下一代人。对于怎样组织生态观光、绿色监查的实施、森林的持续管理等，人们通过野外活动所进行的环境教育就能够亲眼得见。要想行动的研究计划对开发项目的经济和生态学方面的数据收集有所帮助，行动上的教育根本就在实际经验中。

围绕可持续的领导能力的危机

(Crisis in Leadership around Sustainable Development)

卡尔亨里克·罗伯特博士——第9届蓝色星球奖获奖者（2000年）

1947年出生于瑞典。1979年获得卡罗林斯卡研究所医学博士。1989年设立“国际自然发展协会”。1995年成为尤特博利大学资源学教授。目前是 Blekinge Institute Technology 可持续商品发展研究学的教授，同时还是“真实的改变”项目的会长。该项目是研究可持续的统一性框架的国际性项目。

危害间的选择

我注意到，政治或者商业的领导者在寻找有关可持续性问题的解决策略时，虽然自己无论选择哪一个都是错误的，还是经常会进行二选一。我要讨论的是，这种选择方式作为面向可持续社会的踏板是否妥当，或多或少会有一些欠缺的地方。这是因为我们的领导者并不了解可持续性到底是什么。而且，对于推动方针政策的实施并没有可持续性的主意。“可持续性”是当今最深刻的问题。阻碍可持续性实现的并不是气候、污染、生物多样性减少、淡水供应不足，贫困、核威胁，以及恐怖主义等问题。对于可持续性的真正意义缺乏共同理解，才是促进可持续最大的障碍。大多数的领导者已经开始认识到这一点，但还是会经常导致错误的结论产生。

领导力不仅要求价值而且还要求能力

领导者与专家不同，他的主要工作是放眼社会，制定最重要的目标，并协调各部门进行调整。几乎所有的专家在政策实施以及领导力方面都是外行。即便这样，在各种峰会以及委员会中经常可以看到领导把责任转交给专家，让他们来决定与可持续相关的政策和事物。这些专家虽然只对“生态系”、“气候”、“农业”等体系中的一部分有所了解，而对于在整个系统基础上的部分之间的关系并不十分理解，但是却变成了一个决断者。针对对整体系统造成的结果没有预测的目标方向，就不能够从涵盖性以及有意义的方面来评价其影响，其结果只能与不利的决断相提并论，成为乌合之众。更可怕的是，这些决断对政策拟订者的方案来说，只单纯的具有科学上的意义。以科学的事实做出直接决断的做法可以说是“自然主义的诡辩”。这样做只会加大社会以及生态体系的系统损失，促使领导者的信任度降低，年轻人对未来就不会抱有期待，必然的就会带来财政以及经济上的危机。

几个实例

首先我们看一下燃料部门。在美国以玉米等生物资源作为原料的可再生燃料的生产，已经与粮食生产产生冲突。为此，出现了粮食价格上涨的问题，这对于社会系统来说是一个不希望产生的结果。由于利用能够提高未来的能源、燃料、农业系统效率的生物资源作为制造燃料的方法几乎没有讨论，因此使所有燃料用酒精只留下了恶评。

另一个例子，是对于“保护环境性的农业”与“工业性的农业”的探讨。事实上这两者都各有自己的优点和缺点。这种单纯性的比较，并没有涉及到应该针对农业部门整体的可持续做出怎样的系统性变革这一巨大的挑战。从未来角度思考，要想避免出现比现在看到的饥饿的状态更为恶劣的情况发生，现有的选择方法都不十分恰当。“工业性农业”还有“生态农业”两者之间需要相互学习，各自都需要朝着可持续的方向迈进。目前，我们需要的是不同的对话方式，而不是这种交互讨论的方式，即需要的是合作性的、系统性的、科学性的对话。

再以原子能发电为例，很多人都提议把其作为解决气候变化的策略。而反对者则认为，核能牵扯到不可避免的事故以及核武器的问题。核泄漏所造成的放射能污染、废弃物的管理，以及作为能源解决策略的集中化过于脆弱等都是非常严重的问题。好像人们能够看到的选择方式只有全球气候变暖和核冬天一样。

虽然在不久的将来核能将成为替代能源，但是在讨论的时候几乎没有要求参加者就其发展的立足点是否放在逐步具有经济性的竞争力，以及是否完全面向可持续的能源系统进行说明。

有关可再生能源一直是在非战略性的角度进行探讨。无论我们的需求有多大,从可持续性能源(直接和间接的太阳光热、地热、潮汐)那里可以得到的能源量,要远远的大于我们的需求。这些系统中燃料循环过程的成本相对比较低,甚至相当于零。从其特性来看,也不会造成危险的废弃物沉积以及其他的风险。

但是可持续性能源屡屡被人们当作乐观的梦幻故事来进行探讨。认为“在其体系没有完全建立起来的时候不能够采用”。这种说法就如同我们说“如果我没有一个可以进行运动的身体，我就不会进行运动”一样。

〈原因〉

“支持可持续性的政策对于商业竞争来说是消极的”这种说法也是没有根据的。实际上，经过历史的、理论的、经验性的研究，我们得到与这种说法完全相反的结论。问题在于政治以及实业的领导者们并不了解什么是可持续性，因此他们并不知道目前的金融危机到底有多大程度是因为过去所做的非持续性的决定造成的，更不能够理解一个对可持续性了如指掌的组织，到底能够使我们人类避开多少的问题。

〈选择〉

对于每一个决断者来说，要想判断自己的组织是否拥有应对可持续性的能力，只要能够回答下面 3 个简单的问题就足够了。

①你能否给社会以及生态体系的可持续性下一个定义

②如果你对其已经有明确的定义，那么与现实背离的是什么

③为了弥补这一背离，在战略上你应该做些什么

以上就是这 3 个问题。如果你把 3 个问题混为一谈就不可能找到答案。如果你不能回答第一个问题，你也就不能够回答其他两个问题。如果在实际的管理中对于应该朝哪个方向发展你并没有明确的定义的话，余下的问题也与你没有关系。说明你不是一个领导者。

〈怎么办〉

现在不仅能够比较简单地学习拟订战略性的计划，而且还有能够实施的

方法，这对于坚定自己的判断决定以及领导力是有帮助的。经过 20 年的努力，为可持续性发展而建立的统一性框架得以开发和实践，为了发挥本文中所阐述的领导力，这一框架变得越来越精练。在全世界 NGO 之间较为有名的有“战略性可持续框架（Framework for Strategic Sustainable Development，FSSD)”或者是“自然发展框架（The Natural Step Framework)”，这些组织针对可持续性进行科学性的探索，为实业和政策提出建议和进行适用。“Real Change”牵涉到世界各个大学以及企业、自治体、政府等，是一个 10 年计划的研究项目。上述两个组织也是其中一部分。关于它们的详细情况在这里不会提及。这一方法的目的，就是向人们提出全新框架的必要性，指导理论性的思考流程。因此，目前已经有越来越多的科学家和决断者能够参加学习正在发展的“Real Change”的对话。

〈定义的必要性〉

可持续性没有确切的定义就无法实现。不断的摸索以及各种片面的尝试不能够引导我们在希望的期间内实现可持续性。

〈以原理原则为基础的定义〉

社会和生态上的可持续性只能在原理和原则层面上进行定义，并不能够进行详细的定义。不同的地区和组织具有不同的条件，因此其各自特有的可持续性的表现形式也是不同的。而且，随着技术和文化的发展，条件也在不断的变化。例如，今天从可持续性能源利用方面看被认为是有效的方法事物，也许明天就被认为是完全没有效率的事物。在进行战略性的研究时，人们经常会早早地把目光集中到特定的目标上。如果太早把焦点放在详细解答上面，那么就意味着现在的成见、问题以及偏见会被带到未来，人们又会忽视可持续性巨大的整体形象。

〈战略性的研究〉

我们必须充满活力地按照社会和生态体系可持续性的理论定义一步一步向前迈进。期间为了保证每一步的持续性，我们必须要确保充分的财政、生态体系、社会性的资源。推动其发展需要统一性的框架，我们所说的统一性框架就是在实践的基础上，能够进行恰当的分析，对视点和解决策略能够进行分析，能够作为战略性计划开发的指导方针，并且能够正确地选择和适用工具以及概念等。

从 Real Change 项目中得到的经验

前面阐述的大部分内容已经在拥有 20 年以上经验的 NGO 国际自然发展协会得以推广。最近成立的"Real Change Research 项目——包括世界各国的大学、企业、组织、地方自治体、政府当局在内的 10 年计划项目"，可以把我们以往的经验进行更系统的调研和验证。这一项目是以工业生态学（Industrial Ecology）为基础发展起来的，目前无论是在学术方面还是实践方面都引起了大家的关注。我们通过与企业或自治体等组织合作的大多数大学得到事例研究法。以基本原理为基础通过现有的知识，以可定义范围的可持续性整体作为讨论对象，通过事例研究法向人们提出符合这些原理的战略性路线。这一成果使新型的实践研究成为可能，根据目的非常明确的定义所表明的系统境界，来对工具、概念、以设计方案为基础的模型制作，以及模拟试验进行指导。

面向有价值的目标，我们有必要对超越各个领域、专业、意识形态框架的基本原理有所理解，有必要认识到为了实现这一目标需要相互合作和协调，这可以说是非常好的人类经验。令人惊讶的是，我们的领导者几乎不知道如何将可持续性的整体摆放在桌面上，对其进行探讨，并制订出实施计划。观察各种提案我们会发现，一些慢慢摧毁人类文明的建议却被我们很情愿地接受。针对可持续性制订战略性计划时，只是在全世界进行一般性的讨论，只在专业领域内进行，或者是只得到特定的意识形态的认可都不能够成立。现在我们需要的是能够在学校的教室内坐下来的决断者，这样他们就可以获得制订可持续性计划的能力，就可以理解与之相关联的一些术语。只有这样，这些决断者才可以超越学问和部门的界限进行协调，才能成为一个可以向专家提出疑问的有才能的领导者。

人类与环境

(Mankind and the Environment)

诺曼·麦亚斯博士——第10届蓝色星球奖获奖者（2001年）

1934年出生于英国。1958年毕业于牛津大学。1973年获得加利福尼亚大学伯克利分校博士。现在是牛津大学绿色学院的名誉教授，特聘研究员，与非洲野生动物相关的作家、摄影师、演说家，他是最早向人们发出物种大量灭绝和热带雨林减少警告的人。1980年代提出生物多样性热点地区的理论，此后在生物多样性保护活动方面一直起着很大的作用。

从历年旭硝子集团针对环境的调查问卷中可以看出，地球以及全世界正在面临严重的问题。虽然大多数人已经注意到这种危机，但是也有一些人并不在意。很多人都想为创建可持续性的环境做出自己的贡献，相反，也有一些人认为这是无关紧要的事情。如何才能够让所有的人都对如今发生的事情引起注意呢？为了应对围绕我们的各种危机，使人们加入到大规模的地球宣传活动中，需要我们做些什么？本篇论文的探讨焦点就是提出的这些问题。

经济指标 GNP

国民生产总值（GNP）之所以被当作衡量一个国家经济健全性的指标，是因为人们认为它表明了经济的实际性评价。在GNP的计算方法中，最不可思议的就是把经济上的损失视作盈余。这些伴随着市场的经济交易，因此硬被计算在GNP内。从2004年的美国经济中可以看出，涉及到犯罪的成本共计340亿美元，因交通事故受伤和死亡的成本1750亿美元，公害1990亿美元。再加上众多的不利事件都包括在内的成本，总计6兆4000亿美元(正好是公布的GNP数据的一半多一点)，这些成本不是从GNP中扣除，而是被计算在内。相反，许多有益的善行合计4兆4000亿美元，却不包括在GNP的计算内，其中包括家务、照顾儿童，以及志愿者的活动等。我们即便把这些善行计算在GNP内，还是可以看出GNP与GPI（Genuine Progress Indicator真正的发展指数）之间有着很大的差距。换而言之，美国人并不像他们认为的那样有着好的生活境遇。从人均来看，1978年到2004年之间的GPI一直处于15000美元前后，几乎没有变化。

除GPI以外有用的经济指标还有绿色会计、纯国民生产值、可持续的经济福祉指标等。这些指标是在认可我们人类的所有活动都是建立在依赖环境资源的经济基础上计算出来的。在今后的几年内，处于高水准的几十个国家就会运用财政管理的方法对环境财富进行管理。

评估一个国家是否运转正常，特别是在可持续的道路上如何发展，我们使用的方法有生态足迹。生态足迹表明了“生物的扶养能力”，是一种分析手段。对我们怎样利用水和土壤，土地和植被等环境资源，以及是否过度的利用了这些资源进行分析。地球上的生物容纳能力是140亿地球公顷(gha)，换算到每个人身上只有2.1gha。但是整个世界人均足迹早已超过2.7gha（美国是9.4gha，日本是4.9gha)。仅仅40年的时间，代表着我们给地球造成的负担的生物容纳能力，就从70%增加到130%。换而言之，我们的生态足迹已经相当于1.3个地球，到2030年很有可能扩大到2个地球。要想实现可持续性的发展，我们每个人的生态足迹必须要控制在2gha以下。

违背道理的补贴制度

观察以往经济中不易被发现的大陷阱时你会发现，几乎所有的国家其政府一旦构建起复杂的补贴制度就无法废除。

有些种类的补贴制度无论对于经济还是环境都是不利的。例如农业补贴就会给耕地造成过度的负担，会造成表层土壤的侵蚀，合成化肥以及杀虫剂还会造成污染，以及排放温室效应的气体等。化石燃料的补贴是造成污染的主要原因。针对道路运输的补贴不仅会增加污染，还会加大道路混杂等危害。水资源的补贴会成为违规用水以及过剩用水的后援。森林补贴会成为对乱砍乱伐以及其他形式的森林破坏的奖励。渔业补贴则助长了渔业资源的过剩利用。这些补贴完全扰乱了经济。全世界每年的补贴总额是 2 兆美元，其中四分之一是在美国支付的。我们可以通过事例来了解一下这些补贴给可持续性造成的损害。在一些经济地区，为了每年至少 2000 亿美元的补贴，人们在不知情的情况下使满足了生物多样性的生物栖息地遭到破坏。与其相对应，全世界在保护生物多样性方面所花费的费用只有 200 亿美元。一想到估算的生态体系服务（授粉、土壤形成、净化水等）的价值与世界经济相匹敌，就会感到非常的惋惜。

在公共政策中最有必要进行根本性改革的就是补贴制度。但是由于政府的补贴制度已经由来已久，要想加以改变已经非常的困难。如果我们对这两个巨大的障碍物，即被歪曲的 GNP 和违背道理的补贴制度能够进行调整的话，经济就会有巨大的飞跃，生产效率会更加高涨，而且经济就会变成可持续性的经济。

人口：深刻的否定

无论是谁在被问到世界最严重的环境问题是什么的时候，他的回答可以是气候变化、热带雨林减少、广泛的污染、能源不足、供水不足等等。但是提及人口问题的人几乎没有。这一问题好像已经从人们特别是政治家的视野中消失了一样。

人口问题几乎与所有的问题都有关联，由于没有被当作讨论的对象而变成很严重的事项。我们已经知道具体应该做些什么。这就是推行家庭计划，以及提高女性地位。在孟加拉、埃及、泰国避免意外怀孕的婴儿诞生所花费的费用，只有出生婴儿花费的社会性服务费用的十分之一到十六分之一。中美洲的一些国家，只要在避孕方面花费 1 美元，就可以在保健卫生、教育服务领域节约 12 美元。

解决人口问题也有值得期待的一面。发展中国家有 1 亿 4000 万对以上的夫妇为了实行家庭计划而没有采取避孕手段。另外还有 6400 万对夫妇得不到现代的避孕方法。如果我们能够促使这些避孕得以实现，全世界总括在一起可以减少 10 亿人以上。一对夫妇一年采取避孕所需的平均成本是 20 美元。满足所有人需求仅花费 28 亿美元，这一费用远远低于全世界每天支出的军事费用。我们不禁要追问，哪一种支出会给我们带来更大的安全保障。

概观

以上所阐述的内容并没有无视众多成功的例子。如果没有这些成功的例子，我们的现状会变得更为悲惨。其应对方法是单纯的“和前面一样，只是更大更多”呢？还是“考虑综合性的全新战略”呢？我的建议是加大力量扩大我们的政治权限。我们竭尽全力的努力是否已经变成消极被动呢？我们对猎物应该先下手，也就是在问题成为问题之前进行应对，为此难道我们不需要做些什么吗？

实际上问题的核心并不在于利己者以及不关心者对问题置之不理，而在于框架或者社会为了完成各种事物而制定的“游戏规则”。大多数的框架组织对我们是有帮助，但是也有相当一部分导致了我们错误的判断和行动（典型例子：参照前述的 GNP）。

由于组织综合性地反映了每一个人的要求，因此有着共同思想的人们构建起的组织就可以形成更大的市民团体行动。爱德华·巴克曾经说过“再没有比那些认为自己反正也做不了什么了不起的事情，因而什么也不做的人犯下的错误更大了”。各位读者，如果你抱着怀疑的态度认为“一个人的力量不会引起多大的变化”，那么就想一想，当你被蚊子叮咬的时候，难道可以坐视不管吗？

NGO

文化的快速传播恐怕也需要通过 NGO。1972 年召开有关人类环境问题的斯德哥尔摩会议时，几乎还看不到 NGO 的身影。举行会议的房间只有一间就足够了。2002 年举办的可持续相关的世界峰会上，有数千的 NGO 参加了会议。而且他们走到了谈判桌前，显示了普通市民为了世界进步承担部分工作的能力。如今全世界共有 100 多万个 NGO 组织，参加人数超过了 1 亿。NGO 的影响力正在逐渐加大，例如 1997 年 12 月 122 个国家一致同意禁止使用和贩卖地雷。我认为这一惊人的变化并不是各国政府带来的，而是多少年来 1000 多个 NGO 针对当局不断地进行院外活动的结果。这在 30 年前是不可想象的事情，它明确地显示了国际政治力量均衡的转变。

NGO 和通信革命使不能够忽视任何人存在的时代终于来到了。2008 年已经拥有 14 亿网络用户，手机的数量达到 35 亿台（全球每两人有一台）。互联网的作用变得越来越强大，以至于出现了“虚拟国家”这一全新形式的框架组织，这是由市民组建成的大规模的国际性集团。这种形式的组织没有空间和时间的制约，没有政治界限和领土界限，没有经济差别，没有社会性的差别，也没有以往识别国家的传统性划分。

引用一段保罗·霍金针对 NGO 的话吧。“NGO 从来就是贯彻国家机能的巨大资源，它拥有充分的能力和财富，而且有着共同的目标。已经证实 NGO 是全世界的经济、政治和社会构造无条件转变的原因，也是其转变的结果。”

结束语

最后陈述的是大国和小国、富裕国和贫穷国、民主国和非民主国、资本主义国家和非资本主义国家，以及东西南北各国正在发生的各种事情。古巴已经成为唯一达到可持续性基本标准的国家。哥斯达黎加正计划转向只利用可再生能源的国家，预计将会成为最早的碳中立国。以色列使水的生产效率提高数倍，已经成为全世界开拓新技术的先驱。韩国开始在山脉和丘陵种植树木。在芬兰不可再填充的饮料容器已经非法化。爱尔兰针对超市使用的塑料购物袋征税。德国正在探讨重大的税收改革，削减所得税以增加能源税。冰岛正在计划实行全世界最早的氢基础经济。荷兰已经认定解决城市交通的关键在于自行车。在丹麦不仅已经开始禁止建设煤炭火力发电站，而且这个国家参加环境团体的成员要比国家本身的人口数量还多。

地球环境从脚下开始

官胁昭博士——第 15 届蓝色星球奖获奖者（2006 年）

1928 年出生。1962 年获得广岛文理科大学理学博士。1973 年担任横滨国立大学环境科学中心教授。1993 年担任横滨国立大学名誉教授。1993 年至今担任财团法人国际生态学中心的所长。1996 年担任国际生态学会会长。在国内外都取得了具体性成果。经他证明以潜在的自然植被为基础植树造林，可以使与自然森林非常接近的有防灾和环境保护作用的森林得以再生，并确立了被誉为“官胁方式”的森林恢复和再生法。

环境问题的本质

目前由于全球大规模的自然开发，产业用地的扩大以及城市化的急速发展，环境问题正在遭到各个家庭、地区到国家，以及国际上的严厉质疑。现代人的这种大量消耗能源以及被非生物性材料围绕的生活，并不是人类梦想的生活，它所带来的环境问题牵涉的范围非常广泛。例如，自然晃动而产生的地震和台风，及其所引起的火灾、海啸、洪水，还有大干旱等频频产生的自然灾害，因自然开发造成的环境破坏，工厂等排放的化学物质引起的河流、海洋、大气和土壤污染，水泥沙漠化的城市出现的热岛效应，生物多样性的减少，全球气候变暖所带来的令人担忧的深刻影响等等。应对措施从硬件到软件，非常的广泛。目前虽然有各种各样针对个别问题的应对和对策，但是由于环境问题牵扯范围太广，而且问题也非常严重，因此其本质也有被忽视和模糊的危险性。

环境问题的本质就是保持人类命脉。人类拥有异常发达的大脑皮层，因此而可以思考，并拥有情感。人们运用工具促进科学和技术发展，喜怒哀乐的表达也促进了艺术的发展。我们所说的保持命脉就是把人类所拥有的这种知性和感性，以及原始生命在地球诞生以来 40 亿年间一刻也没有中断过的基因绝对延续到未来。所以说，我们留给后代的一定是基因，而不是给社会造成混乱的金钱和股票。保护人类的命脉、精神以及基因，同时还要保护与我们共存的动植物、微生物等生物多样性这一生物环境（bio-enviroment），即必须要维护这一总体系统。

现代的科学技术也可以说是计量科学。歌德时代曾经是 als Ganzheit，即把一切作为整体来看待。但是 18 世纪末发明了温度计以及石蕊试纸等，使人类可以对有限的时间和空间内的各种环境要素进行测量和计量化。此后，计量科学得到显著的发展。

人类利用高度的科学技术以及没有生命的材料，确实实现了登月的愿望。但是，即便把现代的科学、技术、医学都有效灵活运用起来，即便是集中世界上所有的金钱，全世界 67 亿人当中也不会有一个人能够活到 300 岁或 200 岁。虽说生物化学（biochemistry）已经得到很大发展，基因 DNA 的交换也成为可能，但是我们连一个细胞也创造不出来。

这样看来，人类的生存环境单单依靠计量科学来应对也许是很困难的。我们还需要进一步发展现在的物理和化学研究，同时在另一方面，还有必要从整体命脉这方面进行研究，整体命脉包含了很多未知的要素。

作为生物物种之一的人类

无论我们人类的科学技术发展到何种程度，无论我们积累多少财富，只要我们生活在地球上，就是大自然中的一员，仅仅作为物质循环的生态体系的消费者是不能够生存下去的。维持人类在内的所有生物生存的是绿色植物。也就是说人类是作为绿色植物的寄生者而延续下去的。绿色植物是寄主，其中由多层群落形成的土地原始森林，其绿色表面积是草地等单层群落的 30 倍。土地原始森林是人类生存的基盘，但是如今已经变得非常少见。以日本为例，1 亿 2000 万人中的 92%以上至今所定居的地区属于冬季也是绿树的常绿阔叶（照叶树）林地区，经过我们调查发现，原始森林区域只保留下来0.06%。

观察人类文明的历史你会发现，包括美索不达米亚、埃及、希腊以及罗马帝国等在内的文明最初诞生的地区都属于常绿阔叶林地区。地中海地区也被称为冬雨地区，由于夏季没有降雨非常干燥，因此常绿阔叶树的树叶又小又硬，而且树叶上还带有茸毛，这样可以防止水分的散发。正因为如此，地中海地区的常绿阔叶树与亚洲的阔叶树相对应，而被称为硬叶树。

古代文明与日本固有的神道教相同都是多神教。在美索不达米亚的叙事诗中描写了最早创建国家的 Gilgamesh 王首先做的一件事情就是杀死森林之神。没有神存在的森林，人们就可以自由地砍伐和破坏，然后建设城市，促进文明的发展。叙事诗如实地反映了文明必须征服自然，即文明与自然的对峙性。

但是当他们把原始森林消耗殆尽时，也正是城市衰亡，文明衰退的时候。此后文明的中心地带从硬叶树林区的地中海地区迁移至北方的落叶阔叶林地带，这一林区以欧洲枹栎类为主。中心城市是伦敦、巴黎、柏林、布鲁塞尔等。另外，横渡大西洋的欧洲人又在美国的落叶阔叶林地带波士顿、芝加哥、纽约、华盛顿、费城等地建起了城市。

日本人像崇拜众神一样崇拜着自然万物，是一个与自然共生共存发展起来的民族。至今其大部分人还是居住在冬季也是绿树的常绿阔叶林地区。人口在100万以上的大城市中除了札幌以外全部位于常绿阔叶林地带。但是，目前森林正在急剧的减少中。在植物的世界里，也是“冒牌货”横行。我们现在所看到的绿色植物几乎都是补偿植被，即因各种人类活动而生育的二代植物，与土地原生的森林相对应，因而把它们称为“冒牌货”的绿色植物。

“正牌货”的森林在严酷的条件下也可以持久生存。作为人类生存基盘的土地原生的“正牌货”森林如今只存留下来极少的一部分，如果我们不对它进行保护，不积极地推行造林活动，那么无论科学家技术发展到何种程度，人类及其身心就不会有健全的未来。

植树

煤炭、石油等化石燃料是埋在地下3亿年前的植物等，通过地壳的压力以及地热而形成的。3亿年前植物的进化刚刚发展到蕨类植物，当时与现在一样同属于间冰期，气候高温而多湿，因此形成了蕨类植物繁茂的大森林。

植物通过光合作用吸收碳，保持一定状态的森林因随后到来的地球大变异而被埋在地下，此后的 3 亿年间，地球的物质循环保持了一定的均衡。但是 18 世纪后期产业革命以来，煤炭和石油被挖掘出来成为人们使用的能源。这就好像是把锁在地下的碳拉出来，开始散布到空中一样。

今后为了使我们未来不再错上加错地生活下去，必须要有所克制和控制。但是无论怎样的控制，维持我们舒适生活的电器、工厂以及汽车都不可能没有。因此，我们的思考方式不只要做减法，还应当积极地思考加法方式。可以把潜在自然植被的主树群作为中心进行幼苗的混种和密种，形成多层群落的森林，以此担负起防灾和环境保护的作用，并维持生物的多样性。另外吸收了二氧化碳的树林还可以把碳锁在其中。干燥的树木其重量的 50％都是碳。例如干燥重量是 200 克的幼苗，假如培育成材之后包括其根、茎、枝在内的干燥重量是 2 吨的话，其中有 1 吨就是碳。只要不燃烧，这些碳就可以一直被锁在森林当中。土地原生的森林结构虽然朴实，但是确实可以改善地球环境，控制全球气候变暖。

我们通过有远见的行政、企业、各种团体和市民的合作，至今已经种植了 3000 万棵以上的树木。种植地区从日本到马来西亚、泰国、菲律宾等东南亚，以及印度、中国、南美亚马逊、非洲的肯尼亚、澳大利亚的塔斯马尼亚等 1600 多个场所。我们针对每一个地区都进行当地生态学方面的植被调查，把握其土地潜在的自然植被，以主树群为中心，按照自然森林的法则尽可能多地混植和密植充满树种、根群，树高在 30cm 左右的苗圃。3 年之后就不需要除草等管理，自然形成土地原始森林。

每一个人种植 10 棵或 20 棵的树木并不是一件什么了不起的事情，但是全球 67 亿人都来种植的话，会带来怎样的结果呢？为了我们自己，为了我们所爱的人，为了人类以及地球上所有的生物，我们难道不应该彻底地节能，同时依据植物生态学进行“正牌货”的植树造林吗？这才是我们的目标。

人类延续下去需要公平性

(Fairness for Survival of Humankind)

埃米尔·萨利姆博士——第15届蓝色星球奖获奖者（2006年）

1930年出生于印度尼西亚。1958年毕业于印度尼西亚大学经济学部。1959年获得加利福尼亚大学伯克利分校经济学博士。1972年担任印度尼西亚大学经济学部教授。1978年就任印度尼西亚第一任环境部长。作为构建环境行政可持续社会的先驱者而得到国际上很高的评价。此后一直活跃于联合国的各个场合，作为亚洲发展中国家的代表，发挥着其在地球环境保护方面的领军作用，并做出了国际性的贡献。

产业革命（1790年）之后，大多数的发达国家把化石燃料作为工业开发的主要能源加以利用，并发展壮大起来。人类不能“创造”自然资源，只能对其进行“改变”。人类不能创造出作为能源的煤炭，人类只能改变煤炭使其变成能源。

在化石燃料转变成能源的同时也会产生二氧化碳，扩散到大气中的二氧化碳经过不断的积累，促使全球温度上升。

气候变化

产业革命之前的二氧化碳浓度是280ppm，截至2008年已经上升至380ppm。如果继续按照“目前的方式”进行开发，到2050年二氧化碳的浓度将会远远的超过 500ppm。根据 IPCC 的计算，当二氧化碳的浓度达到 450～550ppm 时，地球的平均气温很有可能比产业革命前的平均气温升高 2.0℃～2.8℃。为了把二氧化碳的浓度控制在这一水平上，2020 年全球温室效应气体排放量必须要比 1990 年削减 25％～40％。

在印度尼西亚排放的二氧化碳主要来自于泥炭火灾、土地和森林利用发生改变、能源供给、垃圾焚烧、农业以及工业等的排放。对于发展中国家来说，是选择利用土地以及森林以促进粮食生产和获得其他收入，还是选择保护土地和森林以减轻全球变暖的情况发生，是令其左右为难的抉择。全球变暖以及气候变化给基因、物种以及生态体系造成影响，在热带资源十分丰富的 ASEAN 的热带地区和巴布亚新几内亚都遭遇了严重的生物多样性危机。

全球变暖以及气候变化也会给人类的健康带来恶劣的影响。除了疟疾以及结核病等疾病以外，还出现了与气候变化相关联的疾病。很明显受全球变暖以及气候变化影响最强烈，并成为牺牲品的正是发展中国家贫穷的人们。因此对于发展中国家来说努力减少气候变化已经成为最首要的事项。在发展中国家还面临着与气候变化同样紧急的另一个问题，这就是如何应对消灭贫困的问题。发展中国家为应对气候变化花费 1 美元，就相当于为消灭贫困所花费的费用减少了 1 美元。而在发达国家为应对气候变化花费 1 美元，只是在生活更加舒适方面减少了 1 美元的花费而已。

最重要的问题是每个国家应当依据自己的能力，以承认“共同但有差别的责任”的联合国气候变化框架公约（UNFCCC）为基础，构建起发达国家和发展中国家之间的伙伴关系，以联合应对消灭贫困以及气候变化的两方面问题。尼古拉斯·斯坦先生指出，其原则是下面三点与公平性相关的问题需要仔细考虑：第一，发达国家应当依据其筹措资金的能力努力支援发展中国家适应气候变化。第二，发达国家应当承认过去以及现在几乎所有的二氧化碳排放都要归咎于他们自己的行为活动，他们应当担负历史责任，并适用于“污染者支付的原则”。第三，发达国家应当接纳发展中国家要求经济发展和消灭贫困的愿望，容许发展中国家拥有适当的人均排放量。

虽然这一原则是以道德的、合理的以及公正的理论为基础，但是却成为发达国家与发展中国家之间争论的焦点，发达国家认为在对待气候变化问题上全球各国都应当负起责任，而以 UNFCCC 为依据的这些观点妨碍并影响其公平性。

唯一的地球和有着丰富多样性的世界

世界分为发达国家和发展中国家。正像表 A 中显示的，拥有 3 亿 400 万人口的美国，“从购买力比价看到的国民平均收入”是 4.697 万美元，在发达国家中位居第一位。“每人平均总资产（2000 年)”是 51.2612 万美元，这一数值“反映了包括自然、无形资产在内的所有商品、资源和服务的价值，是过去国家创造的资产总和”。从这些数据上来看美国都显得尤为突出。

英国、德国、法国以及日本“从购买力比价看到的国民平均收入”在 3.4 万美元到 3.6 万美元之间，同样在高收入范围内。2000 年的“每人平均总资产”中最低的英国也有 40.8753 万美元，而处于最高的日本则是 49.3241 万美元，大体相同。对于收入、总资产以及无形资产很高的发达国家来说，在不降低生活水平的情况下还有很大的余地来削减二氧化碳的排放量。

另一方面从发展中国家来看，正像表 B 中显示的，包括韩国、巴西、南非、中国、印度以及印度尼西亚在内人口总数大约是 30 亿，占世界人口近 45%，但是“收入”、“总资产”、“无形资产”各个方面都远远低于发达国家的水平。

由于发展中国家人均收入低下，而且总资产以及无形资产也很低，再加上人口众多等条件，使我们必须要致力于解决提高其人民生活水平这一人道问题。但是如果发展中国家以提高经济增长为目标就会造成环境污染这一结果，由于其在绿色技术情报以及实现低碳增长方面能力匮乏，而且受到资金的限制，使其不得不按照“以往的方式”向前发展，这种经济发展伴随着温室气体排放增加。

因此，说拯救这个唯一的地球的责任需要拥有财政能力、技术和无形资产的发达国家来承担。发达国家通过自己的影响力来引领世界，援助发展中国家朝着低碳增长的道路进行可持续开发。最近的经济危机虽然促使世界经济增长速度放缓，但是温室气体排放还在持续增加，这表明，发达国家虽然拥有财政和技术上的能力，而且发展中国家也渴望消灭贫困和削减温室气体排放，但是朝着低碳增长道路前行的根本性变革并没有开始。世界各国继续这种非持续性增长，将会使我们唯一拥有的地球的可持续性置身于危机中。

为了人类延续下去

联合国第二次十年开发（1971—1980 年）始于 40 年前，之后促进开发的主要障碍常常是因为发达国家不愿意向发展中国家转让技术和财政资金。如今在面对气候变化问题的解决时也出现同样的情况。的确，发展中国家在发展经济的同时会增加温室气体的排放量。从表 C 中可以看出，中国的温室气体排放量正在超越美国。但是中国的“1850—2004 年因燃烧而产生二氧化碳的累计排放量”是美国的 27%，“人均温室气体排放量”是美国的 23%。中国的“家庭电力消耗量”是美国的 21%，在美国平均每 100 人中拥有 80 辆汽车，而在中国每 100 人中只有 2 辆汽车。虽然拥有这些差距，中国政府还是发表了“中国国家气候变化方案 2007”，提出每个 GDP 的能源消耗量削减 20%（2006—2010 年），混合能源中的替代能源量提高 15%（截至 2020 年），在国土中森林面积扩大 20%等（截至 2010 年）。

在“能源关联的二氧化碳排放比率”中美国（22%）和中国（19%）合计比率几乎占到世界的一半。为了使 2050 年的温度上升与产业革命之前相比低于 2℃以上，这两个国家对于削减温室气体排放显得尤为重要。

2005 年开始生效的京都议定书中，针对附件 I 国家的各个工业国制定的目标是 2008—2012 年之间温室气体比 1990 年平均削减 5.2%，但是至今并未实现。巴厘岛召开的 COP13 就 2013 年以后的目标达成共识，即为了使气候变暖幅度与产业革命之前相比较不超过 2℃，二氧化碳同等物的浓度必须控制在 450ppm 以内。为此发达国家到 2020 年要比 1990 年削减 25%～40%的排放量。IPCC 强调指出，目前或者是下一个 10 年通过有效灵活运用商业化技术可以实现减排目标。要想挑战与技术开发、获利、灵活运用以及普及相关联的阻碍，就需要拥有有效的奖励措施。

从社会和生态体系的角度考虑，要想在有限的时间内实现削减二氧化碳同等物排放这一人类共同的目标，就需要改革经济框架。这不是自由贸易，同时也不能忽视发展中国家贫困者们的生存，我们需要的是作为公正开发主要推动力的合理交易。

气候变化谈判有很多可行且合理的解决方法，但达成一致意见的最大障碍在于各个国家在狭隘的经济和政治利益得失之下，以短视角度采取了“以往方式（BAU）”的框架。

我们必须把以往的经济发展框架改变成为可持续框架。早在 1992 年里约热内卢召开的有关环境和发展峰会上就已经提出了这一观点，2002 年在约翰内斯堡召开的可持续相关峰会上这一观点又再一次得到强调。

长期以来，我们亲身经历了各国对地球进行的掠夺。先下手者可以获利，而后来者因为吃亏而感到痛苦。作为后来者的发展中国家，为了消灭饥饿、疾病、贫困，以及文盲，必须要得到公平的机会，而在没有得到技术援助以及必要资金的情况下，就难以争取到“削减温室气体排放的公平权利”。

目前，各个发展中国家为了寻求消除贫困之路不得不在忙乱中向前发展，因贫困所致的战争也影响到以公平精神为基础的为人类生存而进行的温室气体减排。

表 A 发达国家的开发指数

	美国	英国	德国	日本	法国	澳大利亚	世界合计/平均
人口（100 万人/2008 年）	304	61	82	128	62	21	6,692
购买力平价的人均所得（美元/2008 年）	46,970	36,130	35,940	35,280	34,400	34,400	10,357
人均总资产（美元/2008 年）	512,612	408,753	496,447	493,241	468,024	371,031	95,680
人均无形资产（美元/2008 年）	418,009	346,347	423,323	341,470	403,874	288,686	74,998
GDP 增长率（%/2000—2008 年）	2.5	2.5	1.2	1.6	1.7	3.3	3.2
能源相关的 CO_2 累计排放量（10 亿吨/1850—2005 年）	324.9	68.1	117.8	46.1	31.7	12.5	1.1691
人均 CO_2 排放量（吨/2005 年）	19.7	8.8	9.9	9.5	6.4	18.5	4.2
能源相关的 CO_2 排放量占世界的比重（%/2005 年）	22.0	2.01	3.80	4.57	3.00	1.42	100.0
GDP1000 美元相当的碳素强度（吨/2005 年）	0.47	0.28	0.32	0.31	0.21	0.58	0.47

表 B 发展中国家的开发指数

	韩国	巴西	南非	中国	印度尼西亚	印度	世界合计/平均
人口（100 万人/2008 年）	49	192	49	1326	228	1140	6,692
购买力平价的人均所得（美元/2008 年）	28,120	10,070	9,780	6,020	3,830	2,960	10,357
人均总资产（美元/2008 年）	141,282	86,922	59,629	9,387	13,819	6,820	95,680
人均无形资产（美元/2008 年）	107,864	70,526	48,959	4,208	8,015	3,758	74,998
GDP 增长率（%/2000—2008 年）	4.5	3.6	4.3	10.4	5.2	7.9	3.2
能源相关的 CO_2 累计排放量（10 亿吨/1850—2005 年）	9	8.8	14.1	94.3	6.8	28.6	1.1691
人均 CO_2 排放量（吨/2005 年）	9.3	1.8	7.1	3.9	1.6	1.1	4.2
能源相关的 CO_2 排放量占世界的比重（%/2005 年）	1.7	1.26	1.25	19.06	1.31	4.33	100.0
GDP1000 美元相当的碳素强度（吨/2005 年）	0.44	0.21	0.83	0.96	0.49	0.47	0.47

表 C 美国和中国的能源统计比较

	美国	中国
人口（100 万人）	304	1330
人均温室气体排放量（吨 CO_2e）	25.0	5.8
温室气体排放量（兆吨 CO_2e）	7.4	7.5
燃烧带来的 CO_2 的累计排放量 1850—2004 年（兆吨）	325	89
家庭的电力消耗（京瓦时）	1359	292
每百人拥有汽车辆数	80	2

注：兆吨：10^9 吨。京瓦时：10^{12} 瓦。

注 解

第 2 部 生存的条件

1. Dr. Dennis L. Meadows

2. Dr. Gro Halem Brundtland：蓝色星球奖获奖者（2004 年）

3. 这一指标明确地显示了人类生活对于自然环境的依存度。其计算方法是“通过资源供给以及废弃物的吸收所需要的具有生物学上生产效率的陆地和海洋面积来表示人类对地球的需求”。该指标把地球上所有具有生物学上生产效率的陆地和海洋的总面积以 1.0 这一数值来表示。2005 年的生态立足区大约是地球的 1.3 倍。

4. Mr. Lester R. Brown

5. “地球环境问题和人类生存问卷调查”（旭硝子财团）：自 1992 年起每年一期，以世界各国从事环境问题的政府以及民间的有识之士为调查对象，听取他们针对地球环境相关的各种问题的意见和建议，其调查结果以报告书的形式公开发表。（问卷调查对象：大约 4000 人，回收率：15%～19%，回答数：650～750人）

6. 城市人口是指以各国的标准来定义的在城市地区内实际居住的人口。以每年 7 月 1 日的数据作为当年的代表数据。

出处：World Urbanization Prospects：The 2007 Revision Population Database

7. G8（美国、加拿大、德国、法国、意大利、英国、日本、俄国）+3（中国、印度、韩国）举行的能源部长会议（2008 年 6 月 8 日举办）

8. 国际能源机构（International Energy Agency）：这一国际机构主要进行与世界能源相关的调查以及统计完善，并据此发表报告书。

9. 在世界气象机构（WMO）和联合国环境计划署（UNEP）的协作之下设立的组织。其主要任务是通过世界各国参与研究的人员对温室气体造成的全球变暖进行科学、技术以及社会和经济上的评估，由其总结的知识和情报得到政策决定者等广泛和普遍利用。参与第 4 次评估报告书的人员包括来自大约 130 个国家 450 名左右的代表执笔者，及约 800 名合作执笔者。

10. 每单位时间的降雨量。以毫米来表示每单位时间的降雨量的程度。

11. 这里所说的水资源量是指全国的年间降雨量减去蒸发量所得到数值。

12. 据英国卫报报道（2007 年 5 月 22 日），中国癌症研究所的研究员指出，众多的化工厂、产业设施被建造在河水沿岸，未经处理的废水流入河中，此外过度施肥以及杀虫剂对地下水也有所污染，有数据显示，从 1991 年到 2000 年之间城市死于癌症的患者增加了 18%，农村地区则增加了 11%。

13. The State of Food and Agriculture 2009，FAO

14.《世界粮食生产与生态能源 2050 年展望》（川岛博之著，2008 年，东京大学出版社）

15. 从中央计划经济体制向市场经济体制过渡的国家。主要指原苏联的各国、东欧各国、中国、蒙古、越南等国。

16. FAO 日本事务所新闻稿（LOJAPR09/21-No. 142）

17. FAO 日本事务所新闻稿（LOJAPR09/21-No. 143）

18. FAO 日本事务所新闻稿（LOJAPR09/21-No. 143）

19. IPCC："气候变化 2007：统一报告书　面向政府决策者的扼要总结"

20. 参考资料：Robin Clarke and Jannet King，"The Atlas of WATER, Mapping The World's Most Critical Resource"。日文翻译译名《水的世界地图》，监督翻译冲大干，翻译冲明。

21. 千年发展目标（MDGs）：2000 年 9 月在纽约召开的联合国千年发展峰会上发表了联合国千年宣言，以此作为 21 世纪国际社会的发展目标。千年发展目标把该宣言与 1990 年代召开的主要国际会议以及首脑峰会等通过的国际发展目标进行统一，归纳总结成同一个框架。截至 2015 年应当实现的目标是：消除极端贫困和饥饿，普及初等教育，促进男女平等并赋予妇女权利，降低儿童死亡率，改善产妇保健，遏止 HIV/艾滋病、疟疾和其他主要疾病的蔓延，确保环境的可持续能力，全球合作促进发展。

22. 其他协议还包括：帮助发展中国家适应气候变化等的发展战略援助，促使生物燃料可持续生产和使用的政策与粮食安全保障之间相互调和，加速第二代生物燃料的开发和商业化等。第二代生物燃料是指从非食用植物以及非可食生物当中生产出来的燃料。

23. Dr. Charles D. Keeling：蓝色星球奖获奖者（1993 年）

24. 附件Ⅰ的国家是指气候变化框架公约附件Ⅰ中列举的国家，这些国家是被登载在京都议定书附件 B 中拥有减排目标数量的国家。具体是指以下的国家：冰岛、爱尔兰、美国、英国、意大利、乌克兰、爱沙尼亚、澳大利亚、奥地利、荷兰、加拿大、希腊、克罗地亚、瑞士、瑞典、西班牙、斯洛伐克、斯洛文尼亚、捷克共和国、丹麦、德国、日本、新西兰、挪威、匈牙利、芬兰、法国、保加利亚、白俄罗斯、比利时、波兰、葡萄牙、摩纳哥、拉脱维亚、立陶宛、列支敦士登、罗马尼亚、卢森堡、俄联邦、欧盟

25. 京都议定书中规定与1990年相比主要国家减排目标是：欧盟8%，美国7%，日本、加拿大、匈牙利、波兰等国6%。美国认为该协定书会对经济造成恶劣影响，并以发展中国家不参加等为由，于2000年从京都议定书缔约国中撤出。

26. 人类不仅是存在在社会中的人，同时还是生物物种之一。

27. Lord（Robert）May of Oxford

28. Dr. Norman Myers

29. 二氧化碳排放量：这里是把森林的二氧化碳吸收量减少的部分作为排放量。

30. 对生物多样性有所保护的产品和服务，其在出售时价格往往高于普通的价格。

31. TEEB：2007年3月在德国波斯坦召开的G8+5环境部长会议上发起的研究项目。其制作的调查报告的目的是显示因生态体系以及生物多样性损失而产生的经济和社会损失的规模，并提出应对生物多样性危机的具体方针和策略。

32. 至今还没有报告显示基因重组会给国内的生物多样性带来显著变化，但是我们并不能够从科学上断言对未来不会造成影响。基因重组生物可能会给生态体系带来的影响是：重组生物入侵生态体系，重组生物与原有品种的杂交，重组生物创造出的物质会给原有品种造成影响。

33. Dr. James E. Lovelock

34. Dr. Amory B. Lovins

35. 同时预测性的研究也有可能出现错误，因此需要经常进行重复探讨和修正。

36. Dr. Paul R. Ehrlich：蓝色星球奖获奖者（1999年）

37. 这些地区是指其土地固有的生物物种非常集中，并且生态体系受到严重威胁的地区。虽然这些地区仅占地球陆地面积的百分之几，但是濒临灭绝危险的哺乳类、鸟类、两栖类的生物中有75%都生息在这里。此外，全部的维管束植物的50%以及陆地脊椎动物的42%也集中在这里。

38. 针对发展中国家以及经济过渡国，为解决地球环境问题所需的追加费

用提供无偿资金的国际性资金机构。

39. 在全世界开展生物多样性保护活动的国际 NGO，1997 年获得蓝色星球奖。

40. 享受着生物多样性带来的经济性利益的发达国家，为保护拥有丰富生物多样性的发展中国家的生物多样性不断地进行资金流动的组织。作为灵活运用市场机制保护生物多样性的策略而受到争议。其研究主要致力于国家间的保护义务量的买卖，与保护生物多样性相关的补偿行为（在某些地区由于开发造成的生物多样性的损失与在其他地方进行的保护相抵消的行为）的国际性援助，根据给生物多样性造成的影响程度征收相应的课税，对生物多样性有所关注的产品进行认证的制度等。

41. toe：石油换算吨油当量（1 吨原油所含的热量），Mtoe 是 100 万吨油当量所含的热量。

42. 太阳光辐发电系统方案（The Photovoltaic Power Systems Programme：PVPS）是与太阳光辐发电相关的发达国家之间进行的研究能力以及信息交换广泛合作的研究合作协议。以 IEA 为中心，通过与加盟国的研究开发团队构成的网络，实施各种应用于太阳光辐发电的项目。

43. 除家庭以及生产过程中排放的固体废弃物以外，还包括排放气体和排水，以及汽车排放的尾气等。

44. 生产者不仅生产、出售和使用产品，而且对其所产生的废弃物也有责任。基于这种思考方式，企业对于汽车以及家用电器等使用过的产品应当进行回收、再利用或者是恰当的处理等。

45. 为了援助发展中国家的人们，以高于市场价格的合理价格不断地购买农产品或各种商品的措施。为了促进可持续发展，在鼓励关注环境的生产方法，支付更高的报酬等方面也很留意。为了让消费者可以识别合理交易商品，有的国际性团体（FLO 等）还设置了一定的标准，并推出了标签标示。

46. 为了保护海洋生态体系而采取的对实现天然海产品持续利用的商品进行认证的措施。以 WWF 和海洋管理协会（MSC）为主体的 MSC 认证是主要的认证制度。

47. 森林管理的方法，是由第三方机构对是否满足规定标准进行评估和认证的措施，使森林生态系以及稀有品种有望得以保护。FSC、PEFC、日本的 SGEC 等都是代表性的事例。

图表资料集索引

Ⅰ从《增长的极限》出发

Ⅱ 面临极限的人类行为

资源的有限性

能源资源的储藏量

能源的消费与供给

Ⅳ应对危机

从『增长的极限』出发

I

Ⅰ 从《增长的极限》出发

从人类诞生到现在经历了很长一段时间，观察这期间的人口发展趋势，会发现进入 20 世纪以后人口的增长超乎寻常。

图 1—1　世界人口的发展趋势（推算）

在 18 世纪到 19 世纪的工业革命以前，人口增长十分缓慢；在工业革命之后，人口增长率急剧增加。1950 年人口 25 亿，而到了 1987 年，人口竟达 50 亿，在大约 40 年的时间内人口翻了一番。预计 2050 年人口达到 91 亿。

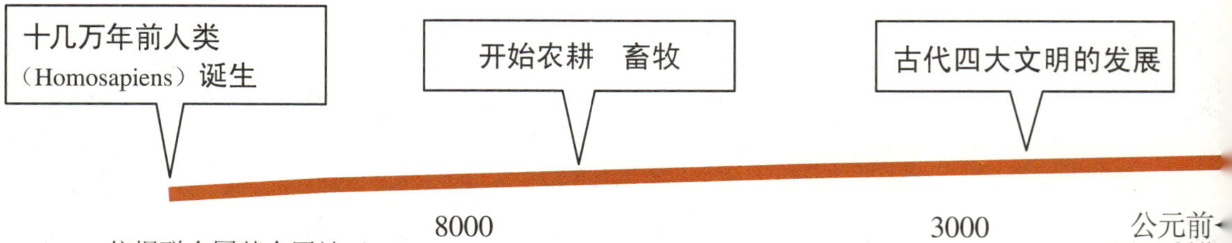

依据联合国基金网站（http：//www.unfpa.or.jp/p_graph/pgraph.html〈Last updated:2009-06-22〉）制作

图1—1　世界人口的发展趋势（推算）

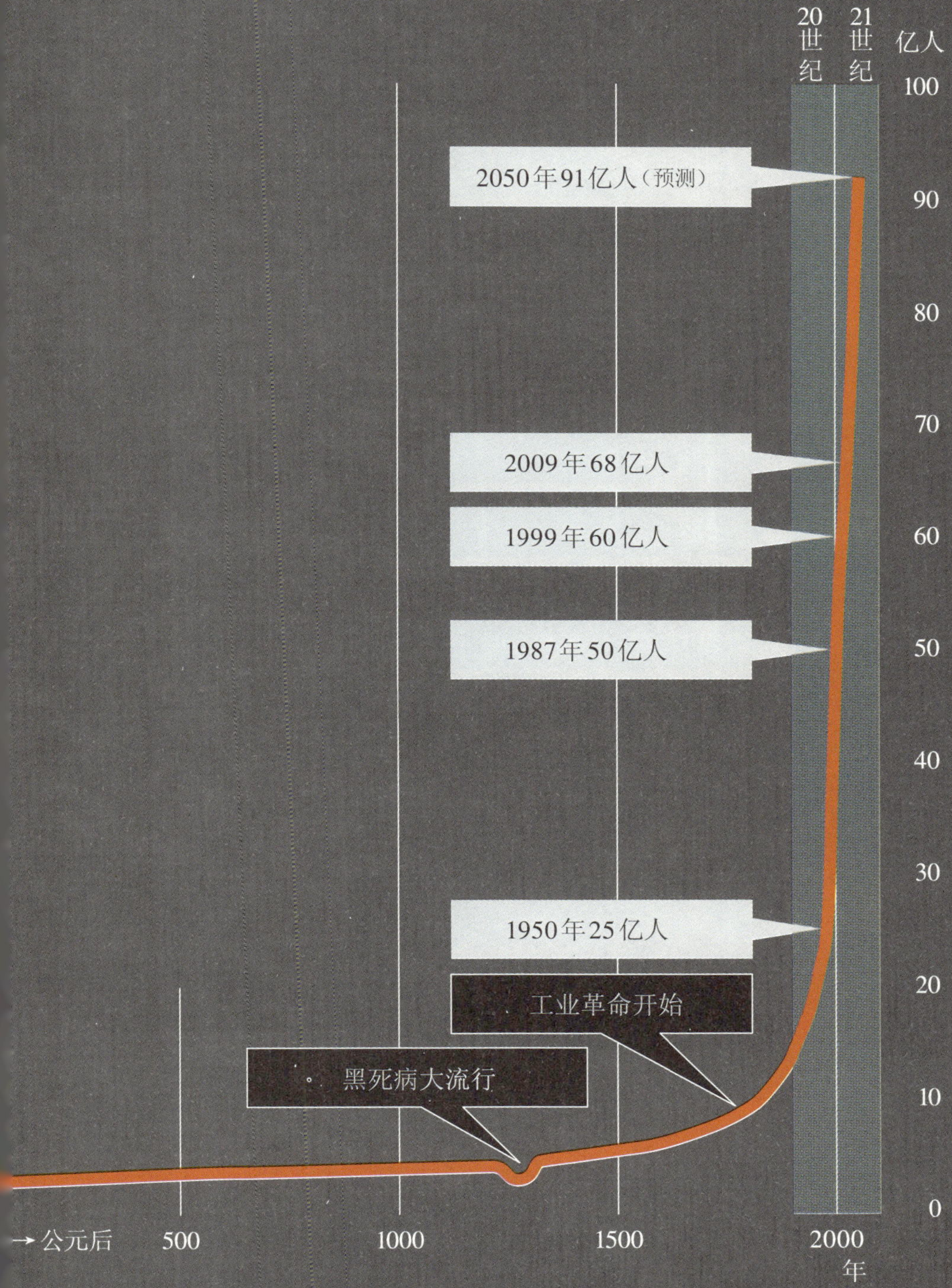

Ⅰ 从《增长的极限》出发

罗马俱乐部于1972年发表《增长的极限》，它告诫到：如果人口持续增长，工业生产活动继续扩大，将导致资源枯竭和环境恶化，最终使人类在百年之内到达增长的极限。但是，从1970年开始，世界人口持续增长。图1—2揭示了1970年后，世界人口和支撑人类活动的能源供给以及粮食消费的发展趋势。

图1—2　世界人口、一次能源供给、粮食消费的发展趋势（1970年以后）

在1970年以后的35年中，粮食消耗量增加约1.8倍，一次能源供给增加约2.1倍，和人口增加（不到1.8倍）相当，甚至超过人口增加率。

图1—2　世界人口、一次能源供给、粮食消费的发展趋势（1970年以后）

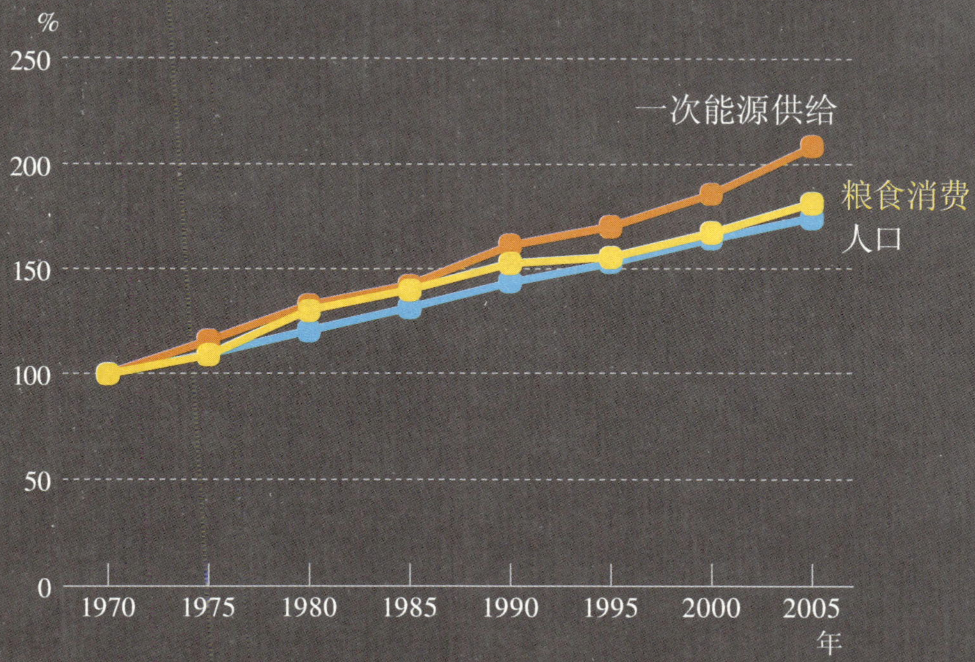

World Population Prospects: The 2008 Revision, UN、Statistical Review of World Energy 2007, BP、粮食需求量、产量、期末时库存率的发展趋势，农林水产省制作

Ⅰ 从《增长的极限》出发

人类赖以生存的能源、资源、水和食物等全部都源于大自然的恩惠。生态立足区指标将人所需的自然环境量化，用数字表示人类活动给地球带来的负担，很有真实感。

图 1—3　人类生态立足区的发展趋势

生态立足区是将人类对地球的需求用陆地·海岸的面积来表示的概念。陆地和海岸从生物学角度来说是具有生产力的，它对于资源的供给和废弃物的吸收具有重要意义。该指标将地球上所有具有生物生产力的陆地海岸的总面积算作 1.0（把这个标准作为地球的抚养能力）。全世界的社会经济活动使人类从 1980 年中期开始生态立足区指标就超过 1.0。2005 年，人类活动消耗的资源和排放的废弃物已经超过地球可持续供给的资源量和可吸收的废弃物量约三成。也就是说，需要 1.3 个地球才能解决现在的问题。

图1—3　人类生态立足区的发展趋势

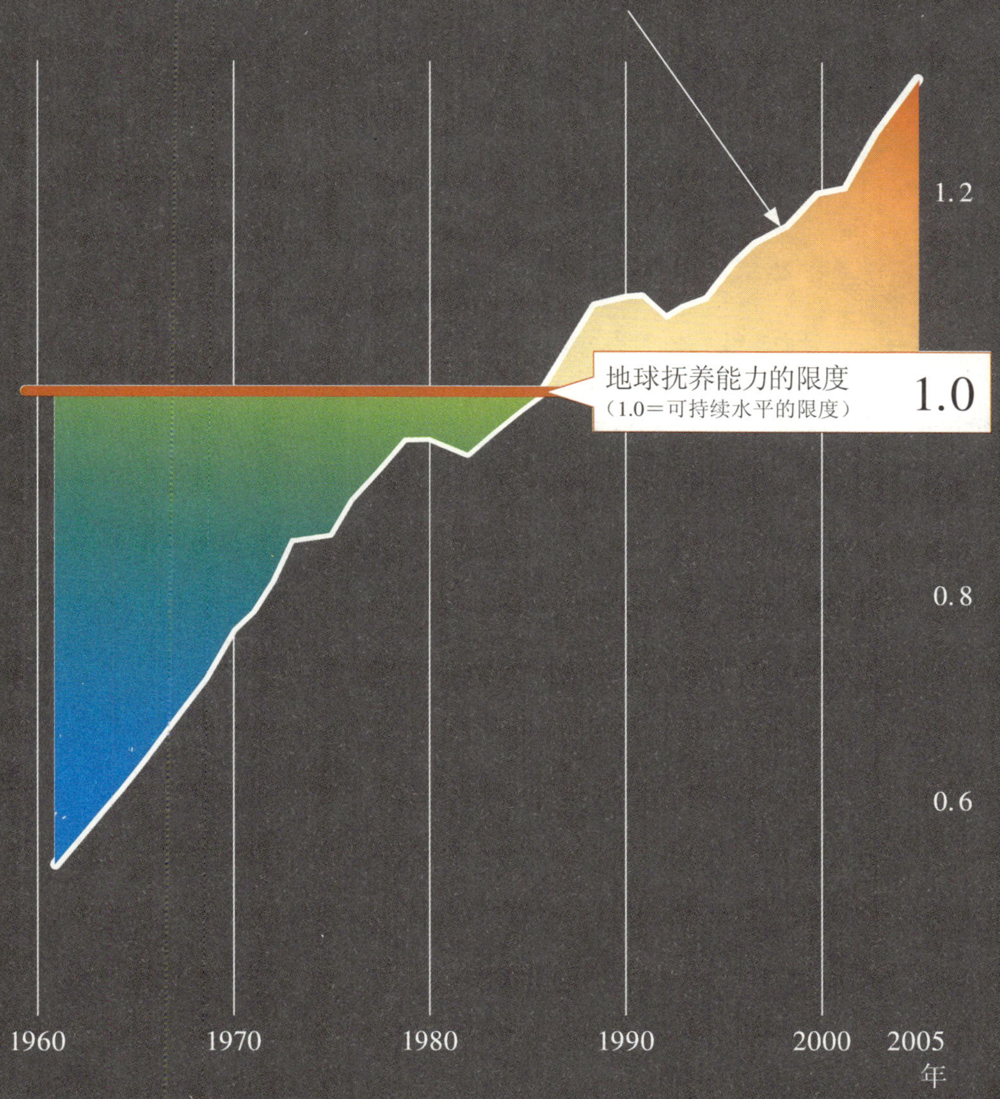

Living Planet Report 2008, WWF制作

Ⅰ 从《增长的极限》出发

全世界众多的有识之士对于这场伴随环境恶化而来的人类生存危机又是如何认识感知的呢?

图 1—4 “环境危机时钟”的发展趋势

旭硝子财团每年都以世界上的有识之士为对象开展问卷调查，以“环境危机时钟”的形式，用时钟的指针来表示人们对环境恶化带来的生存危机的意识。调查从 1992 年开始，从 7 点 49 分到 2009 年的 9 点 22 分，指针每年都在走，大部分精英人士都表示“极为不安”。

图1—4“环境危机时钟”的发展趋势

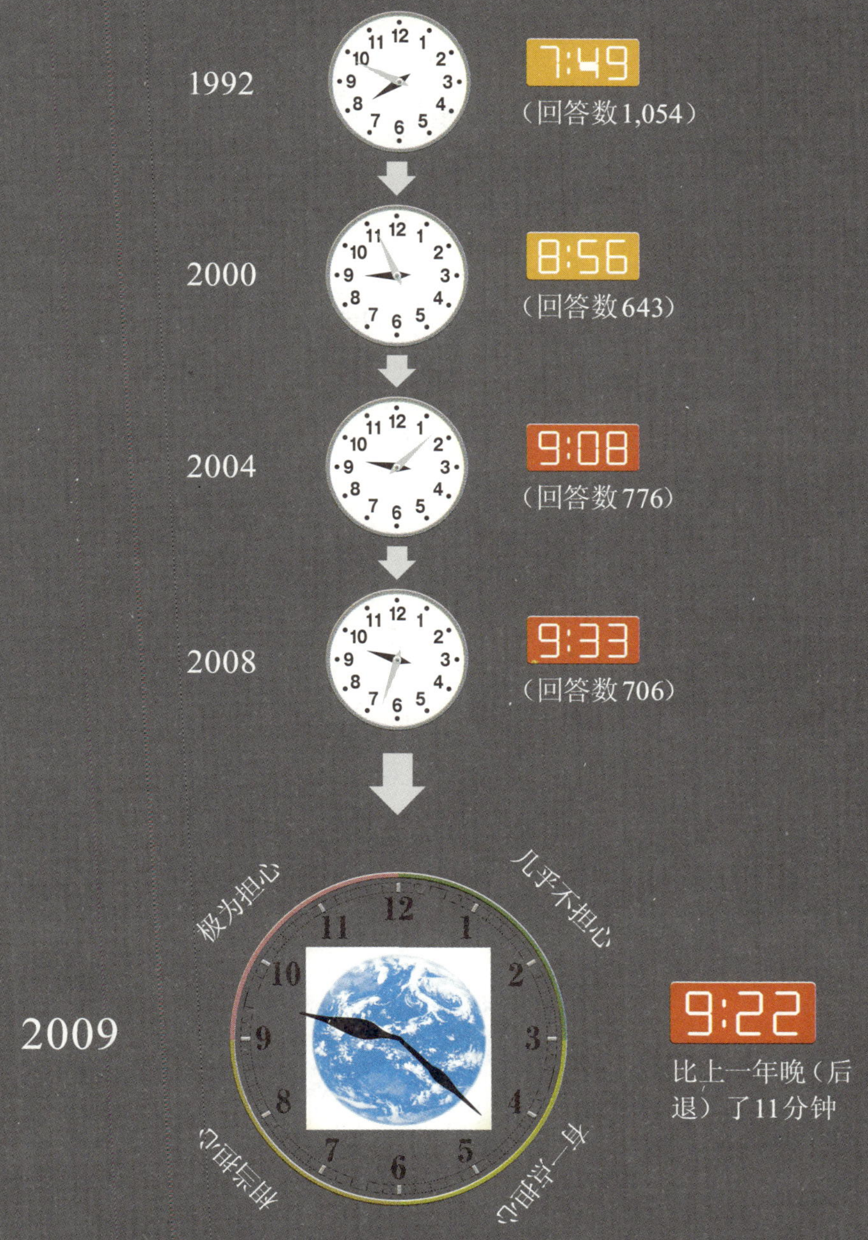

出处：旭硝子财团、2009年环境问卷调查报告书

Ⅰ 从《增长的极限》出发

“21 世纪议程”旨在实现可持续的开发，于 1992 年环境与发展大会得到通过，是世界各国必须采取的行动计划。议程中包含了多项有关地球环境保护的项目。有识之士怎么看主要项目的进展情况呢？图 1—5 是过去 17 年的调查结果。

图 1—5　21 世纪议程的进展情况

从 1993 年调查开始以来，前五位和后五位项目的发展情况差别很大。“环境教育的推进”一项在 17 年中处于第一位，进展情况良好，但是“生活方式的改变”几乎一直处于最后一位，进展缓慢。2009 年也体现一直以来的趋势，“环境教育的推进”发展最迅速，“生活方式的改变”和“人口・贫困问题”几乎没什么进展。

图1—5　21世纪议程的进展情况

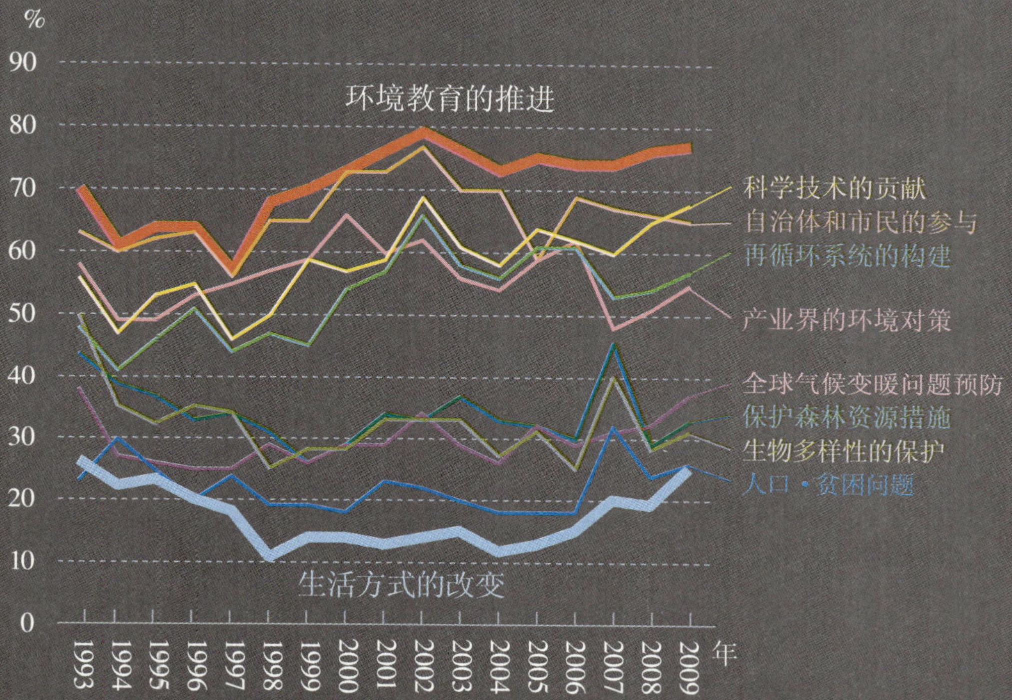

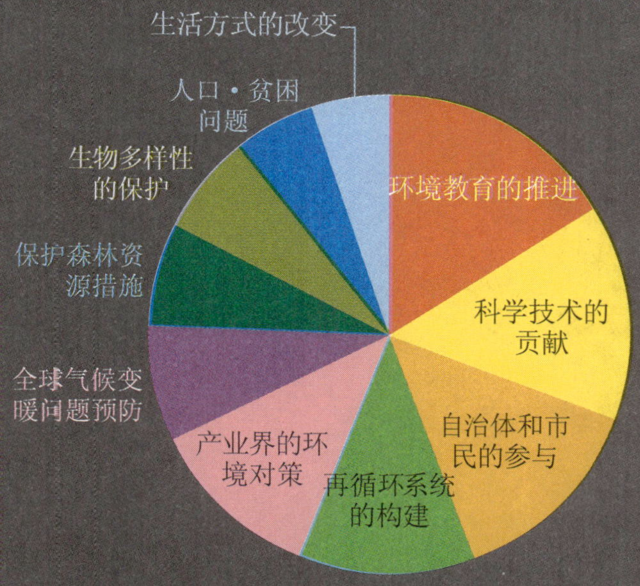

出处：旭硝子财团、2009年环境问卷调查报告书

面临极限的人类行为

III

Ⅱ面临极限的人类行为/人口爆炸

世界人口的增加给和地球环境相关的什么问题带来最为深远的影响呢？

图 2—1　人口问题带来的影响（2006 年）

人口问题带来影响主要包括：贫困的增加、自然环境的破坏、食物不足等。

图2—1　人口问题带来的影响（2006年）

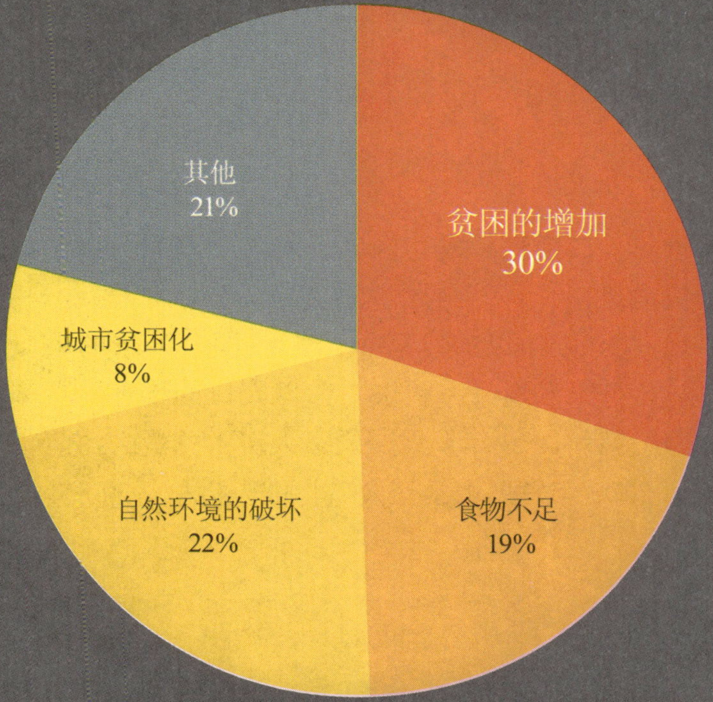

出处：旭硝子财团，2006年环境问卷调查报告书

Ⅱ面临极限的人类行为/人口爆炸

发展中国家的人口今后会不断增加，给地球环境问题带来巨大影响。

图 2—2　世界人口预测　发达国家、发展中国家分别统计（中位值推算）

观察 1950 年以后发展中国家和发达国家的人口发展趋势，可以发现过去和未来世界人口的增加主要来自发展中国家。1950 年发展中国家人口占总量的约 70％，预计到 2050 年发展中国家人口将占人口总量的 86％。

图2—2 世界人口预测 发达国家、发展中国家分别统计（中位值推算）

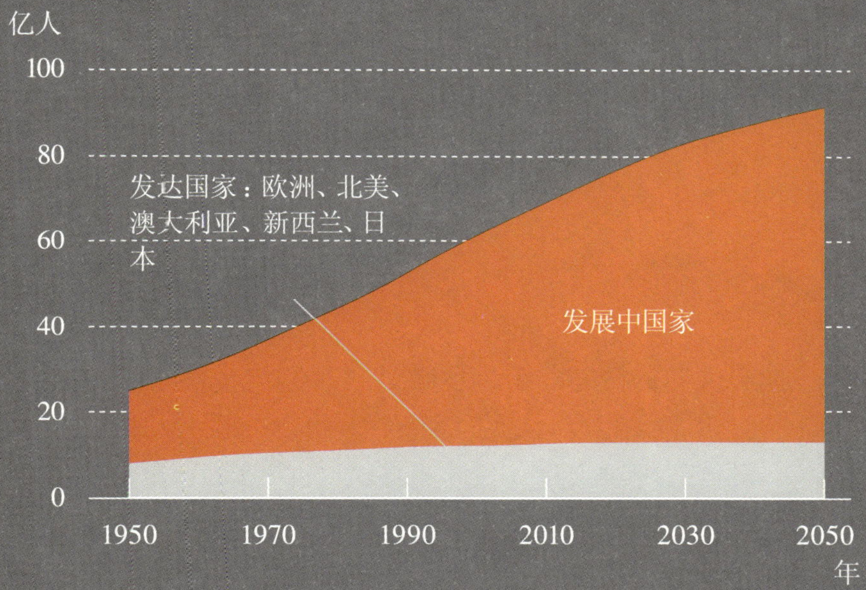

World Population Prospects: The 2008 Revision, UN制作

Ⅱ面临极限的人类行为/人口爆炸

可持续开发的概念表示：尽管人类的发展有极限，但为解决贫困问题，今后也需要发展，不仅如此，还需使发展可持续地进行。通过对世界人口在各地区未来分布情况进行观察预测，可以发现今后需要为消除贫困而进行发展的地区的面积大小。

图 2—3　世界人口的分布　分地区统计（2009 年）

2009 年世界人口大约 68 亿人，其中亚洲人口占大约 60%。亚洲国家里，中国和印度人口较多，分别占世界人口总量的 19%和 18%。中印两国人口总和占世界人口的近 40%。

图 2—4　世界人口预测　分地区预测（中位值推算）

今后世界人口的增长将以亚洲和非洲为中心。从各国情况来看，中国和印度占世界人口的比例较大。预计现在全世界人口最多的国家中国到 2030 年为止人口会持续增加，之后会逐渐减少。然而，人口数量居于第 2 位的印度在 2030 年的时候超越中国，估计之后也会持续增加。

图2—3　世界人口的分布　分地区统计（2009年）

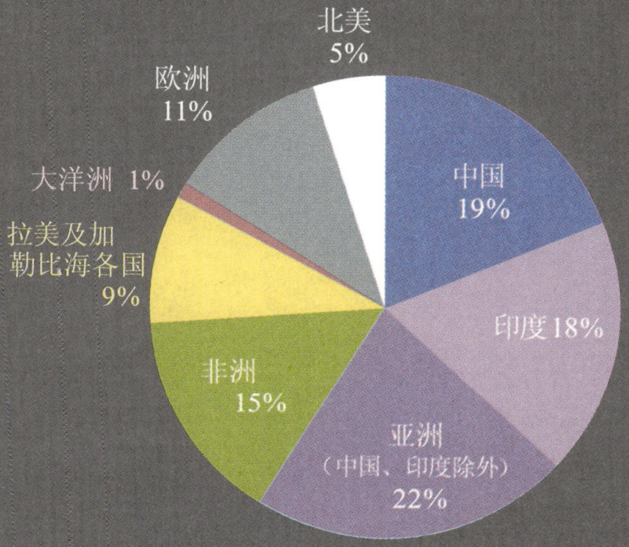

World Population Prospects: The 2008 Revision, UN制作

图2—4　世界人口预测　分地区预测（中位值推算）

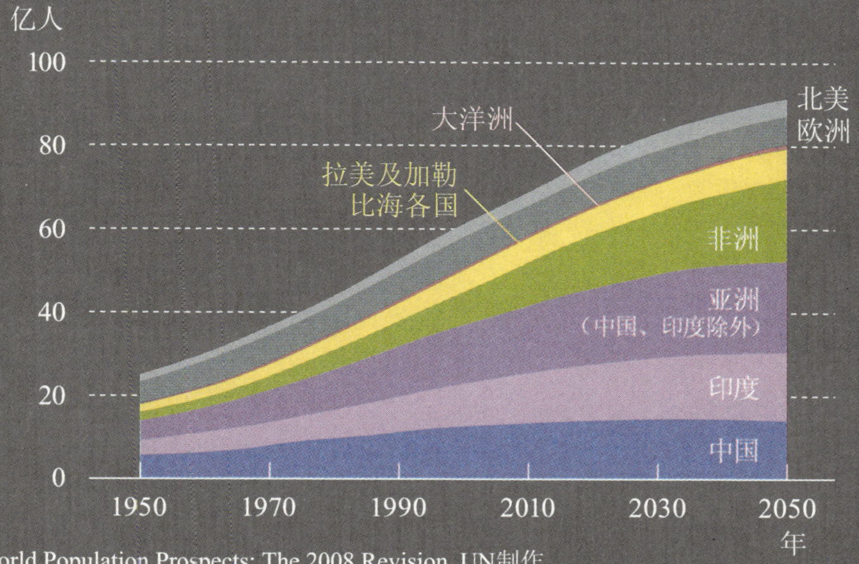

World Population Prospects: The 2008 Revision, UN制作

Ⅱ面临极限的人类行为/不断发展的城市化

人口增长和经济活动范围的扩大使全世界的人口向城市集中。

图 2—5　人口 100 万人以上的城市（2002 年）

人口 100 万人以上的大规模城市分布于全世界，可以说，城市化在世界范围内不断发展。特别集中分布在欧洲地区、北美地区、东亚地区等地。这些城市大量消耗资源能源，排放大量的废弃物。

图2—5　人口100万人以上的城市（2002年）

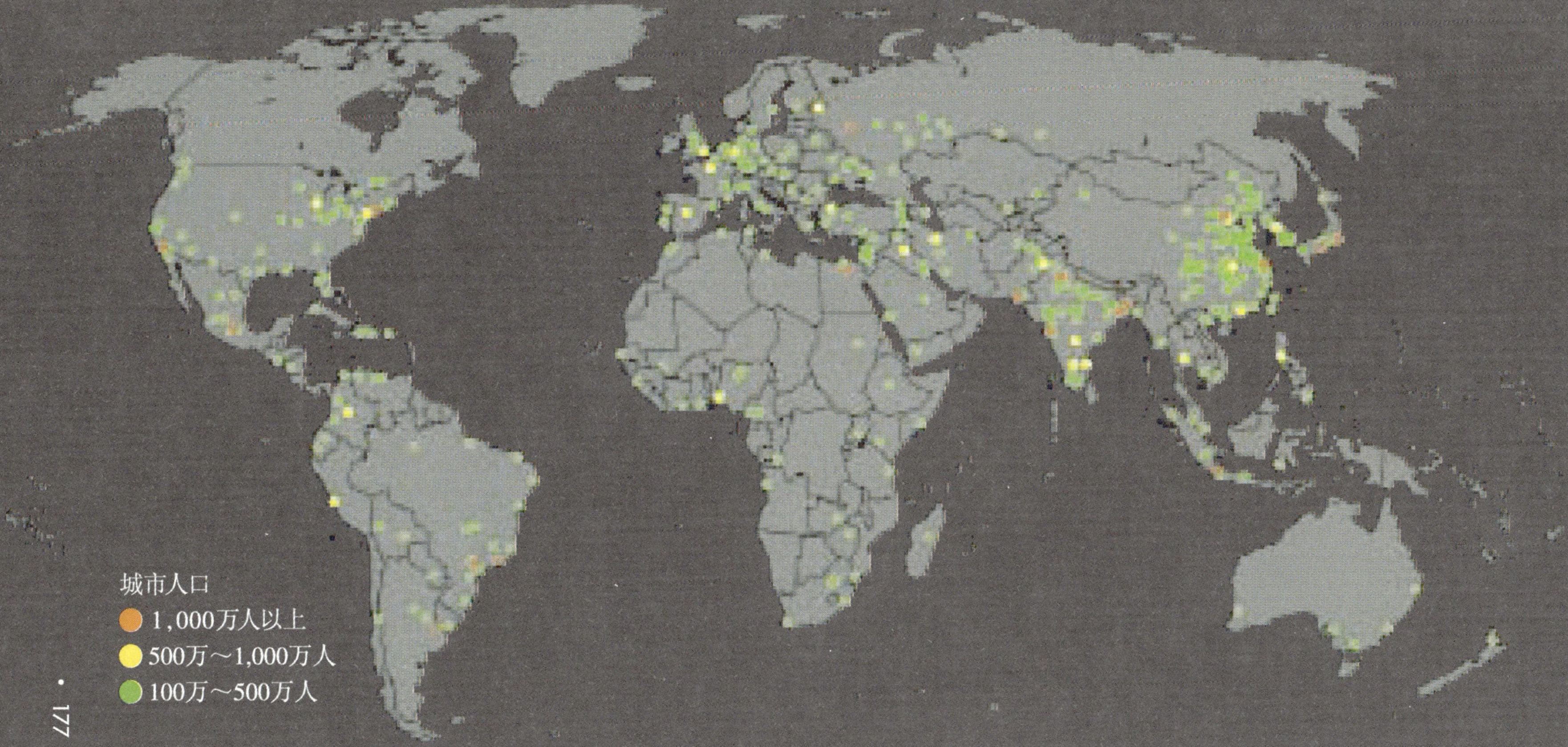

World Bank atlas - measuring development, World Bank制作

Ⅱ面临极限的人类行为/不断发展的城市化

从世界人口中城市人口所占比例的发展趋势中可以发现，对于人类来说，城市化已经成为地球环境问题面临的重要课题之一。其中，发展中地区的城市人口也不断增加，在亚洲这一趋势更为明显。

图 2—6　城市人口的预测　分地区预测（中位值推算）

2009 年，约 50％的世界人口居住在城市，预计到 2050 年，城市人口将达到约 70％。

图 2—7　亚洲城市人口比例的发展趋势

从亚洲各国的城市人口比例的发展趋势来看，2000 年以后，日本、韩国急剧增加的城市人口比例几乎停滞不前，马来西亚、菲律宾、印度尼西亚、中国等国的城市人口比例急剧增加。

图2—6　城市人口的预测　分地区预测（中位值推算）

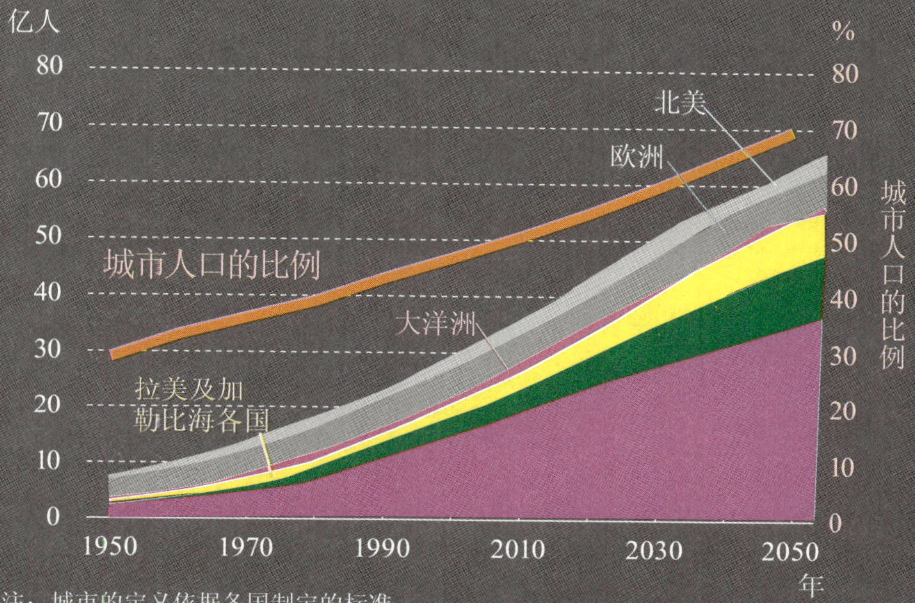

注：城市的定义依据各国制定的标准
World Population Prospects: The 2006 Revision, UN、World Urbanization Prospects: The 2007 Revision, UN制作

图2—7　亚洲城市人口比例的发展趋势

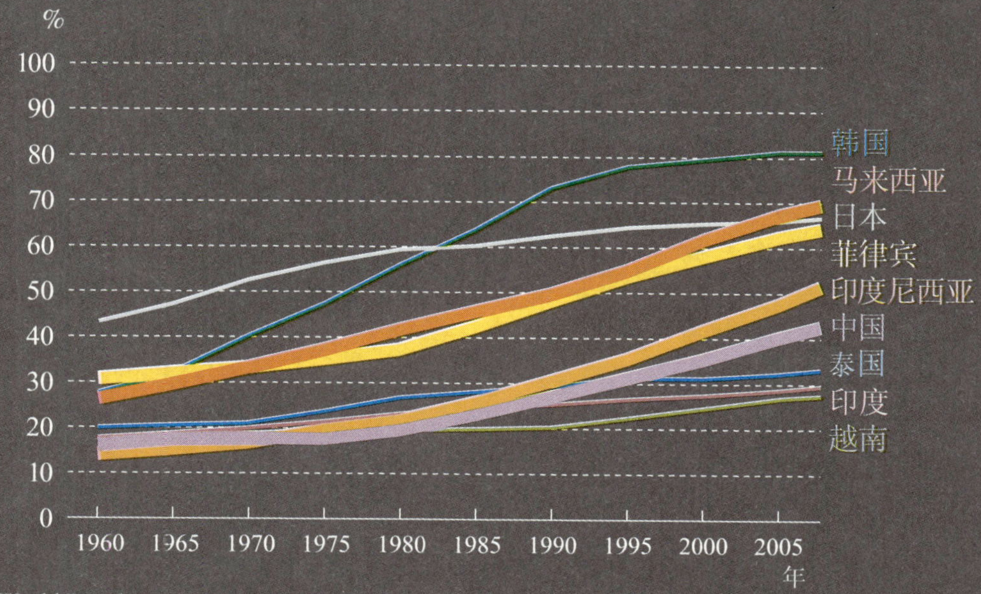

World Development Indicators Online Database, World Bank制作

Ⅱ面临极限的人类行为/经济和生活方面的贫富差距

全世界人口的分布和资本所有的地域分布反映了全球财富不均衡的分配状况。全世界的财富集中于部分地区的人们手中。

图 2—8　资本所有的等级（2000 年）

到 2000 年，人均财富（资本）的水平最高的国家有北美各国、西欧各国、澳大利亚、日本；较低的有非洲各国、南亚各国、东南亚各国。

图 2—9　人口和资本所有的分布　分地区统计（2000 年）

家庭财产（个人资产）集中在北美、欧洲、亚洲高收入国家、大洋洲。这些地区的家庭财产总共占世界的 88％。然而，这些地区的人口仅占世界人口的 26％。

图2—8　资本所有的等级（2000年）

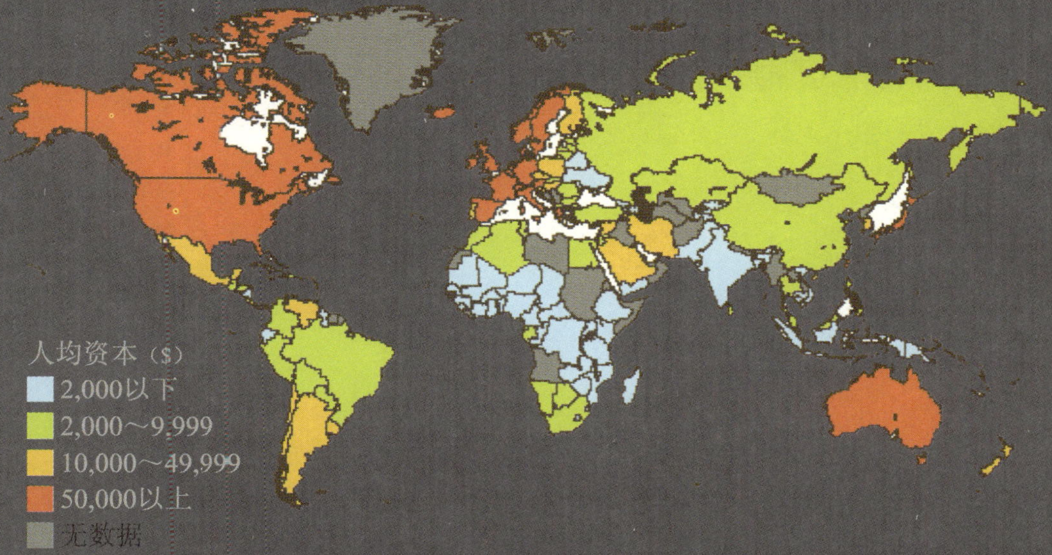

The World Distribution of Household Wealth, UNU-WIDER制作

图 2—9　人口和资本所有的分布　分地区统计（2000年）

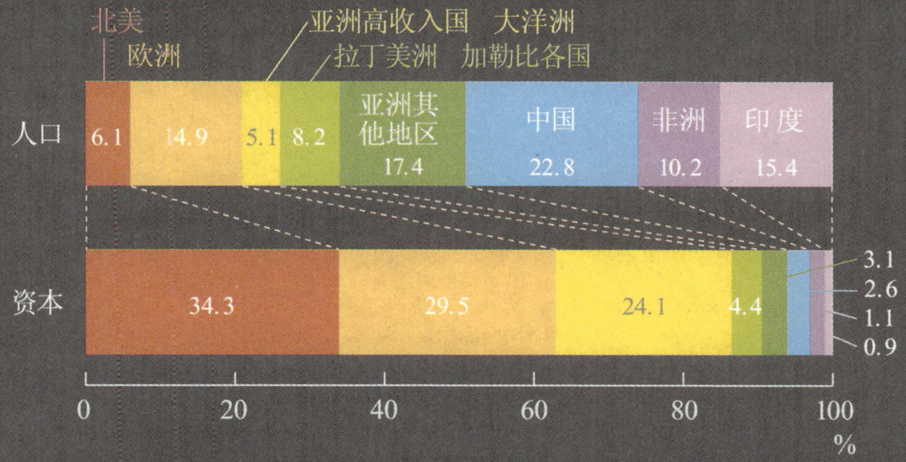

The World Distribution of Household Wealth, UNU-WIDER制作

Ⅱ面临极限的人类行为/经济和生活方面的贫富差距

世界不同地区间的经济差距会减小吗？请看不同地区的经济增长和经济规模。

图 2—10　人均 GDP 的分地区发展趋势（1980 年的指数为 100）

从 1980 年以后人均 GDP 的发展趋势来看，东亚太平洋沿岸各国显著增加、特别是 20 世纪 90 年代和 21 世纪的增加率提高。2000 年以后，南亚也急剧提高。然而，东亚太平洋沿岸各国和南亚等地人均 GDP 虽有显著增长的趋势，但和高收入国家以及世界平均水平相比，水平还是较低（东亚太平洋沿岸各国：＄5,013（ppp）/人、南亚：＄2,519（ppp）/人、高收入国家：＄34,375（ppp）/人、世界平均：＄9,634（ppp）/人，2008 年）。

图 2—11　GDP 分地区份额（2008 年）

高收入国占据了全世界一半以上的 GDP（OECD 各国以及其他高收入国家）。

图 2—10　人均GDP的分地区发展趋势
（1980年的指数为100）

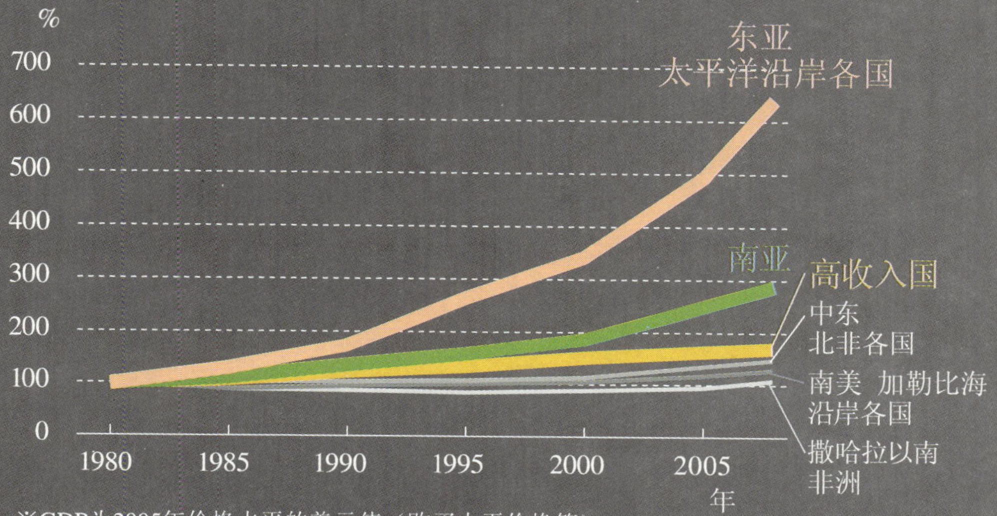

※GDP为2005年价格水平的美元值（购买力平价换算）
World Development Indicators Online Database, World Bank制作

图 2—11　GDP分地区份额（2008年）

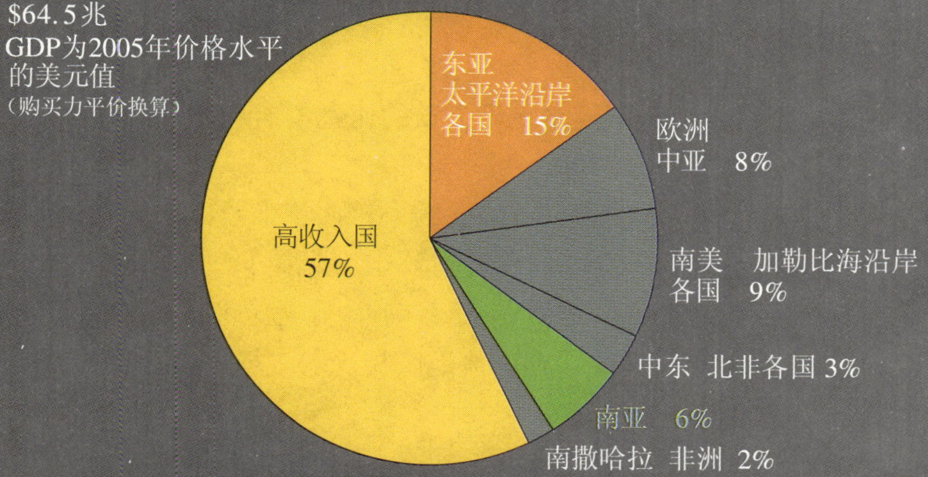

World Development Indicators Online Database, World Bank制作

Ⅱ面临极限的人类行为/经济和生活方面的贫富差距

从每天生活费不足 1 美元的人口数可以看出世界的贫困情况。另外，通过观察其发展趋势，可以了解掌握各地应对贫困的措施和经济发展状况。

图 2—12　每日生活费不足 1 美元人口的发展趋势　分地区统计

从 1981 年以后每日生活费不足 1 美元人口的发展趋势来看，经济增长较快的东亚和太平洋沿岸各国该类人口显著减少，而南亚、撒哈拉以南、非洲等地区出现缓慢增长。全世界每日生活费不足 1 美元的人口在 2004 年约为 10 亿人，占世界人口约 15％。其中南亚大约占 48％，撒哈拉以南和非洲占 30％，东亚和太平洋各国占 17％。

图 2—13　每日生活费不足 1 美元人口的比例发展趋势　分地区统计（1981—2004 年）

从每日生活费不足 1 美元的人口比例来看，东亚和太平洋沿岸各国显著减少，南亚也大幅降低。撒哈拉以南和非洲地区每日生活费不满 1 美元人口的比例超过 40％，到 2004 年和其他地区相比，占据较大比例。

图 2—12　每日生活费不足1美元人口的发展趋势　分地区统计

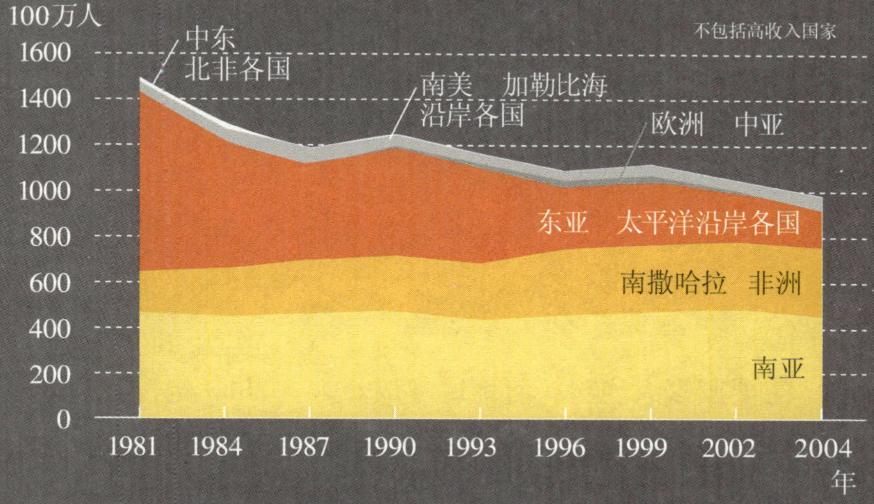

World Development Indicators 2007, World Bank制作　　2004：暂定值

图 2—13　每日生活费不足1美元人口的比例发展趋势　分地区统计（1981—2004年）

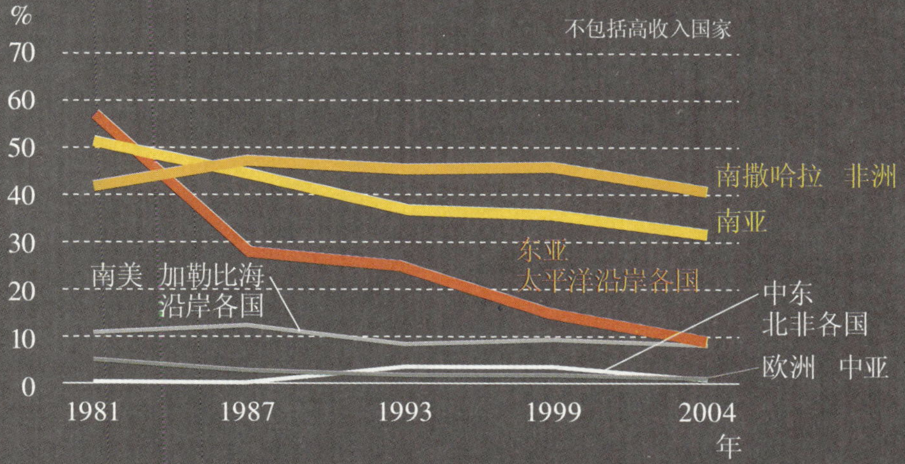

2004：暂定值

World Development Indicators 2007, World Bank制作

Ⅱ面临极限的人类行为/经济和生活方面的贫富差距

发达国家的生活方式建立在资源大量消耗的基础上。以“塑料和纸的消耗量”为例，显示了各国的消耗状况。

图 2—14　主要国家人均塑料消耗量（1995 年　2003 年）

塑料作为代表性的石化产品，人均消耗量在发达国家较多，各国差异很大。日本以外的国家有消耗量增长的倾向。

图 2—15　主要国家人均纸　厚纸板消耗量（1995 年　2004 年）

发达国家人均纸　厚纸板消耗量较多，其中以美国最为突出。比较 1995 年和 2004 年的消耗量，可以发现美国和加拿大逐渐减少，但全世界呈增加趋势。特别是中国增加了约 2 倍。

图2—14　主要国家人均塑料消耗量（1995年 2003年）

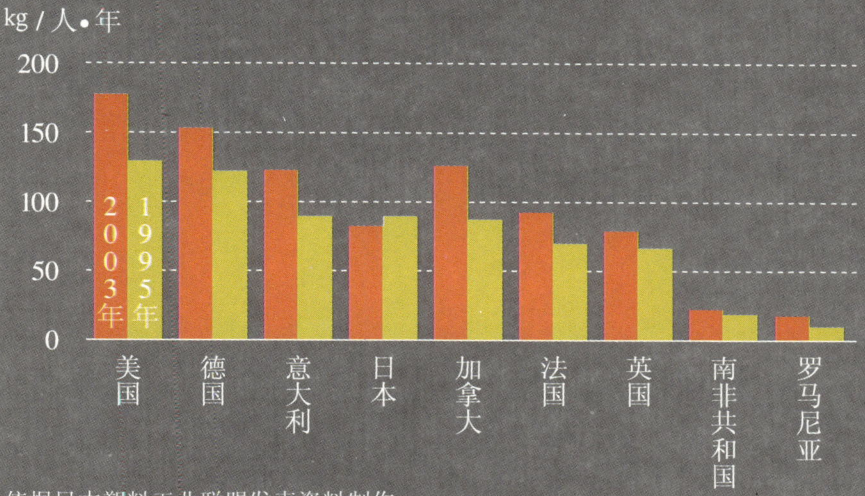

依据日本塑料工业联盟发表资料制作
（1995年的数据依据平成9年版环境白皮书、2003年的数据依据日本塑料工业联盟网页〈http://www.jpif.gr.jp/2hello/conts/toukei_c.htm〉）

图2—15　主要国家人均纸
厚纸板消耗量（1995年 2004年）

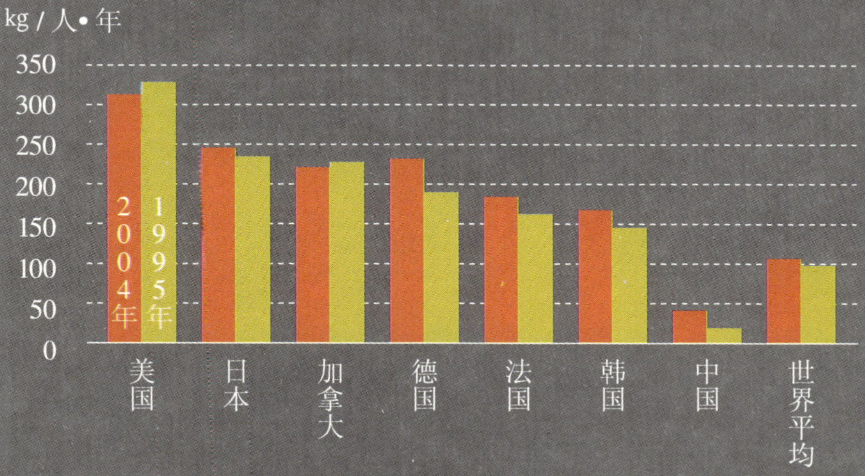

据日本造纸联合会发表资料制作
（1995年的数据依据平成9年版环境白皮书、2004年的数据依据日本造纸联合会的网站〈http://www.jpa.gr.jp/ja/paper/seishi/04.html、2007年时点〉）

汽车大众化在世界范围内不断扩大，特别是在发展中国家得到显著发展。这一倾向和能源消费的增加有着直接联系，给地球环境带来很大影响。

图 2—16　普通汽车（LDV）一年销售数量　分地区预测

通过从 2000 年到 2050 年普通汽车的每年销售量的预测值可以发现，OECD 各国每年销售量几乎没有变化，但是，估计其他国家的销售数加速增长。特别是中国和印度的销售量增长急剧，预计到 2050 年的销售量分别为 2000 年的 14～15 倍。

图2—16　普通汽车（LDV）一年销售数量分地区预测

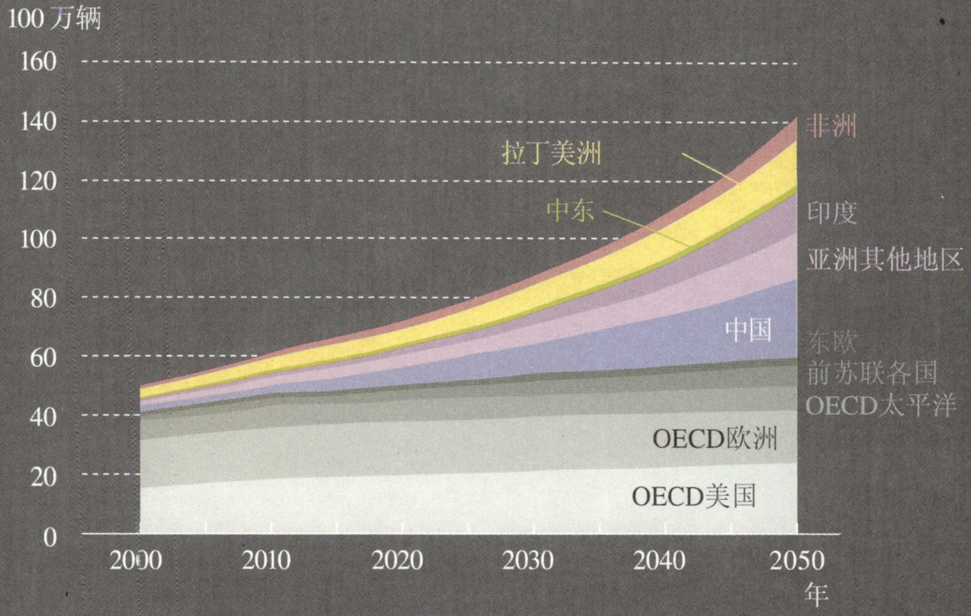

依据Mobility 2030: Meeting the Challenges to Sustainability, WBCSD制作

发达国家和发展中国家的网络普及率差别很大。

图 2—17　互联网普及率的发展趋势　分地区统计

从 1994 年到 2007 年互联网用户的比例发展趋势来看，发达国家互联网用户比例的增加远远大于发展中国家，到 2007 年超过 60％。发展中国家到 2000 年以后急剧增加，但到了 2007 年也才不过 18％，连两成都不到。

图2—17　互联网普及率的发展趋势　分地区统计

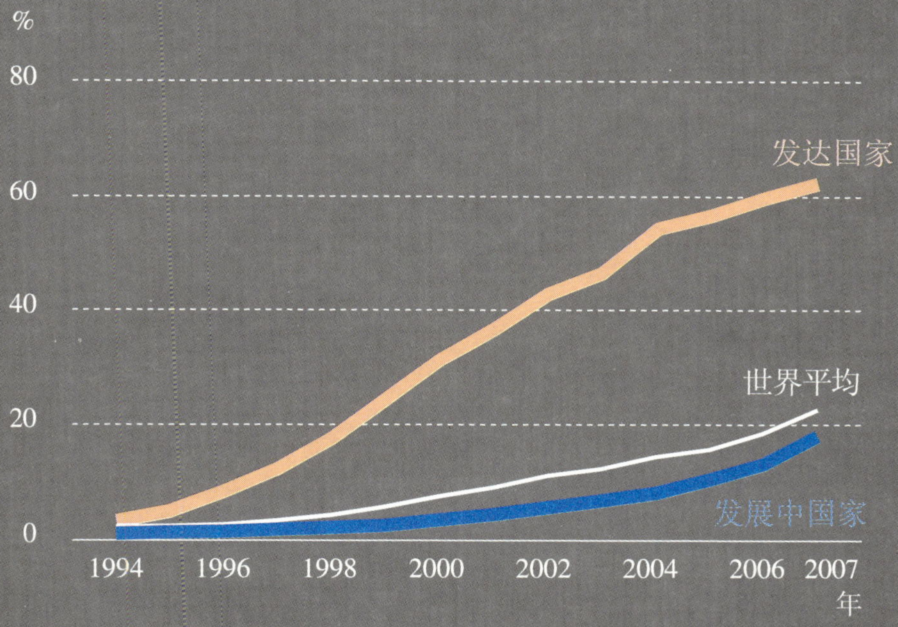

依据International Telecommunication Union公布资料（http://www.itu.int/ITU-D/ict/statistics/ict/graphs/internet.jpg）制作

教育是奠定社会发展基础的重要因素。不同地区初等教育普及率和识字率的数据显示了本应平等的教育机会存在差距。在克服贫困的同时，为缩小教育水平的差距，需要得到发达国家的支援。

图 2—18　初等教育结业率　分地区统计（1991 年　2007 年）

几乎所有地区的初等教育结业率都有所提高，撒哈拉以南和非洲以外的地区几乎超过 8 成。撒哈拉以南和非洲地区在 2007 年还是 6 成，和其他地区相比，水平较低。

图 2—19　青年人（15～24 岁）的识字率　分地区统计（1990 年　2000 年　2007 年）

所有地区青年人（15～24 岁）的识字率都有提高，但是中东、北非、南亚、撒哈拉以南、非洲地区，2007 年的识字率只有 60％～80％左右，和其他地方相比稍低。这些地区的识字率男女有所差别，但正逐渐被消除。

图2—18　初等教育结业率　分地区统计（1991年 2007年）

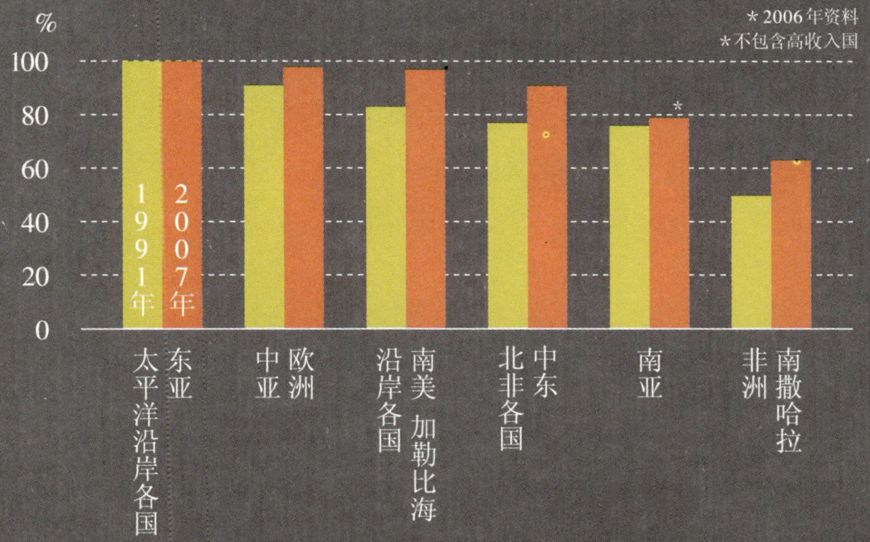

依据World Development Indicators Online Database, World Bank制作

图2—19　青年人（15～24岁）的识字率　分地区统计
（1990年 2000年 2007年）

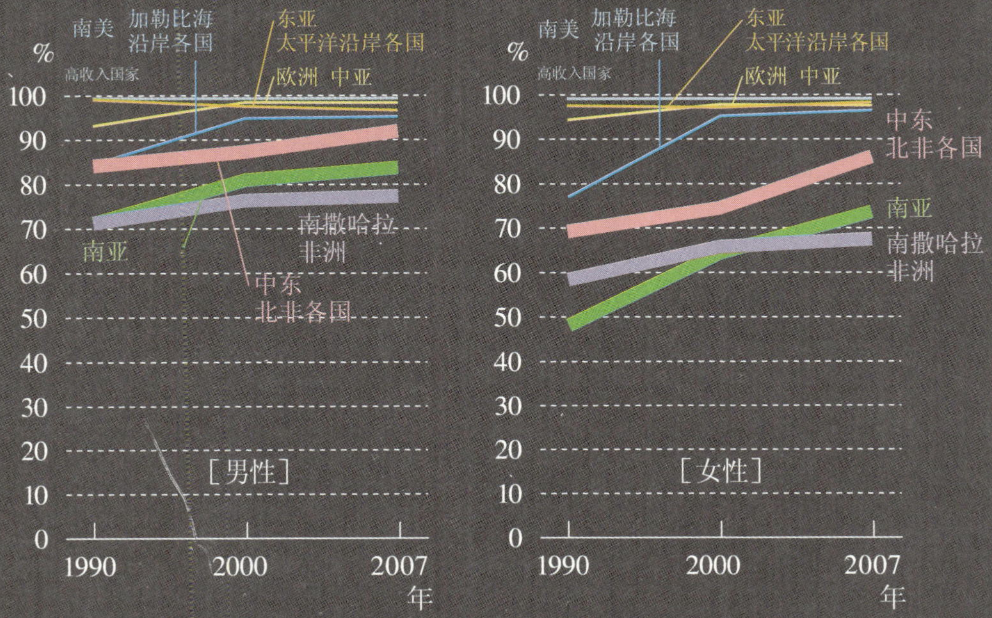

依据World Development Indicators Online Database, World Bank制作

Ⅱ面临极限的人类行为/资源的有限性

人类正在不断地消耗有限的能源和矿物资源，如何有效利用这些宝贵的资源成了人类面对的一大课题。如果人类继续按照现行方式进行开采利用，很多资源将在 100 年内枯竭。

图 2—20 能源资源的储藏量和可开采年数

可开采储藏量是能源储藏量的指标，显示了由技术和经济条件决定的可开采资源的数量。因此，开采技术的进步、新油田等的开发、资源价格的上升等可使可开采储藏量有所提高。将某年的可开采储藏量除以该年的资源产量，得到的数字就是可开采年数。不同能源的可开采储藏量和可开采年数为：石油、天然气的可开采年数分别为 42 年和 60 年。到 21 世纪后半期，石油和天然气的供给不足可能成为人类面临的重大课题。煤炭的可开采年数最长，经推测可达 122 年。

图 2—21 矿物资源的可开采年数

纵观主要矿物资源的可开采年数（表中为耐用年数），有可开采年数 50 年以下的矿物资源，特别是锑、金、铟、银的可开采年数为 20 年以下。可开采年数较短的矿物资源的大部分都是在实现合金制造、提高电子和电器产品性能以及节能效果等方面不可或缺的资源。

图2—20　能源资源的储藏量和可开采年数

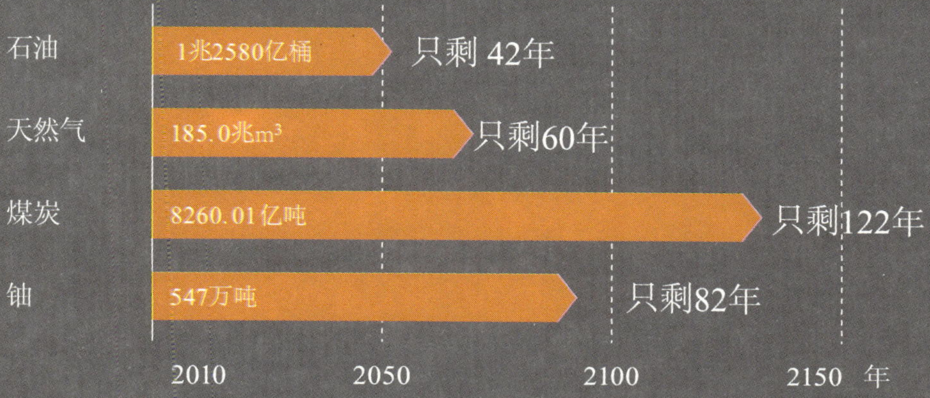

依据Statistical Review of World Energy 2009, BP、URANIUM2007, OECD/NEA-IAEA制作

图2—21　矿物资源的可开采年数

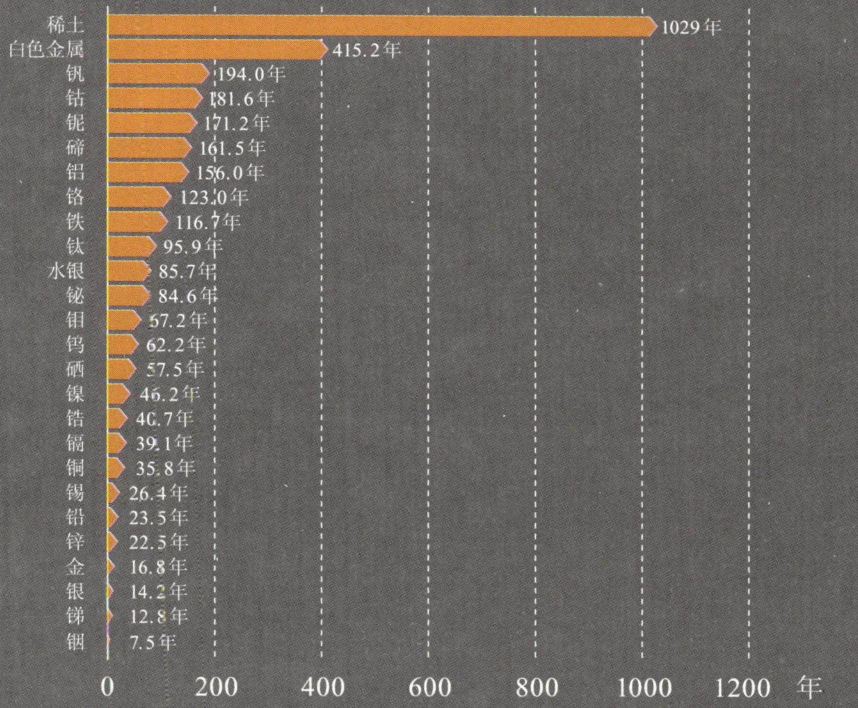

“矿物资源使用”种类的特性化系数（2004年3月），物质材料研究机构生态研究中心制作

原油和液化天然气是重要的能源，预计未来产量会降低。人类如何有效利用如此贵重的资源将受到考验。

图 2—22　原油和液化天然气产量的发展趋势以及未来预测

从原油和液化天然气产量的发展趋势以及未来预测来看，可以预计 2009 年以后产量减少。美国、欧洲、俄罗斯等国家和地区显著减少，中东则维持相对稳定的产量。

图 2—22 原油和液化天然气产量的发展趋势以及未来预测

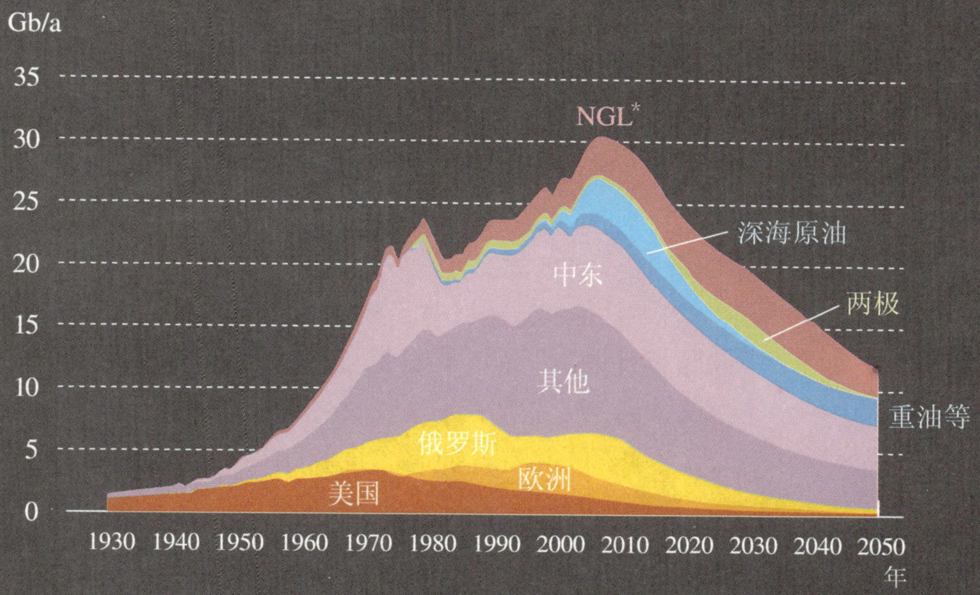

*NGL：Natural Gas Liquid,凝结水

依据Oil and Gas Liquids 2004 Scenario, Hubbert Peak of Oil Production website（http://www.hubbertpeak.com/Campbell/images/2004Scenario.jpg）制作

各种能源资源的储藏量依种类不同，地区分布也有很大不同。其中，储量集中在有限区域内的资源是石油。

图 2—23　世界原油确认储藏量

世界原油确认储藏量在 2008 年达到 1 兆 2580 亿桶。沙特阿拉伯是世界原油储藏量最多的国家。沙特阿拉伯、伊拉克、阿拉伯联合酋长国、科威特、伊朗、委内瑞拉 6 国是 OPEC 成员，拥有全世界确认储藏量约 2/3 的原油。

图2—23　世界原油确认储藏量

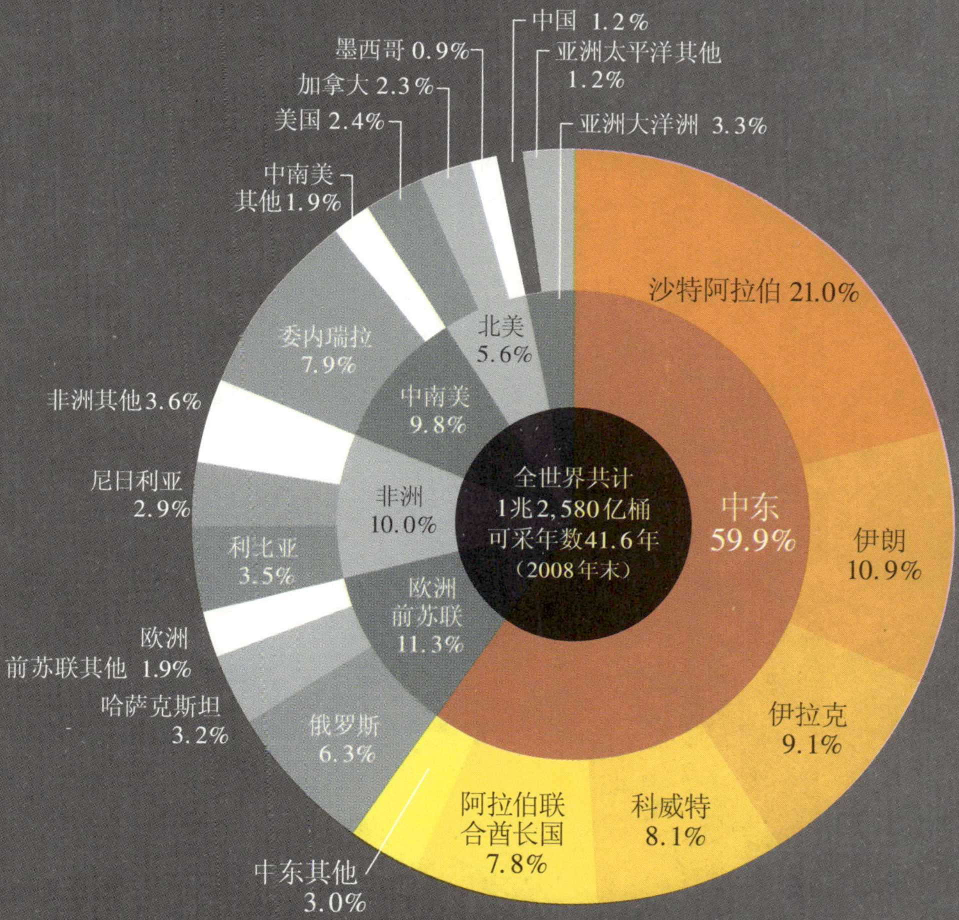

依据Statistical Review of World Energy 2009, BP制作

和石油相比，煤炭、天然气、铀的可开采地区分布于世界各地。

图 2—24　世界可开采煤炭储藏量

到 2008 年，世界可开采煤炭储藏量达到 8260 亿吨。美国是世界煤炭储藏量最多的国家。紧跟其后的是俄罗斯、中国、澳大利亚，这些地区的储藏量也比较丰富。和其他化石燃料相比，它的供给稳定，较经济，因而是未来重要的能源资源。

图 2—25　各地区天然气储藏量

到 2008 年，世界天然气确认储藏量达到约 185 兆 m^3。欧洲的前苏联、中东地区分别占总数的 34.0% 和 41.0%。在其他地区，如亚洲、大洋洲、非洲、北美、中南美也有部分天然气储藏。

图 2—26　世界铀资源量

到 2007 年，世界可开采铀储藏量达到 547 万 tU。澳大利亚是世界可开采铀储藏量最多的国家，占世界总量的 23%。另外，铀资源也在哈萨克斯坦、俄罗斯、南非、加拿大、美国、纳米比亚、巴西、尼日尔、乌克兰、乌兹别克斯坦等世界各地广泛分布。

图2—24 世界可开采煤炭储藏量

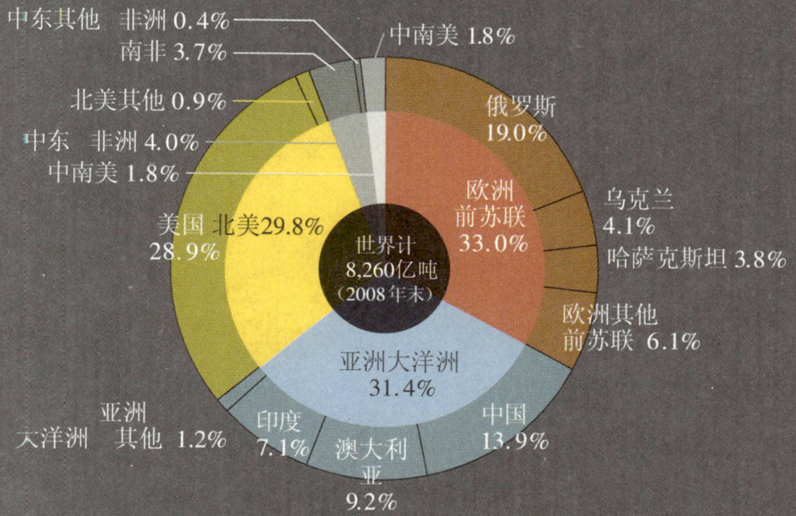

依据Statistical Review of World Energy 2009, BP制作

图2—25 各地区天然气储藏量

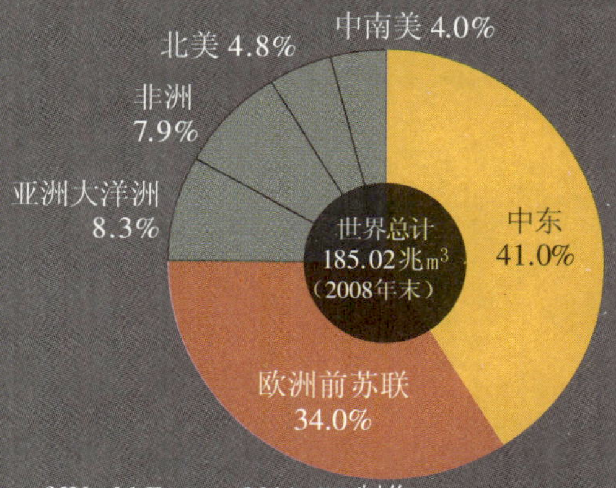

依据Statistical Review of World Energy 2009, BP制作

图2—26 世界铀资源量

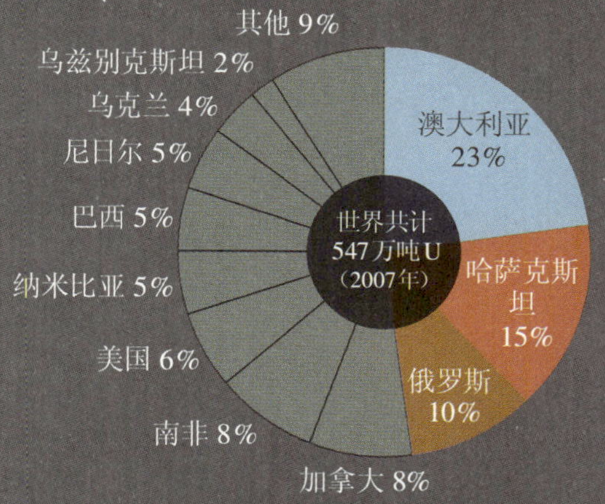

依据URANIUM2007, OECD/NEA-IAEA制作

Ⅱ面临极限的人类行为/能源的消费与供给

在经济发展的同时，一次能源消耗量也在增加。以后在什么样的地区一次能源消耗会大幅增加呢？这为我们考虑地球环境问题提供了重要视角。

图 2—27　世界一次能源消耗量的发展趋势

世界一次能源的消耗量一直在增加，在过去的 30 年几乎翻了一番。1965 年以后，北美缓慢地增加。到了 80 年代前半期，欧亚大陆地区的增加还较为显著，到了 90 年代以后，亚太地区的增加就特别明显了。然后，在过去的 40 多年中，OECD 一次能源的消耗量在世界所占比例逐渐减小。

图 2—28　一次能源消耗量的发展趋势及预测　分地区统计

不同地区世界一次能源消耗量的发展趋势和预测是这样的，亚洲增长极为显著。可以预想到 2030 年亚洲的增长将超越 OECD 的增长规模。

图2—27　世界一次能源消耗量的发展趋势

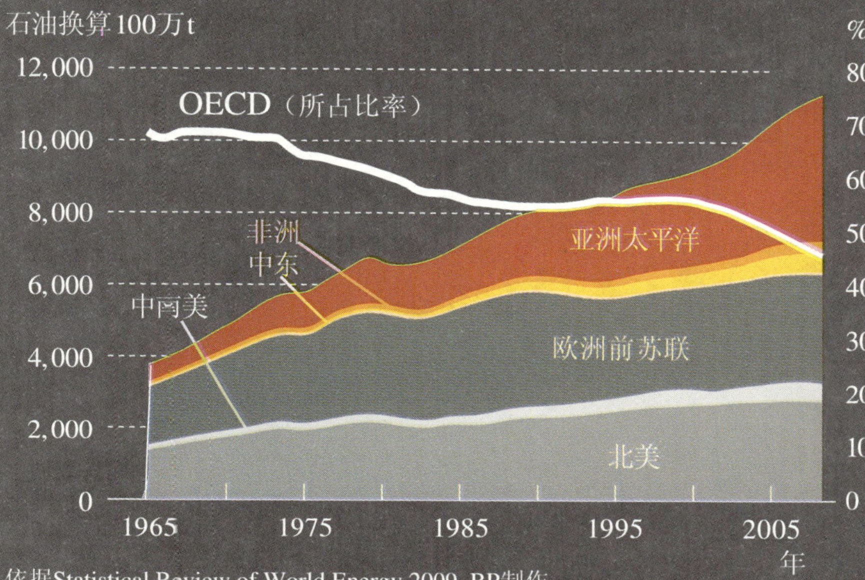

依据Statistical Review of World Energy 2009, BP制作

图2—28　一次能源消耗量的发展趋势及预测　分地区统计

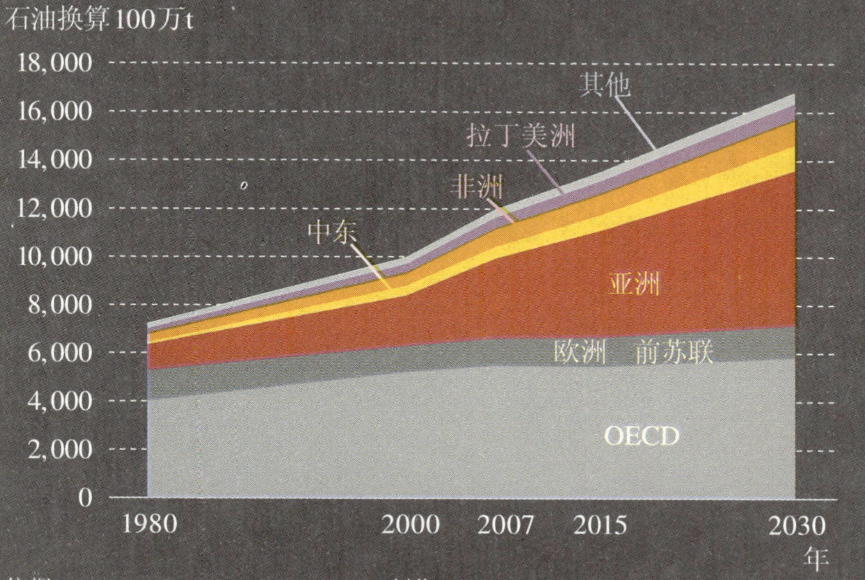

依据World Energy Outlook 2009, IEA制作

Ⅱ面临极限的人类行为/能源的消费与供给

人类活动使用的能源几乎都从石油、天然气、煤炭中获得。考虑到资源问题和地球环境问题，需要尽快摆脱对化石燃料的依赖。

图 2—29　世界的能源构成

1973 年的世界能源构成中，石油占 46.1%，是最大的比例。随着对天然气和原子能使用量的增加，2007 年石油减少至 34.0%，煤炭减少至 26.5%，天然气占了 20.9%。

图 2—30　一次能源消费的发展趋势及未来预测

从一次能源消费的发展趋势及未来预测可知，2030 年一次能源消耗量约为 2000 年的 1.6 倍。几乎所有的能源消耗量都有所增加，特别是煤炭的增加十分显著，预计到 2030 年成为和石油相匹敌的组成比例。

图2—29　世界的能源构成

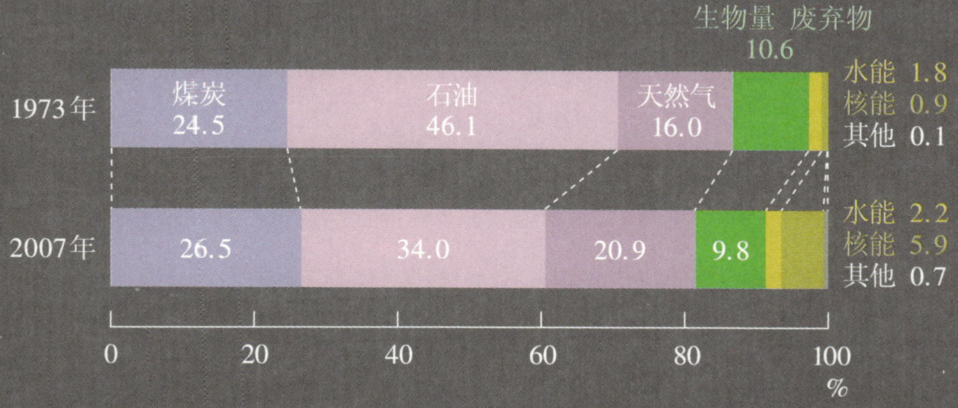

依据Key World Energy Statistics 2009, IEA制作

图2—30　一次能源消费的发展趋势及未来预测

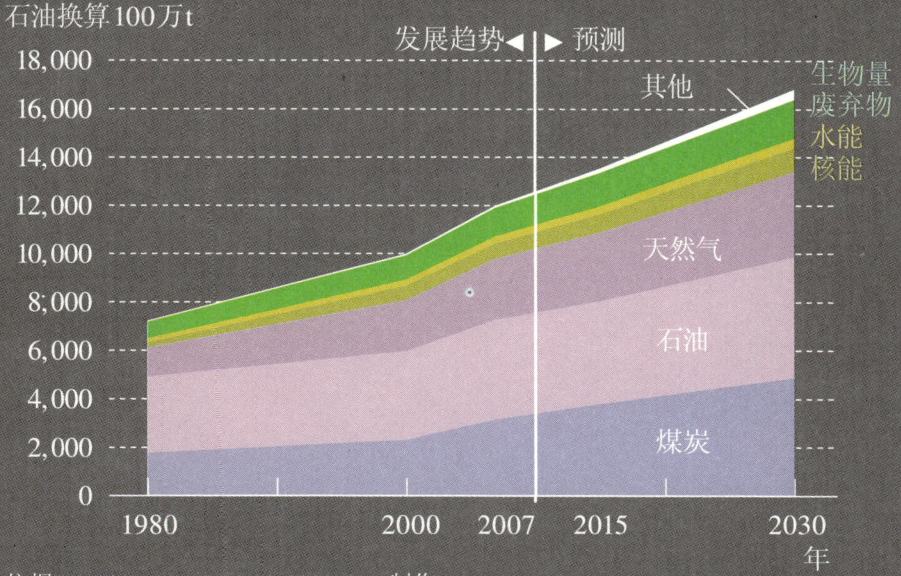

依据World Energy Outlook 2009, IEA制作

可以从多个角度观察各国能源消耗的特征。能源消耗总量由人口多少以及经济活动的大小决定。人均消耗量由经济活动的大小及效率性决定。人均 GDP 的多少和能源的有效运用有很大关系。

图 2—31 各国一次能源消耗量（前 20 位的国家/2006 年）

在 2006 年，不同国家一次能源消耗量为：美国是最大的消耗国，其次，中国、俄罗斯、印度、日本、德国等人口和 GDP 规模较大的国家占据前几名的位置。特别是美国和中国的消耗量明显多于其他国家。另外人均消耗量较大的国家有加拿大、美国、沙特阿拉伯、澳大利亚等国，需要改善多能源消耗型的经济社会。平均 1 美元 GDP 消耗能源较多的有乌克兰、俄罗斯、中国、南非、沙特阿拉伯等国家。

图2—31　各国一次能源消耗量
（前20位的国家／2006年）

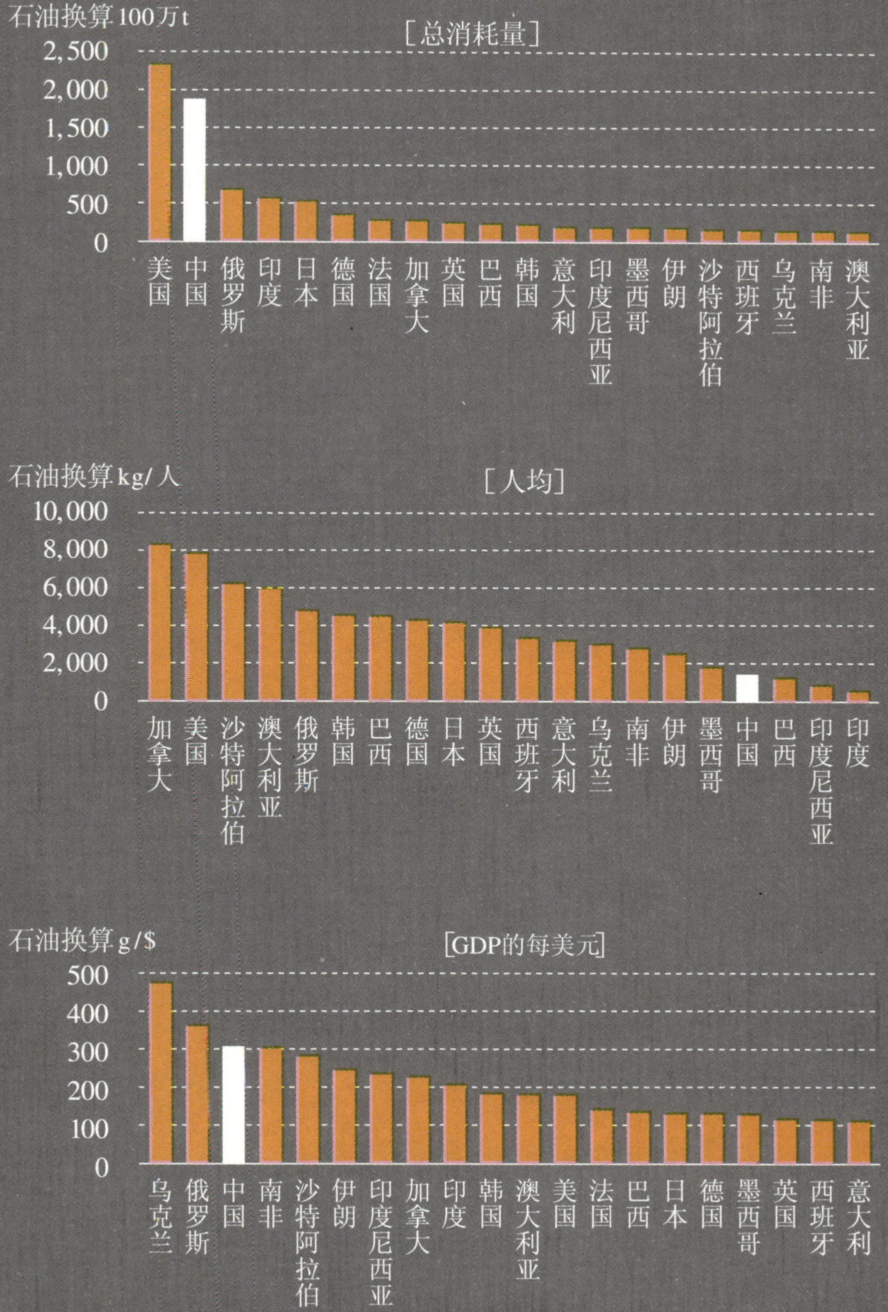

依据World Development Indicators Online Database, World Bank制作

各国一次能源的构成比例有很大不同，反映了各国国情。

图 2—32　主要国家的一次能源构成（2008 年）

以前，英国将煤炭作为一次能源供给的中心，随着北海气田的开发，天然气的比例有所提高。法国国内能源资源较少，积极采用原子能发电政策，所以原子能的比例特别高。中国国内煤炭资源丰富，所以煤炭的比例较高；俄罗斯天然气资源丰富，所以天然气比例较高。

图2—32　主要国家的一次能源构成（2008年）

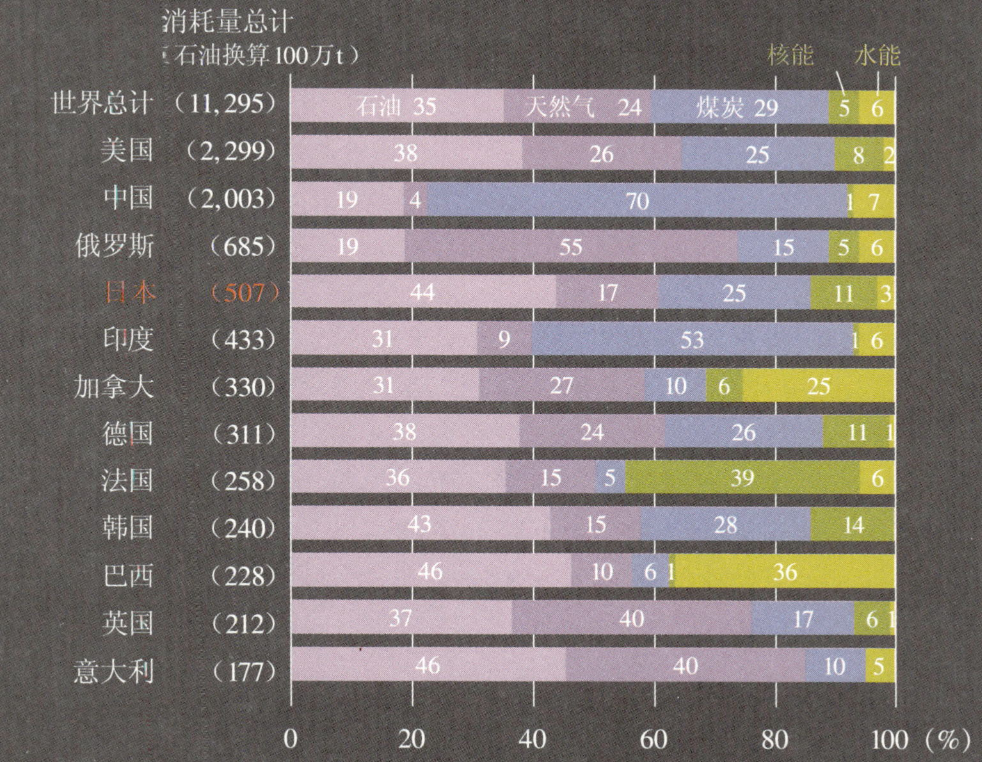

依据Statistical Review of World Energy 2009, BP制作

化石燃料是发电的主要能源。是否按照现行方式继续推进以化石燃料为主体的能源构成，还要从地球环境问题的观点出发加以探讨。

图 2—33　世界电产量的发展趋势和未来预测　分能源统计

以后，作为发电燃料的煤炭会越来越重要，在某种程度上，天然气也将变得愈发重要。水能、核能依然继续作为发电能源使用。而作为电生产原料的石油的比重估计将会有所下降。风能或其他再生能源占全部能源的比例到 2030 年估计仍然较少，但是增加率上升速度较快。

图2—33　世界电产量的发展趋势和未来预测
分能源统计

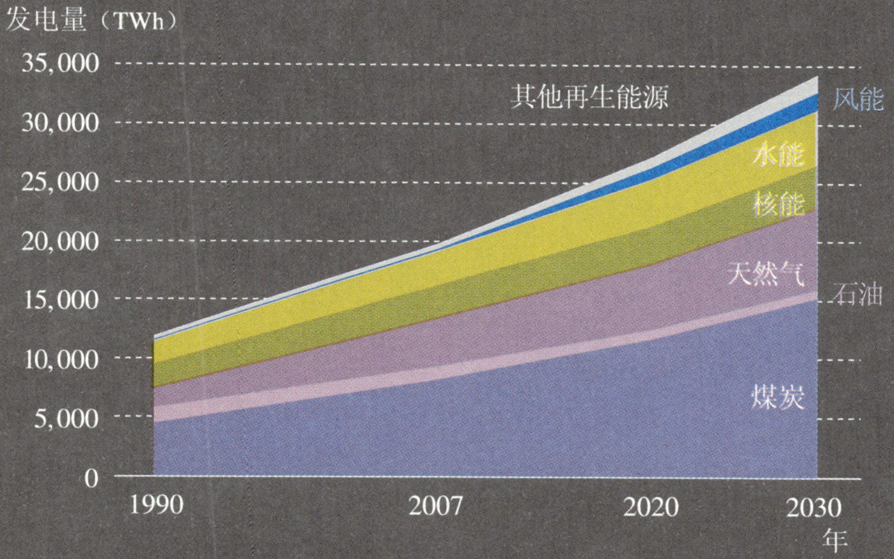

依据Electricity Information 2009, IEA制作

可以想象，未来亚洲各国经济将有很大的发展。图 2—34 显示了亚洲各国的电产量。考虑到地球环境问题，应当尽快向电产量急剧增长的中国和印度引入先进的生产技术，使 CO_2 排放量的削减成为可能。

图 2—34　亚洲各国电产量的发展趋势

从亚洲各国电产量的发展趋势可知，中国的增长比其他国家更为显著，更加迅速，在 20 世纪 90 年代的前半期就已超过日本的电产量，2000 年以后更加急剧上升。韩国、印度随着经济的发展，电产量也得到增长。

图2—34　亚洲各国电产量的发展趋势

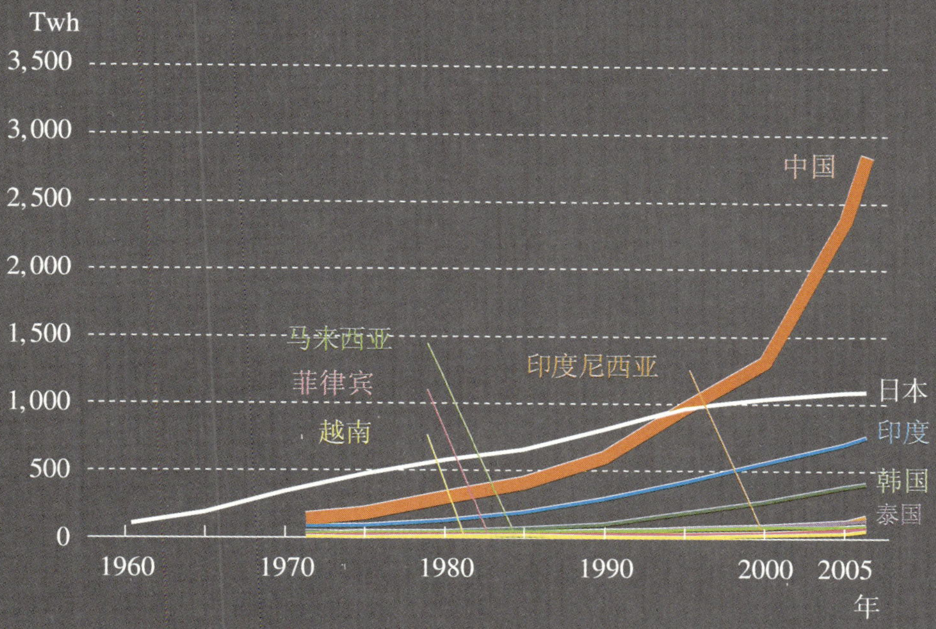

依据World Development Indicators Online Database, World Bank制作

人口
生活·经济
能源
水
食料
全球气候变暖
物种多样性

哪个部门的能源消耗量高呢?图 2—35 可作为 CO_2 排放量削减措施制定的参考数据。非 OECD 的各国在产业部门的能源消耗量特别高。将能效较高的先进技术传到非 OECD 国家,可以大幅度削减能源的消耗。

图 2—35　OECD 各国、非 OECD 各国各部门能源最终消耗比例(2004 年)

OECD 各国能源最终消耗构成比例为产业部门、民生部门、运输部门各占约三分之一。在非 OECD 各国,产业部门的比例比其他部门要大。

图2—35　OECD各国、非OECD各国各部门能源最终消耗比例（2004年）

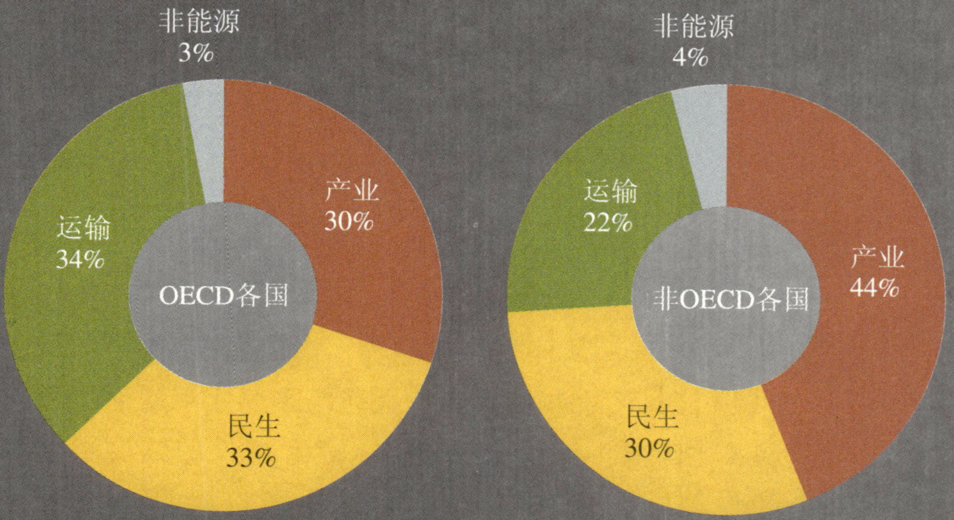

依据Energy Balances of OECD/Non OECD Countries, IEA/OECD制作

Ⅱ面临极限的人类行为/能源的差距

人均能源消耗量和电消耗量与该地区经济发展程度是相对应的。它们与全球变暖问题的原因——CO_2 排放量增加有关，是重要的数据资料。

图 2—36　人均能源消耗量的发展趋势　分地区统计（1990—2006 年）

各地人均能源消耗量差异明显，高收入国家约为南亚的 10 倍。除欧洲和中亚，所有地区都处于增加趋势。和发达国家不同，发展中国家能耗增长的幅度不大，这不禁使人担忧发展中国家一旦步入发展的轨道，其能源消耗量也将急剧增加。

图 2—37　人均电消耗量的发展趋势　分地区统计（总量、与 1971 年相比）

各地人均电消耗量差异明显，高收入国家约为南亚的 20 倍以上。和 1971 年相比，东亚和太平洋各国人均电消耗量的增长尤其明显，达 10 倍以上。电力供给体制完善的高收入国家和欧洲以及中亚的增长不高也是理所当然，撒哈拉以南和非洲的增长不明显。

图2—36　人均能源消耗量的发展趋势
分地区统计（1990—2006年）

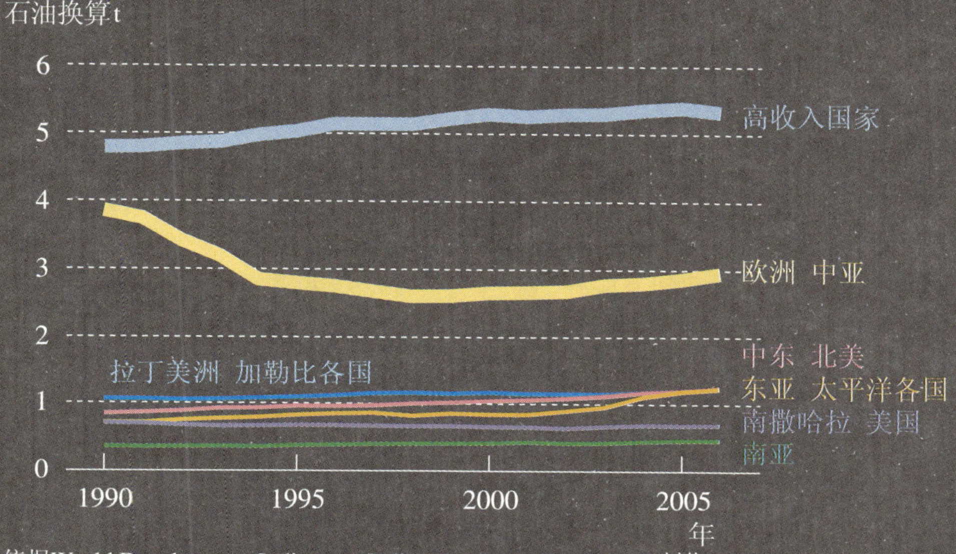

依据World Development Indicators Online Database, World Bank制作

图2—37　人均电消耗量的发展趋势　分地区统计
（总量、与1971年相比）

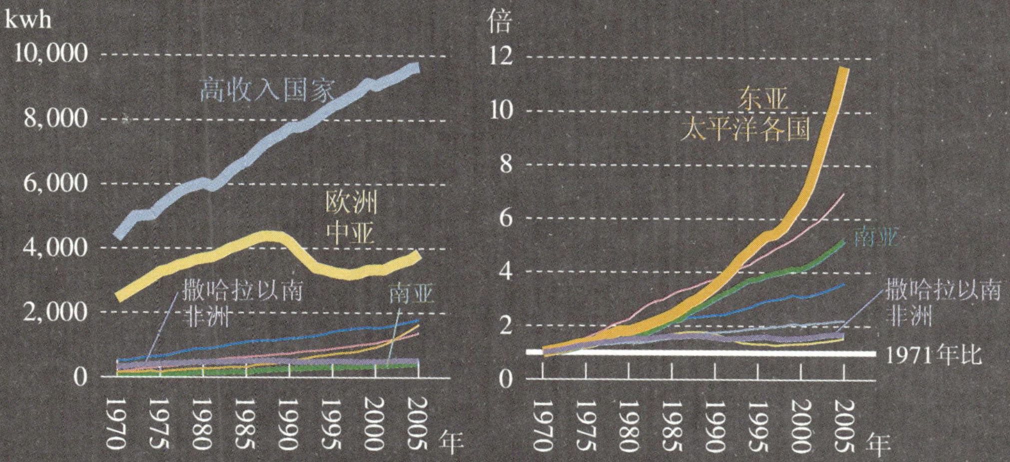

依据World Development Indicators Online Database, World Bank制作

Ⅱ面临极限的人类行为/能源的差距

电是在实现便利舒适的高品质生活方面十分有力的二次能源，电普及率是测量文化程度的标准之一。世界上还有很多地区没有供电，发达国家怎样实行技术资金支援以解决问题是一大重要的课题。

图 2—38　各地区用电普及率（1980—2006 年）

观察各地区的用电普及率可发现，2006 年普及率较高的有大洋洲、北美、西欧等地，从 1980 年开始用电普及率产生较大增长的有亚洲、中东、中南美。

图 2—39　各地区的能源获得情况

发展中国家电力或煤气的供给网络不完备。不同地区的能源获得情况如下，印度、非洲（撒哈拉以南）、东南亚、大洋洲等地区未使用电力能源的人口较多。另外，在未使用电力能源人口较多的地区，大部分都依存于不可再生的有机物燃烧，这作为加热能源效率低下，而且对环境影响较大。

依靠燃烧有机物来获取加热能源的主要国家和地区有：印度、中国、中亚、非洲（撒哈拉以南）、东南亚大洋洲等地区。

图2—38 各地区用电普及率（1980—2006年）

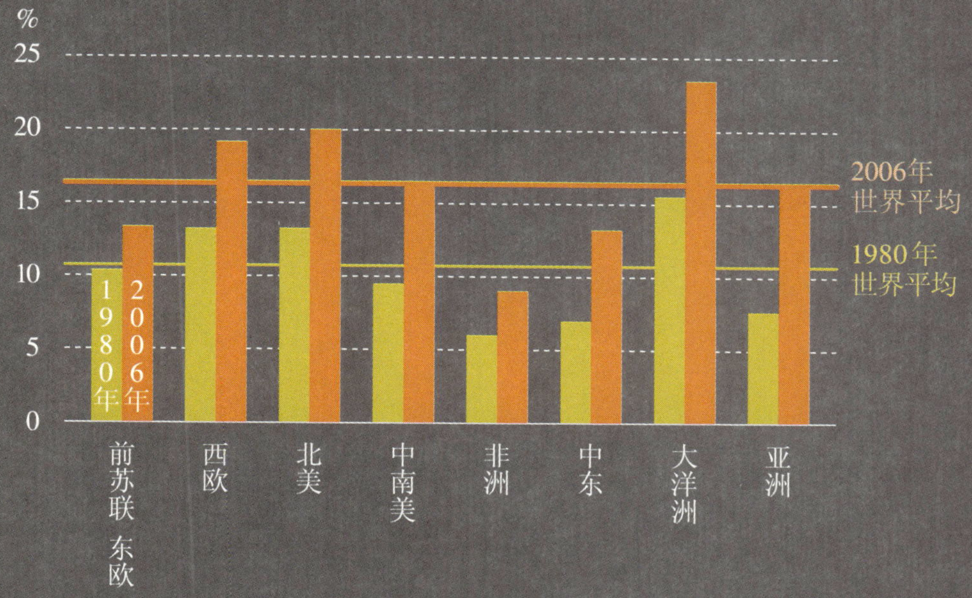

依据Energy Balances of OECD Countries, IEA、Energy Statistics and Balances of non-OECD Countries, IEA制作

图2—39 各地区的能源获得情况

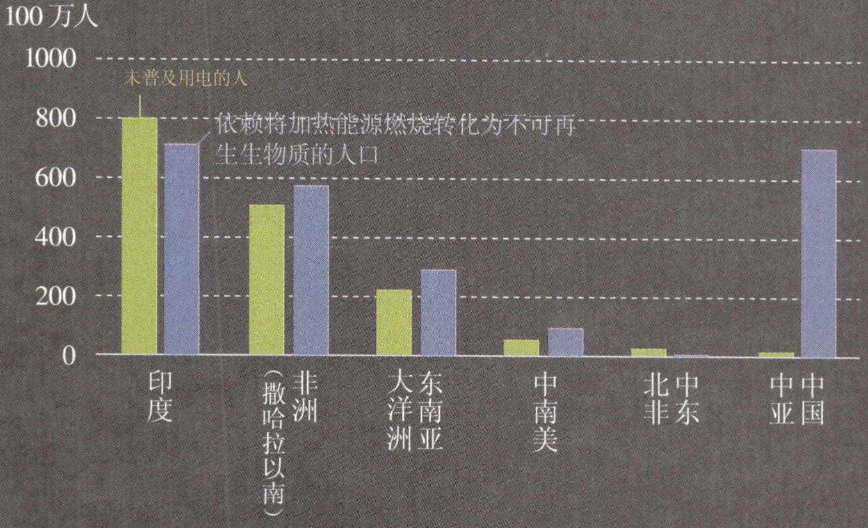

依据30 Key Trends, IEA制作

Ⅱ面临极限的人类行为/分布不均的水资源

世界水资源分布不均，消耗也不均。地球上有为了确保生存所需最低限度的水资源而受尽劳苦的地区，也有大量消耗水资源的地区。

图 2—40　人均水资源（2000 年）

不同国家不同地区的人均水资源储藏量（淡水资源储藏量）有所差异。美国大陆和俄罗斯、大洋洲较为丰富，北非则较少。水资源储藏量不仅受到降水量的影响，也受到土壤的蓄水能力、河流的倾斜度、植被、水利设施的完善程度多方面的影响。财有余力的国家引入海水淡水化设备，将海水转化为淡水。

图 2—41　人均国内水资源量（分地区统计/2008 年）

将世界不同地区人均国内水资源量相比较，存在大约 50 倍左右的差距。在水资源不丰富的国家或地区，花费在取水的时间较多，存在着没有时间从事其他生产活动情况。

图2—40　人均水资源（2000年）

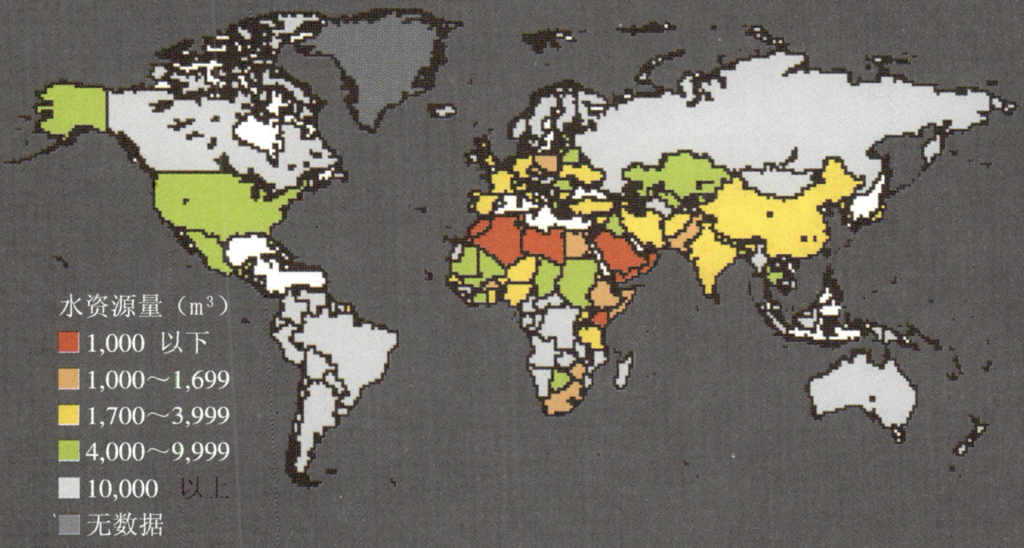

依据World Bank atlas - measuring development, World Bank制作

图2—41　人均国内水资源量（分地区统计 / 2008年）

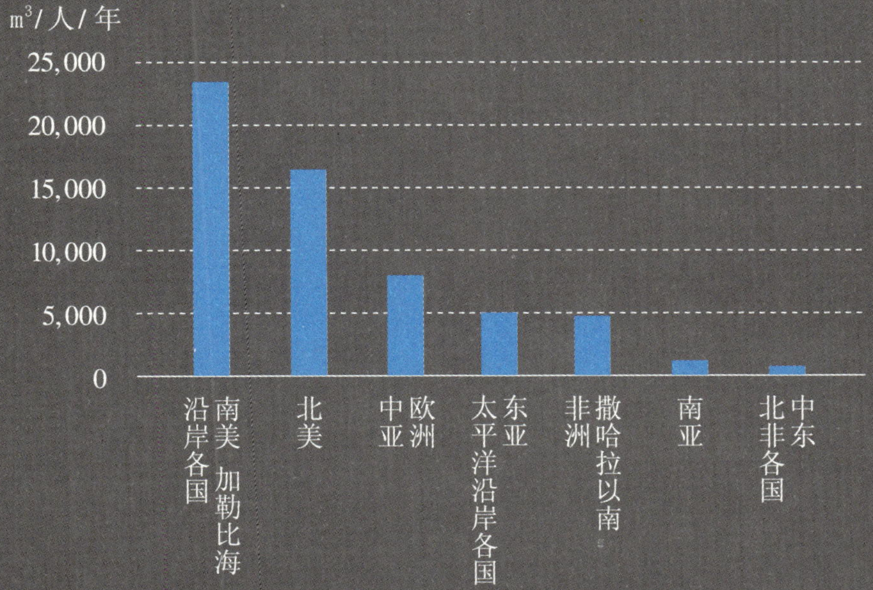

※国内水资源量指某国领土范围内降水带来的平均年河川流量和地下水储水量
依据AQUASTAT, FAO制作

Ⅱ面临极限的人类行为/分布不均的水资源

可以预想，世界水资源问题愈发严重。世界各国齐心协力，将如何解决这个问题呢？

图 2—42　处于水紧张、水匮乏状况的人数预测

受到人口增长、气候变化、土地开发等因素的影响，缺水的人口以后也会急剧增长。预计到 2050 年，会有 2005 年 5 倍以上的人口面临缺水问题。

图 2—43　缺水人口预测　分地区预测

缺水人口集中在中南亚、撒哈拉以南、非洲、阿拉伯各国尤其多，估计以后缺水问题会越来越严重。

图2—42　处于水紧张、水匮乏状况的人数预测

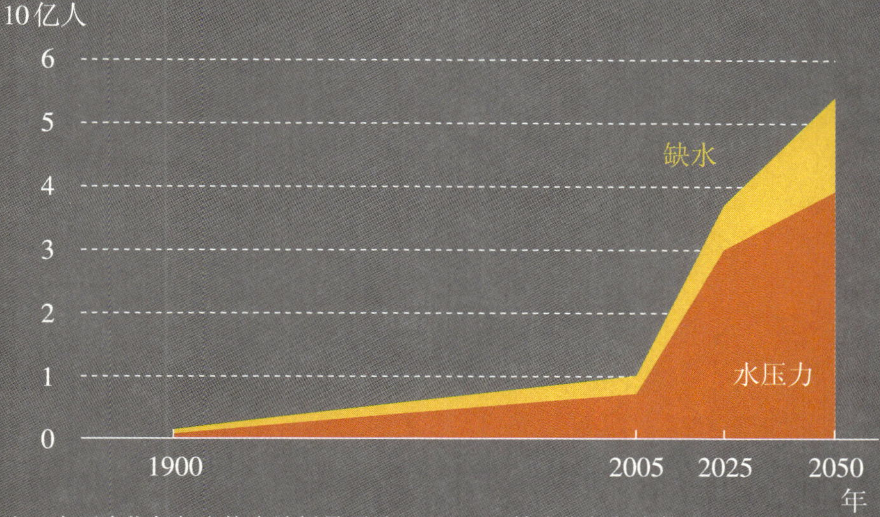

注：水压力指每年人均水消耗量不足1,700 m³、缺水指每年人均水消耗量不足1,000m³。
依据World Development Indicators 2007, World Bank制作

图2—43　缺水人口预测　分地区预测

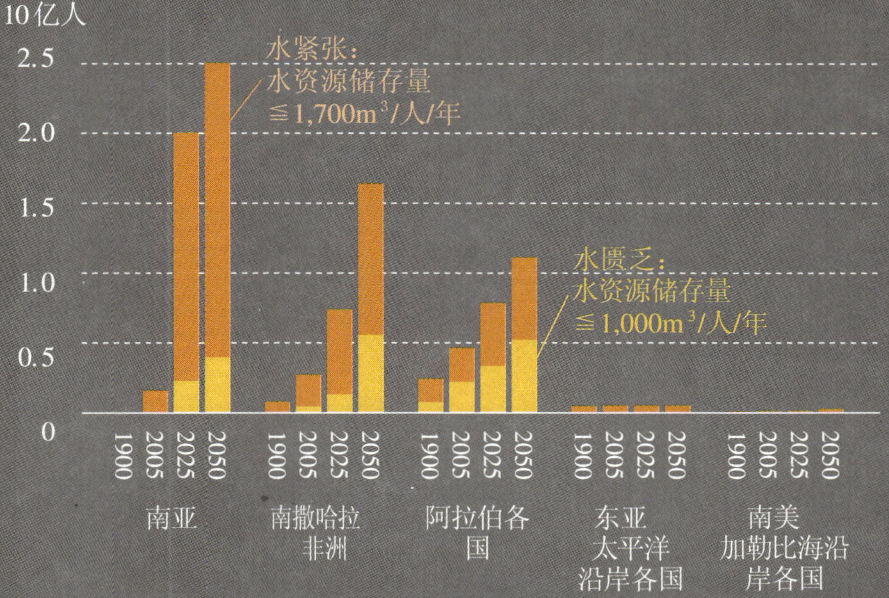

依据Human Development Report 2006, UNDP制作

下图为地球水总量和人类可使用水的量。人类可使用水的量总体来看不多，但是对于人类活动来说足够了。

图 2—44　地球上的水资源分布

地球上大部分的水资源是海水，占 97.47％。淡水不过 2.53％，而且淡水的 68.7％在冰川，无法使用。农业、饮用、生活等可利用的淡水不过淡水总量的 0.01％。

图2—44　地球上的水资源分布

水的种类	淡水占总水量的比例（%）
地下水	0.76
土壤中的水	0.001
冰川等	1.74
永久冻结层地区的地下冰	0.022
湖水	0.007
沼地水	0.0008
河川水	0.0002
生物中的水	0.0001
大气中的水	0.001

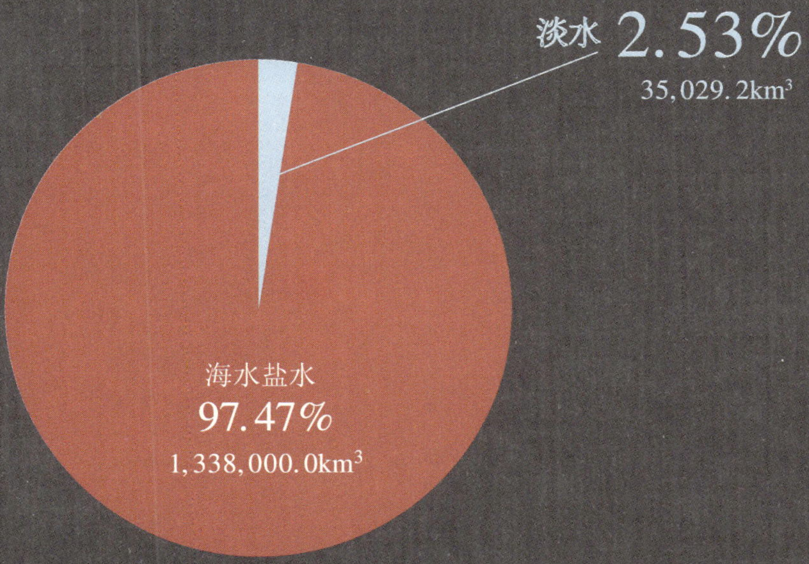

依据平成19年版 日本的水资源，国土交通省制作
（原出处：World Water Resources at the Beginning of the 21st Century, UNESCO）

Ⅱ面临极限的人类行为/水的分布和循环

地球上的水以不同的形式在地球上循环。人类和其他生物对循环水资源的一部分加以利用。

图 2—45　地球水循环

具体来说，水资源通过蒸发、降水、表面流出、地下水流出、河川的流动等方式在地球上循环。地球每年降水量约为 57.7 万 km^3/年、陆地每年降水量约为 11.9 万 km^3/年。其中，大约 7.4 万 km^3/年再度蒸发、4.3 万 km^3/年成为地表流水、剩下的大约 0.2 万 km^3/年在储水层作为地下水储存。

图2—45　地球水循环

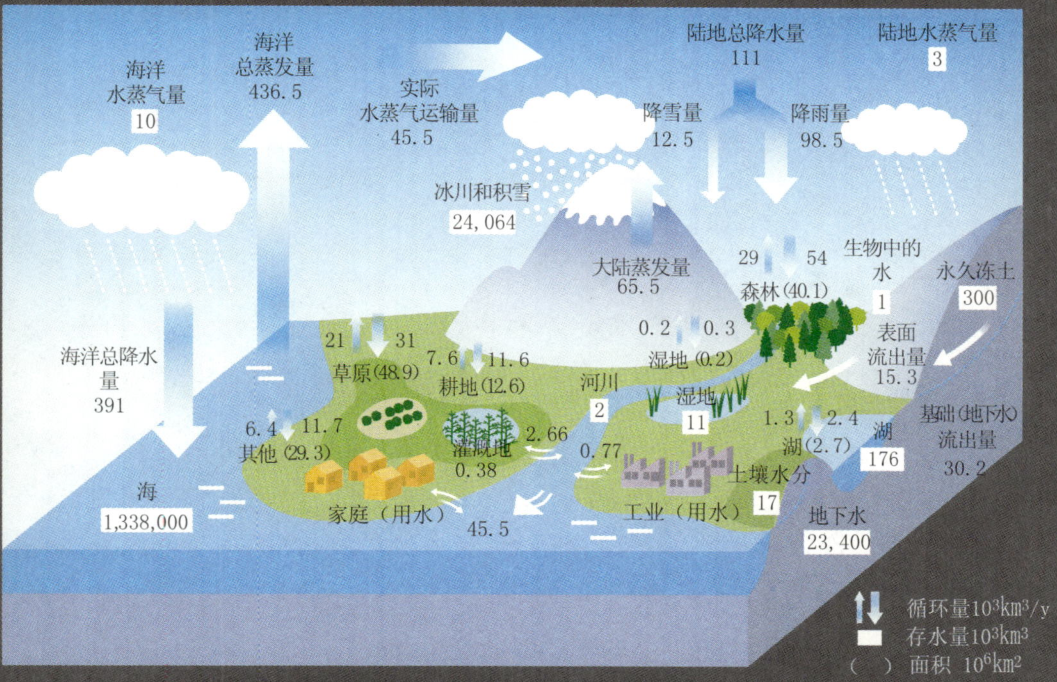

*单位是1000km³/年、方框为存水量（1000km³）、（ ）内为各土地使用面积（10^6 km²）。

依据东京大学生产技术研究所网页制作
(http://hydro.iis.u-tokyo.ac.jp/Info/Press200608/)
(原典：Taikan Oki and Shinjiro Kanae: Global Hydrologic Cycle and World Water Resources, Science, Vol. 313. no. 5790, pp. 1068-1072, 2006.)

不同地区的水消耗量差别很大。很多地区没有可持续的水资源利用。

图 2—46　水资源的过度消耗

现在有的地区水资源消耗过多，已经达到无法维持生态系统的地步。北半球的中纬度地区这种现象比较明显。

图2—46 水资源的过度消耗

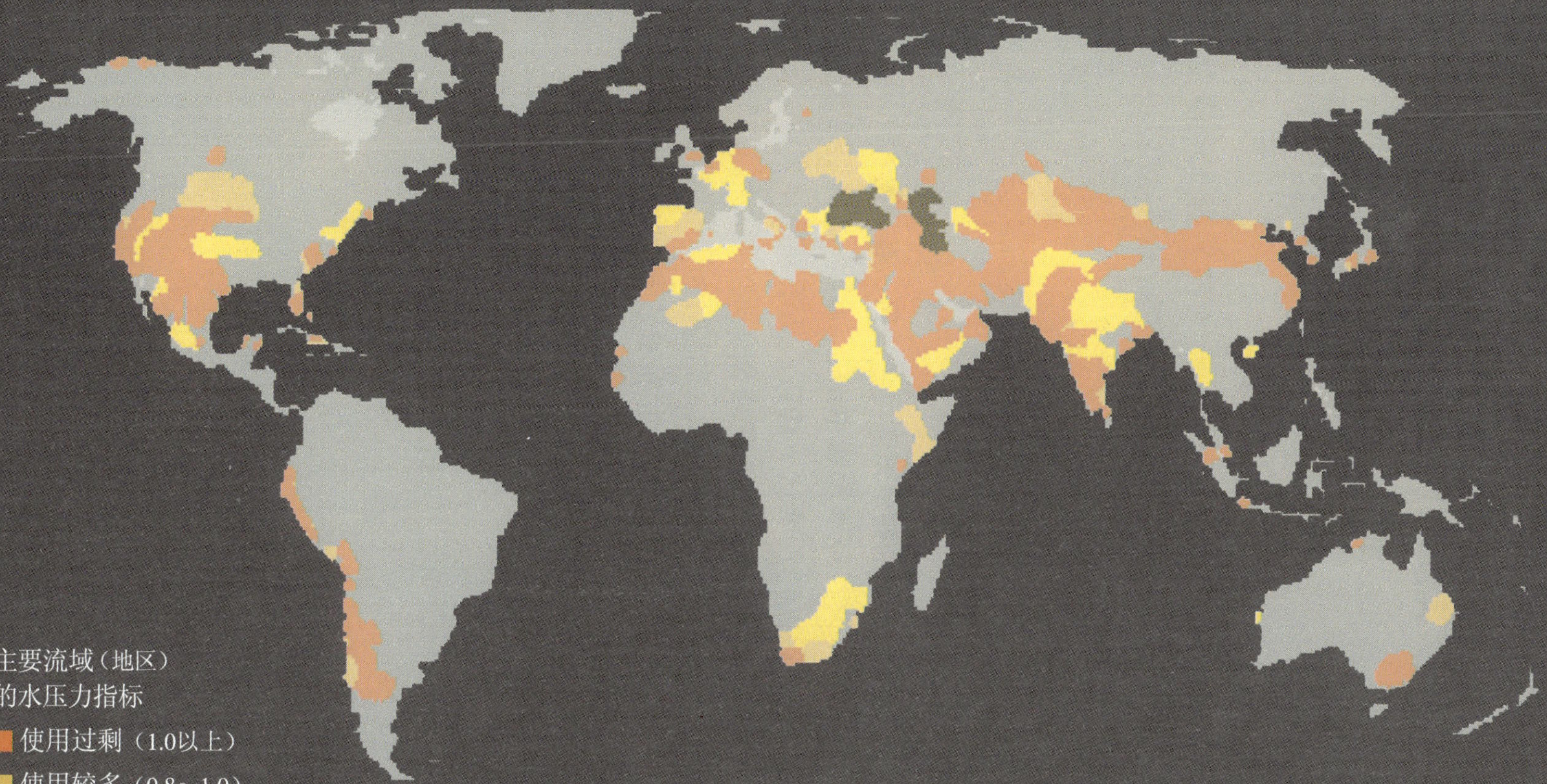

注：水资源的过度消费程度是通过四个步骤判断的，主要以：为维持生态系统，是否使用超过需求的水量为指标。

依据Human Development Report 2006, UNDP制作

不同地区水资源的各种用途所占比例有所差异。经济发展程度不同，所占比例也随之不同。

图 2—47　世界水资源的需求预测（各地区、各用途）

在人口增长经济发展中的亚洲，水资源用度较大，预计今后也将延续这一趋势。从不同用途来看，农业利用的比例高，预计未来还会有所扩大。和 1995 年相比，预计 2025 年增加 27％。工业用水和生活用水的使用量有所增加，因此估计世界对水资源的需求也会大幅增加。

图2—47　世界水资源的需求预测（各地区、各用途）

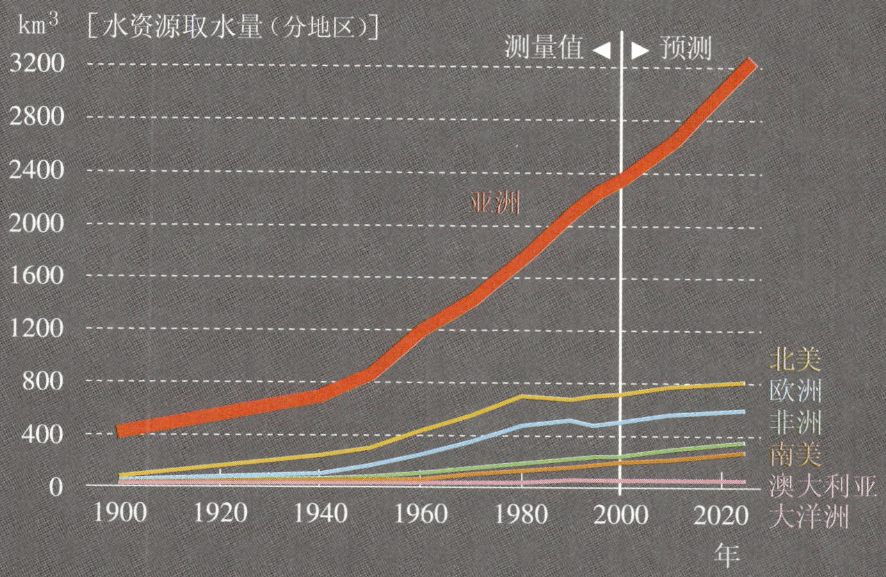

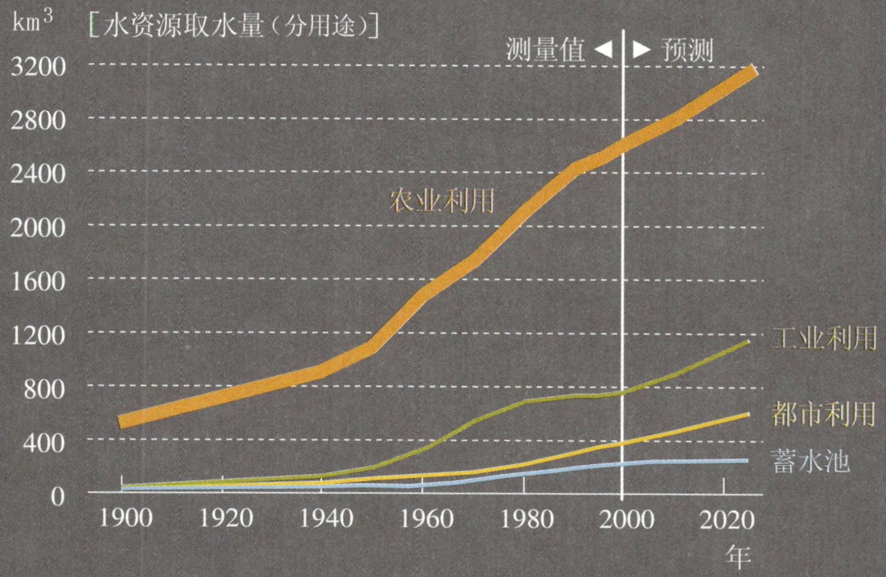

※各国数据均根据可到手的最新一年的资料计算
依据World Water Resources at the Beginning of the 21st Century, UNESCO制作

Ⅱ面临极限的人类行为/水资源的使用方法

下图表示高收入国家和非高收入国家水用途的区别。可以看出工业化带来的经济发展给高收入国家水的用途带来很大影响。

图 2—48 不同用水的消耗比例 分地区统计

不同地区水的用途有所差异，高收入国多用于工业，中低等收入国家农业用途所占比例较高。特别是中东、北非各国、南亚、撒哈拉以南、非洲，用于农业的水占总量的80％以上。需要注意的是，用于农业的时候，有生产本国农作物的用水和生产出口农作物的用水两种情况。

图2—48 不同用水的消耗比例　分地区统计

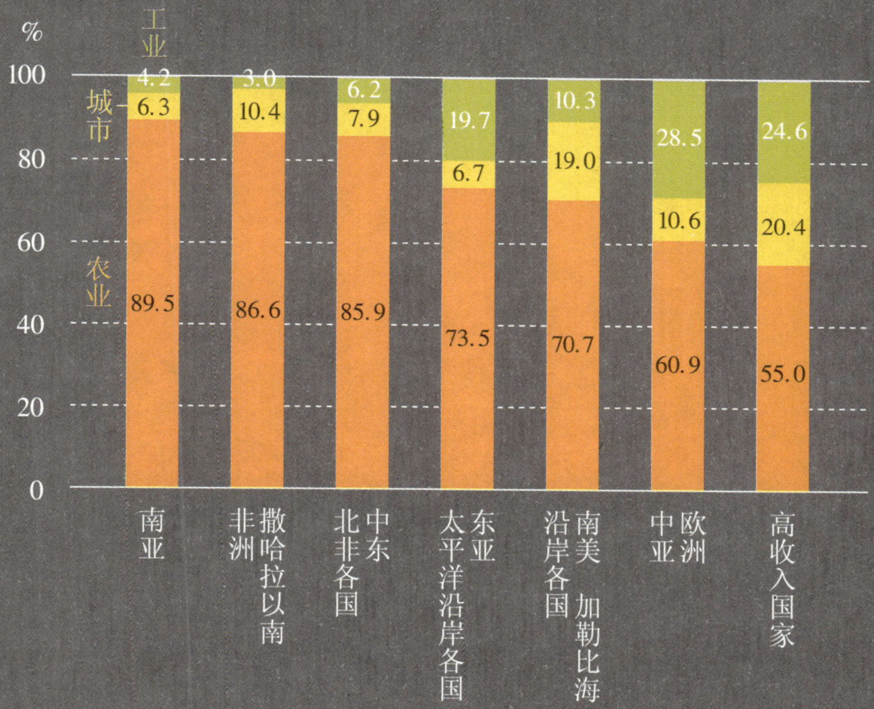

依据AQUASTAT, FAO制作

Ⅱ面临极限的人类行为/水资源的使用课题

世界上有很多地区还未供应饮用水。特别是撒哈拉以南的非洲，这一现象特别严重，希望得到来自发达国家技术和经济上的支援。

图 2—49　供水地区人口比例（2002 年）

高收入国家饮用水得到供给的人口比率几乎达到100%。除此之外，世界上大部分地区上水道的基础设施跟不上需求，这是一个以水为中心的课题。特别是撒哈拉以南的非洲，能喝到放心水源的人只有 50%，和其他地区相比十分低下。

图 2—50　未供应饮用水地区人口的分布　分地区统计（1990 年 2004 年）

在撒哈拉以南的非洲、东亚、南亚，未得到饮用水供应的人口较多。虽然大部分地区未得到饮用水供应的人口数量有减少的倾向，但在非洲撒哈拉以南地区却一直在增加。

图2—49　供水地区人口比例（2002年）

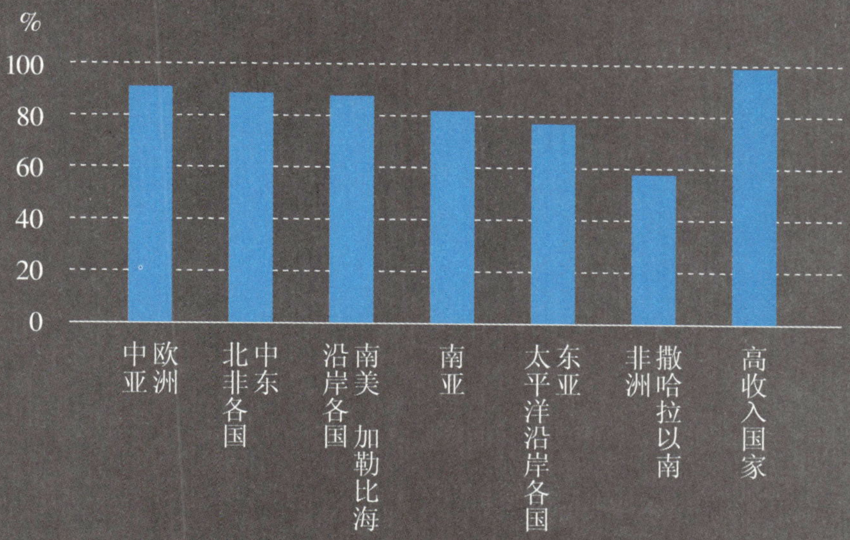

依据National Trends in Population, Resources, Environment and Development, UN制作

图2—50　未供应饮用水地区人口的分布　分地区统计（1990年　2004年）

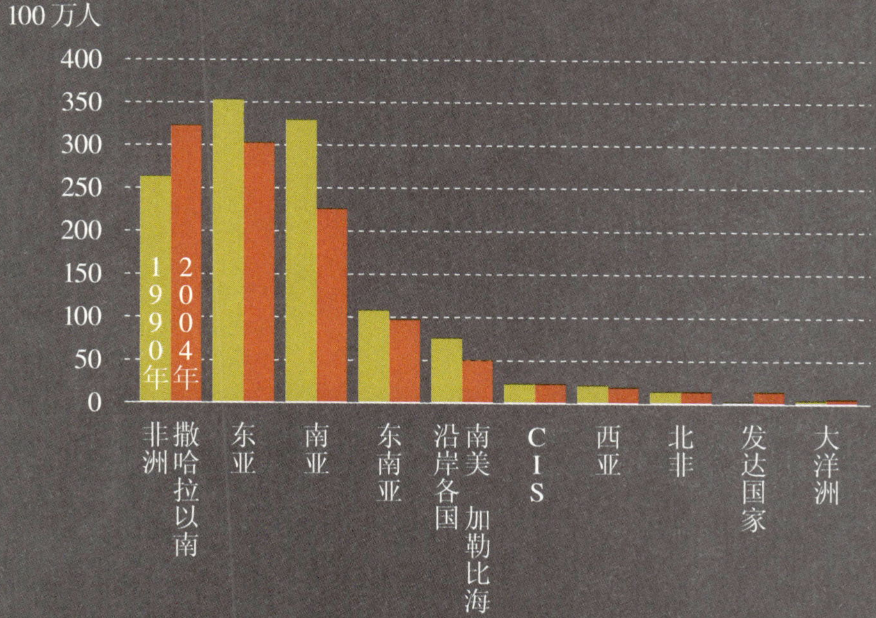

依据Joint Monitoring Programme for Water Supply & Sanitation,WHO & UNICEF的网页制作（http:// www.wssinfo.org/en/231_wat_intro.html, Feb. 2007）

Ⅱ面临极限的人类行为/水资源的使用课题

水是支撑人类生活的基本资源。确保水资源的存在关系到一个国家、一个地区的存亡。因此，围绕水资源的纷争从未停止。

图 2—51　世界的水资源纷争

在处于国际河流上游和下游的国家中，有的地方会围绕水资源利用的权利引起纷争。水资源的分配问题也受到历史的很大影响，非一朝一夕可以解决。即便在没有国际河流的日本，用水权的调整也是重要课题。

图2—51　世界的水资源纷争

依据第3届世界水论坛事务局资料制作
（原出处：The World' s Water, Peter H. Gleick、Water, Marq de Villiers）

人口 生活·经济 能源 水 食料 全球气候变暖 物种多样性

Ⅱ面临极限的人类行为/水资源使用的差异

不同国家间每日人均用水量有很大差别。

图 2—52　每日人均城市用水量（2002 年　国别）

图 2—52 反映了不同国家地区每日人均城市用水量，分别为前五名和后五名的国家、日本、EU、世界平均、BRICs（巴西、俄罗斯、印度、中国）。供水基础设备尚未成型的后五位国家的人均用水量不过世界平均的十分之一以下。

图2—52　每日人均城市用水量（2002年　国别）

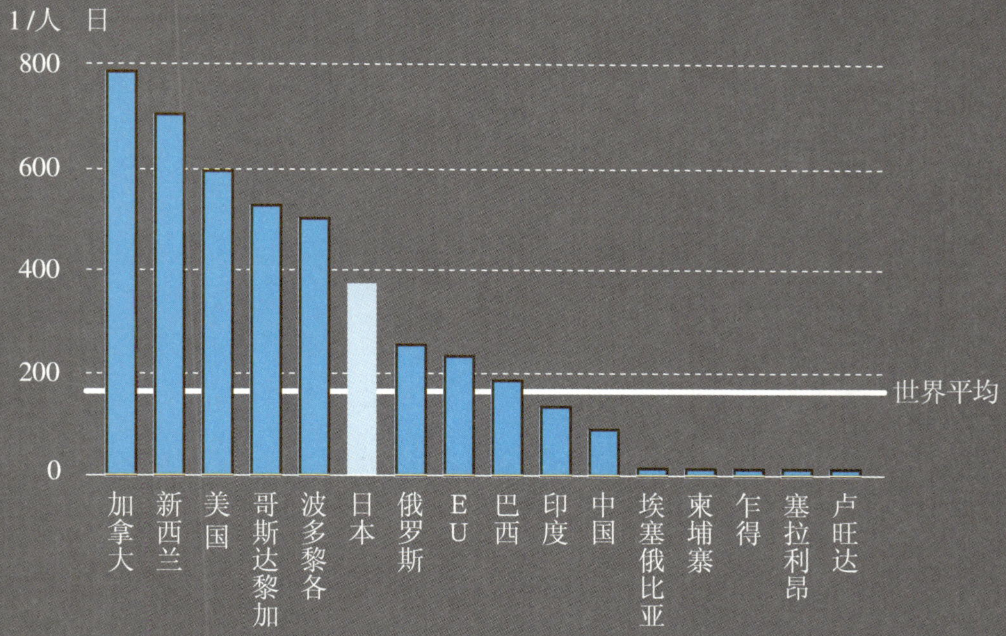

※上图为排在前五名和后五名的国家以及日本、EU、巴西、俄罗斯、印度、中国、世界平均

依据AQUASTAT, FAO制作

Ⅱ面临极限的人类行为/水资源使用的差异

人均用水量和经济规模（GDP）有关。不同用途的人均用水量反映该地区的经济状态。

图 2—53　人均工业用水、生活用水量和 GDP 的关系（2000 年）

图 2—53 反映了世界各国人均工业用水和人均 GDP（国内生产总值）的关系。横轴纵轴都表示对数。总体来说，GDP 的增长会带来工业用水的增加。另外，图标左上方（人均工业用水较少，人均 GDP 较高）的国家是科威特或沙特阿拉伯等石油生产国。

图 2—54　人均不同用途用水量

不同收入人群的人均用水量中，从农业用途来看，收入和农业用水量没有明确关系。然而，城市、工业用水随收入等级的不同而有很大区别，收入较低的话，这些的使用量也较少。

图2—53　人均工业用水、生活用水量和GDP的关系（2000年）

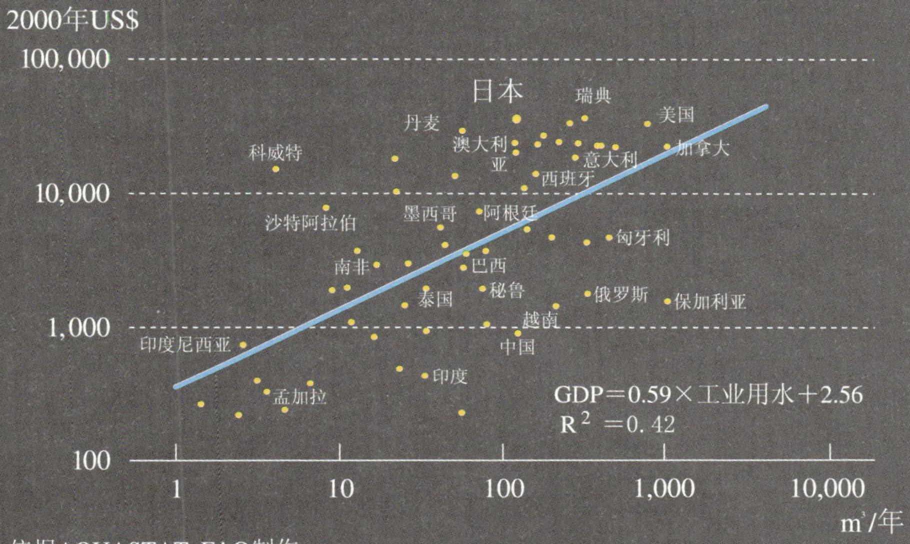

依据AQUASTAT, FAO制作

图2—54　人均不同用途用水量

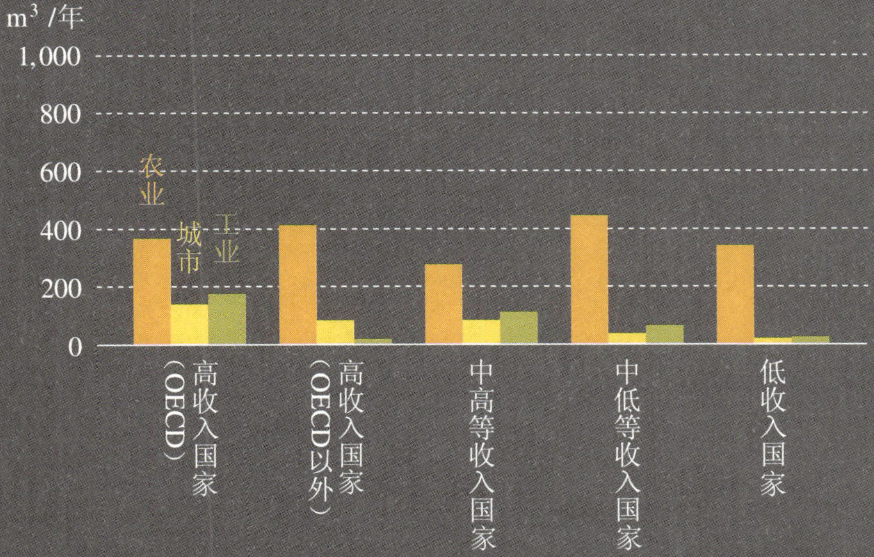

注：各国数据均根据可到手的最新一年（2000 年以后）计算
依据AQUASTAT, FAO制作

粮食生产需要大量的水。畜牧业产品和农产品相比，更需要大量用水。食物生产和用水量的关系是今后思考水资源问题和食物问题时的一个重要视点。

图 2—55　主要谷类　豆类用水标准量

谷物用水标准量各有不同，稻米是最需要水的，玉米只用稻米的一半水就可以。

图 2—56　畜牧业生产所需水

关于畜牧业，图 2—56 推算了“如果是在日本培育，那么鸡肉、猪肉、牛肉每 1kg 需要多少水资源”。结果是，水消费，鸡肉约 $4500m^3/t$（或者 $5m^3/kg$），猪肉 $5900m^3/t$，牛肉则需要 $20700m^3/t$。这和小麦相比，鸡肉约 2 倍，猪肉约 3 倍，牛肉需要 10 倍的水资源使用量。

图2—55 主要谷类 豆类用水标准量

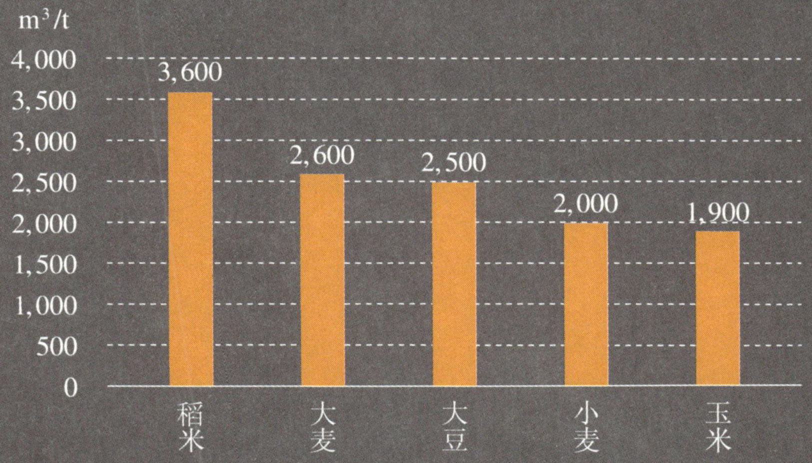

依据东京大学生产技术研究所冲大干教授等人的计算结果制作
（日本单产量依据FAO统计值计算）

图2—56 畜牧业生产所需水

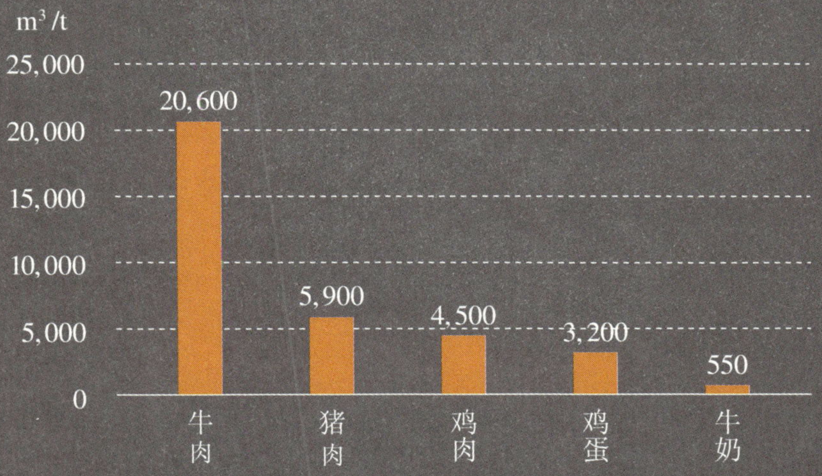

依据东京大学生产技术研究所冲大干教授等人的计算结果制作
（依据日本的单产量及培育方法计算）

水的消费分为直接和间接两种。间接消费的主要例子有：通过进口农产品，农业生产所需的水也包含在进口的产品中，也就是假想水。如果包括间接消费的话，所有水的使用是怎样的呢？看看日本的例子。

图 2—57　日本假想投入水输入量

有这样一种看问题的方法，食物生产所需的水可以间接从食物进口国进口虚拟水，或者说是水的足迹。日本农业用水量达到 570 亿 m^3/年，间接输入量为 640 亿 m^3/年。

基于上述的 virtual water（假想投入水）的想法，可以算出，日本从美国进口 389 亿 m^3/年的“水”、从澳大利亚进口 89 亿 m^3/年的“水”。

图2—57　日本假想投入水输入量

总输入量 640亿 m^3/年

日本国内每年灌溉用水量 570亿 m^2/年
（日本单位产量依据2000年年度粮食供给表的统计值整理）

日本不同产品水投入量
（亿 m^3 / 年）

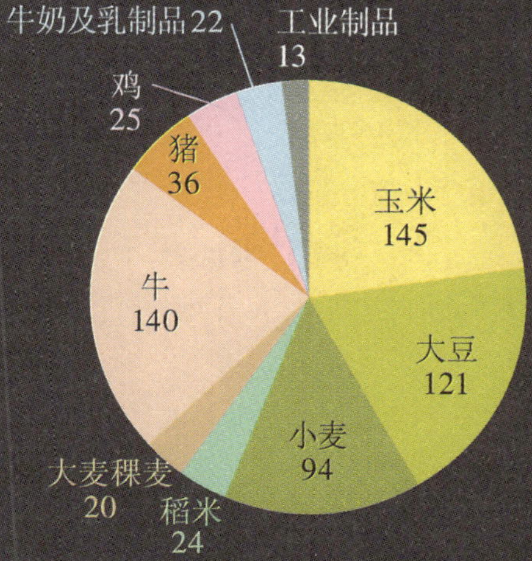

依据东京大学生产技术研究所冲大干教授等人的计算结果制作
（日本单位产量依据2000年年度粮食供给表的统计值整理）

Ⅱ面临极限的人类行为/粮食生产及其课题

为支持不断增长的人口，粮食生产也必须持续增长。迄今为止，人类增加灌溉耕地面积提高粮食生产力。但是，地球的土地是有限的，难以期待今后会大幅度增加谷物生产地的面积。

图 2—58　世界谷物产量及灌溉耕地面积的发展趋势

全世界灌溉耕地面积增加，谷物产量也提高。虽然说人均灌溉耕地面积有略微减少的倾向，但这表示了人口的增长高于灌溉耕地面积的增长。以后，由于人口增长带来的压力越来越重，需要生产力更高的灌溉耕地面积的扩大。这个问题也是影响物种多样性的重要问题。

图 2—59　每 1000 人的平均谷物生产面积　分地区统计（1990—1992 年　2003—2005 年）

每 1000 人的平均谷物生产面积不管是什么收入等级的国家，都在缩小。高收入国家比其他收入等级的地区减少比例要小。

图2—58　世界谷物产量及灌溉耕地面积的发展趋势

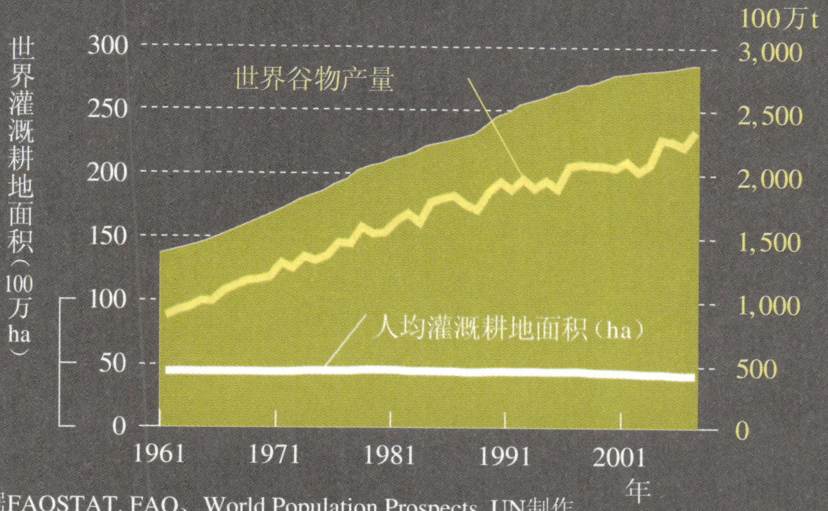

依据FAOSTAT, FAO、World Population Prospects, UN制作

图2—59　每1000人的平均谷物生产面积　　分地区统计
（1990—1992年　2003—2005年）

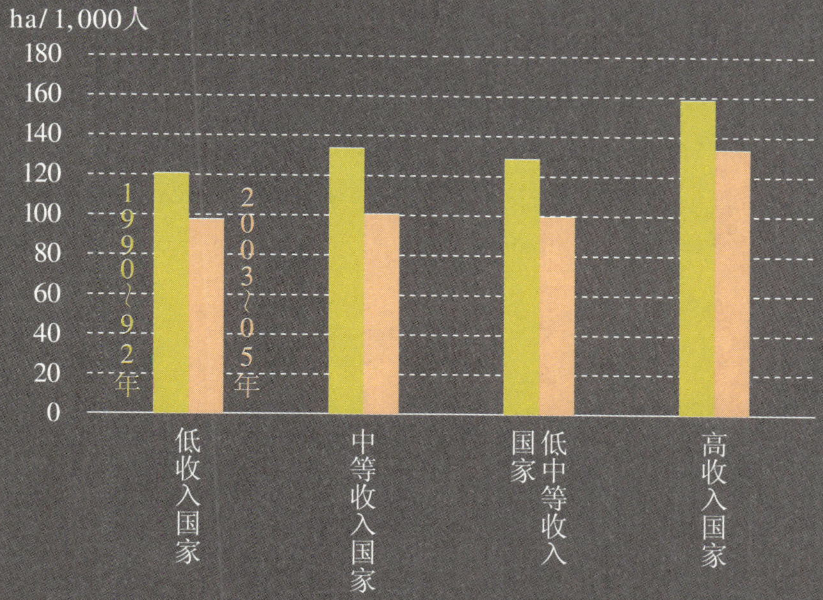

依据World Development Indicators 2007, World Bank制作

Ⅱ面临极限的人类行为/粮食生产及其课题

粮食关系到人类的生存，所以对粮食的需求和以后人口的增长呈比例增加。全世界粮食自给率虽然已达到近100%，但是可以预计到，不同地区粮食自给率的差距在扩大。

图2—60　粮食需求的预测　分地区

预计以后工业国以及向市场经济过渡的国家对粮食的需求会稍有增长或稳定不变。其他地区，特别是东亚、南亚等所有的发展中国家对粮食的需求将大幅度增加。

图2—61　粮食自给率的预测　分地区

预计今后工业国和向市场经济过渡的国家的粮食自给率将有所提高，到2030年将提高到120%以上。然而，发展中国家的自给率大多会下降。特别是中近东、北非预计到了2030年粮食自给率将不到60%。

图2—60　粮食需求的预测　分地区

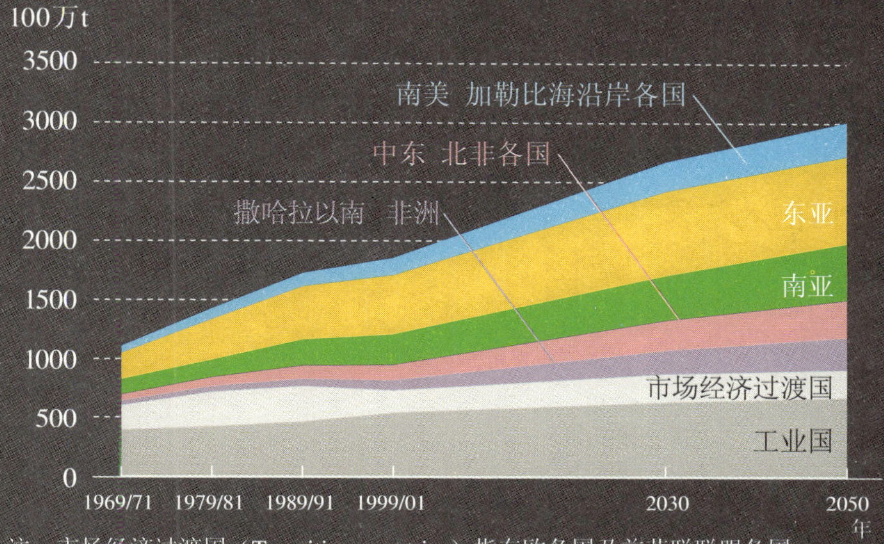

注：市场经济过渡国（Transition countries）指东欧各国及前苏联联盟各国。
依据World agriculture: towards 2030/2050 Interim report, FAO制作

图2—61　粮食自给率的预测　分地区

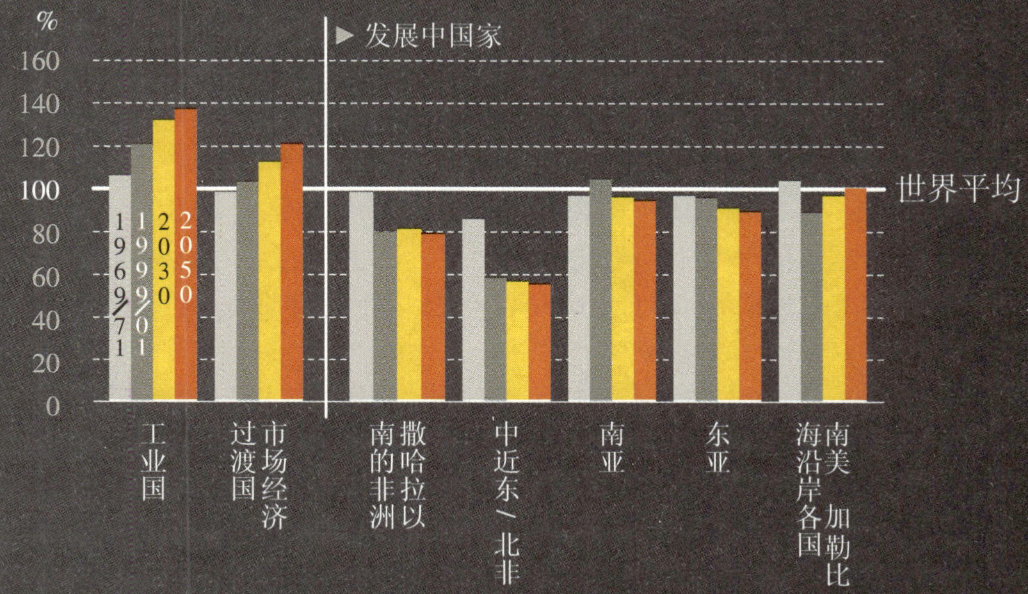

注：市场经济过渡国（Transition countries）指东欧各国及前苏联联盟各国。
依据World agriculture: towards 2030/2050 Interim report, FAO制作

从世界范围来看，农业适用地出乎意料的少。人类各种各样的活动加重这些贵重的土地的劣化。劣化的主要原因是今后在考虑粮食生产方式时不得不思考的重要信息。

图 2—62　农业适用地的比例

不灌溉或进行其他土地改良就用作农业的土地仅占世界陆地面积的 11%。令人担忧的是，以后，受到气候变化的影响，即使在一直以来可用作耕地的地区也会因环境和作物的不适合等原因造成农业适用地减少，从而导致农业生产减少。

图 2—63　不同原因导致的土地劣化面积　分地区统计

土地劣化的背景包括过度放牧、森林砍伐、不适当的农业管理等。在亚洲和非洲，土地劣化面积较大。不同地区土地劣化的原因有不同的特征。在亚洲和南美，森林砍伐的比例大；非洲和澳大利亚则是过度放牧；中美和北美不适合的农业管理问题愈发严重。

图2—62　农业适用地的比例

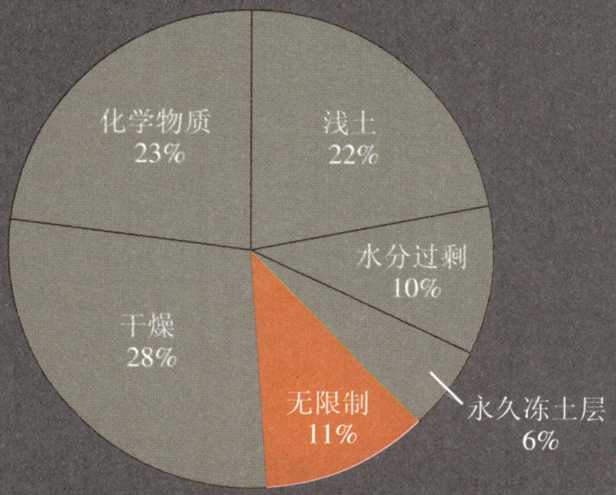

依据Dimensions of need An atlas of food and agriculture（1995），FAO制作

图2—63　不同原因导致的土地劣化面积　分地区统计

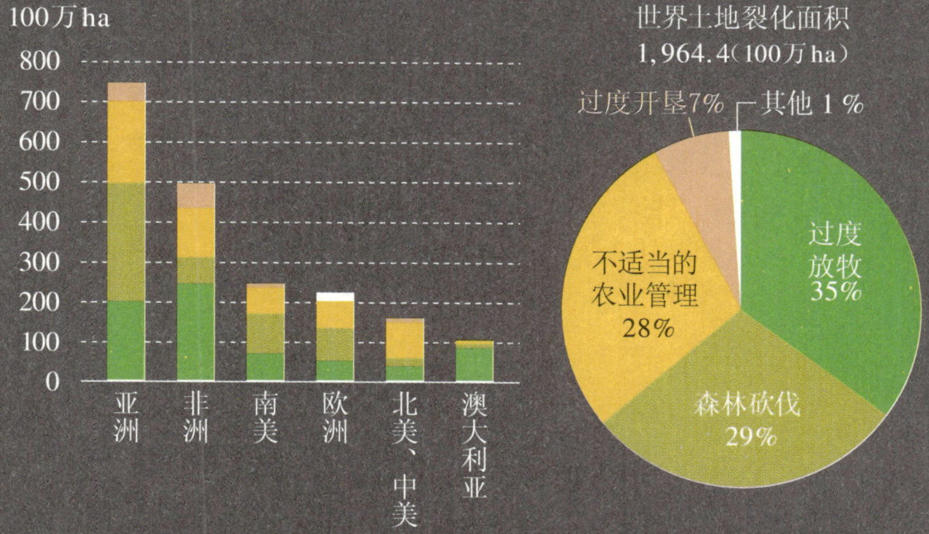

依据World Map of Human-Induced Soil Degradation An Explanatory Note（1991），ISRIC/UNEP制作

为提高农业生产率，人类采取了各种各样的措施。不过，不是所有地区采取的措施都是一样的。化肥使用量反映了该地区农业生产的情况。

图 2—64　世界农用拖拉机数量的发展趋势

观察世界不同地区农用拖拉机的使用数量可以发现，亚洲增加量较大，这已经成为农作物增产的有效方法。非洲拖拉机使用数量较少的事实也很引人注目。

图 2—65　化肥投入量（2001 年）

化肥的投入可以提高生产力，但是发展中国家使用化肥的量还较少。此外，人们担心过量的化肥投入使地下水被氮污染，在提高生产力的同时也要考虑到环境污染的风险。

图2—64 世界农用拖拉机数量的发展趋势

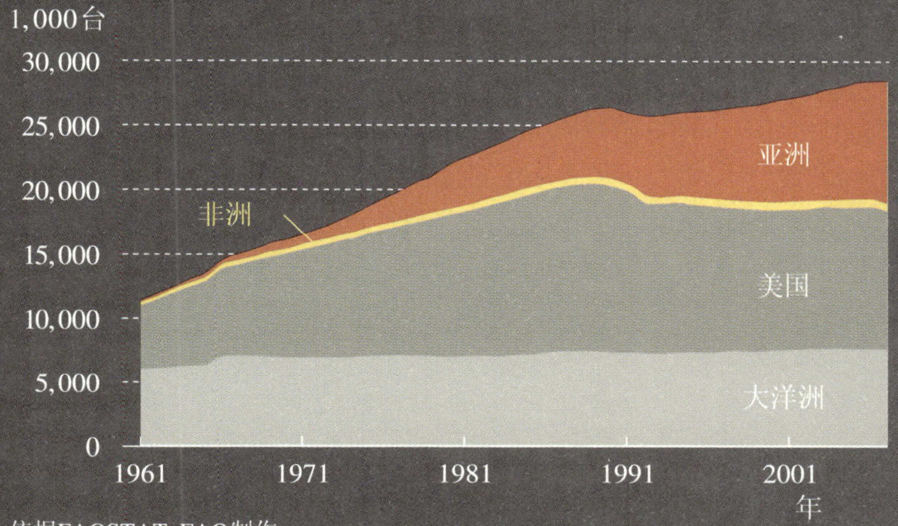

依据FAOSTAT, FAO制作

图2—65 化肥投入量（2001年）

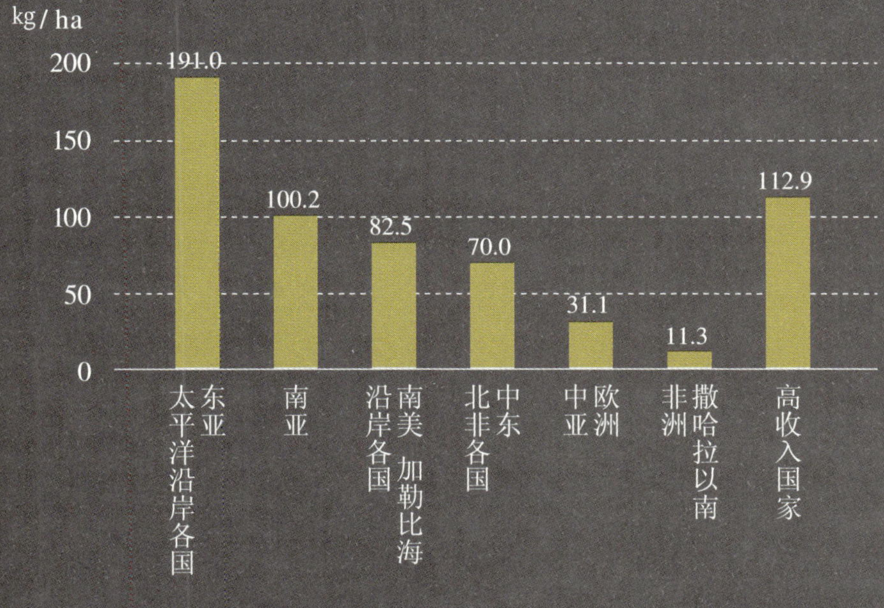

依据Agriculture and Food Data Tables, WRI制作
（原出处：FAO、IFOAM资料）

Ⅱ面临极限的人类行为/食物、营养、卫生方面的差异

发展中国家还有许多人没有摄入足够的营养，幸运的是，人们预测各地区卡路里的摄入量一直在改善。不过，另一方面全世界的饮食生活的改变，可能会增加对环境负担较重的食品生产（畜牧业等），这点令人堪忧。

图 2—66　人均热量（卡路里）供给（2005 年）

不同地区人均热量供给量有所不同。高收入国家人均热量供给量是人均热量供给量最少撒哈拉以南的非洲国家的 1.5 倍。这一指标反映了经济状况。发展中国家营养失调是一个问题，但在发达国家的问题是，由于过度摄入热量导致了生活习惯等引起的疾病。

图 2—67　人均消耗热量的发展趋势及未来展望

迄今为止，人均卡路里的消耗一直在增加，估计以后也会增加。现在，居住在非洲撒哈拉以南的部分地区居民受到贫困等因素的影响，患慢性营养不足的疾病，估计这些问题今后会得到一定程度的改善。然而，以发达国家为主的热量过度摄入却也成为一大问题。

图2—66 人均热量（卡路里）供给（2005年）

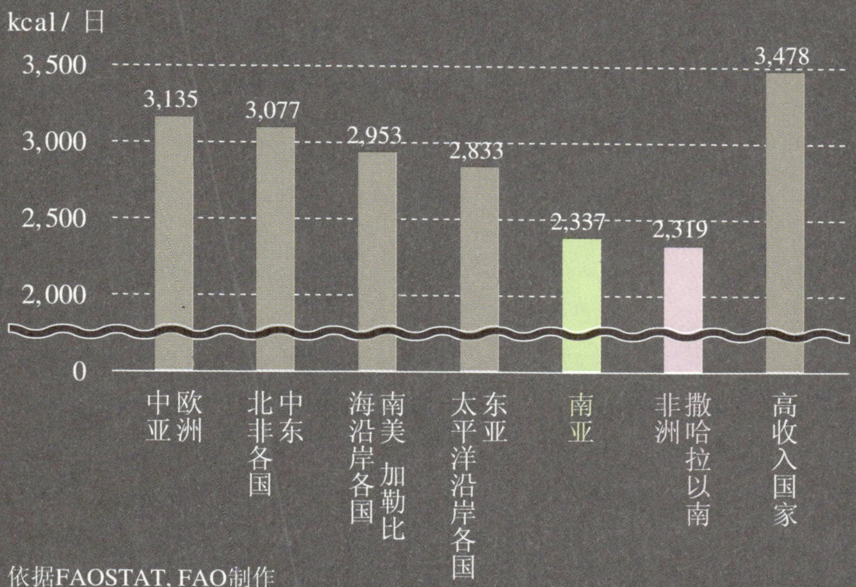

依据FAOSTAT, FAO制作

图2—67 人均消耗热量的发展趋势及未来展望

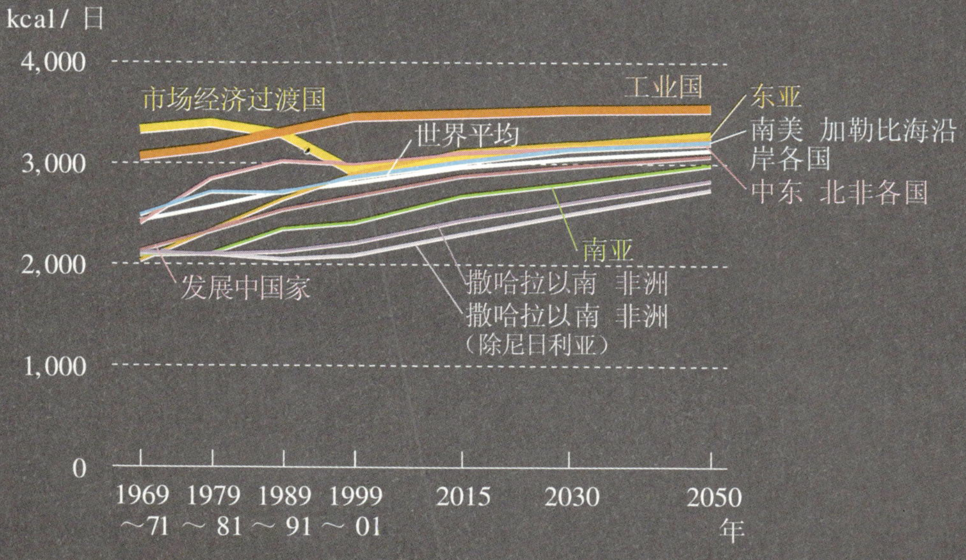

依据World agriculture: towards 2030/2050 Interim report, FAO制作

Ⅱ面临极限的人类行为/食物、营养、卫生方面的差异

贫困导致了食物不足、水质恶化、医疗服务不公，以及纷争和灾害。而这些因素使得抵抗力较弱的婴幼儿失去了生命。

图 2—68　营养不良幼儿数（5 岁以下）的预测　分地区预测（1997 年　2020 年）

在除撒哈拉以南的非洲以外的地区，营养不良的幼儿数量在减少，但是预计在撒哈拉以南的非洲地区，营养不良的幼儿数反而增加。

图 2—69　5 岁以下的死亡率（2002 年）

在高收入国家，5 岁以下的死亡率极其低。然而，由于非洲或南亚等地伴随贫困而来的营养不良、卫生环境、预防接种的接种率低等原因，5 岁以下的儿童死亡率较高。

图2—68　营养不良幼儿数（5岁以下）的预测分地区预测（1997年　2020年）

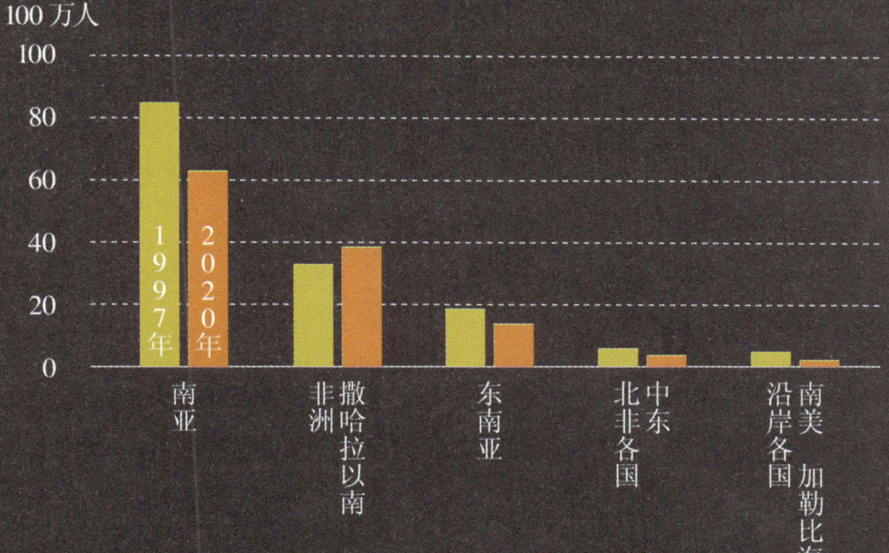

依据World Development Indicators 2006, World Bank制作

图2—69　5岁以下的死亡率（2002年）

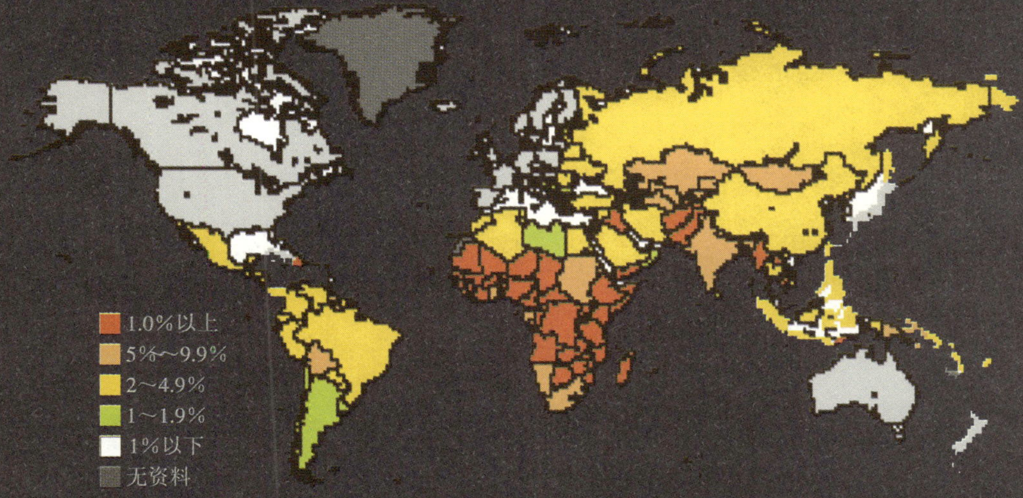

依据World Bank atlas - measuring development, World Bank制作

Ⅱ面临极限的人类行为/饮食习惯的改变及其课题

畜牧物的生产需要大量水和饲料。今后，发展中国家的人们的饮食习惯发生改变，对环境负担重的畜牧物的需求也会增加。在应对今后世界食品问题方面，保持粮食和畜牧物生产均衡是重要的视角之一。

图 2—70　家畜谷物饲料的比例（2003 年）

为了将价格低廉、原料丰富的粮食转换为附加价值高的肉类，畜牧业农家饲养家畜。国家收入越高，将粮食作为畜牧业饲料的比例就越高。

图 2—71　生产 1kg 畜牧产品　农产品所需水和饲料的量及卡路里效率

畜牧产品的生产需要大量的水和粮食。每生产 1Kcal 的畜牧产品，用玉米换算就需要大约 3Kcal（约 3 倍）。家畜在将粮食转换为蛋白质饲料的效率上有很大差异，鸡的效率最高，猪、牛次之。牛的效率是鸡的大约三分之一。若向更为高效的动物蛋白质摄取能源，必须提高土地和水的生产率。

图2—70　家畜谷物饲料的比例（2003年）

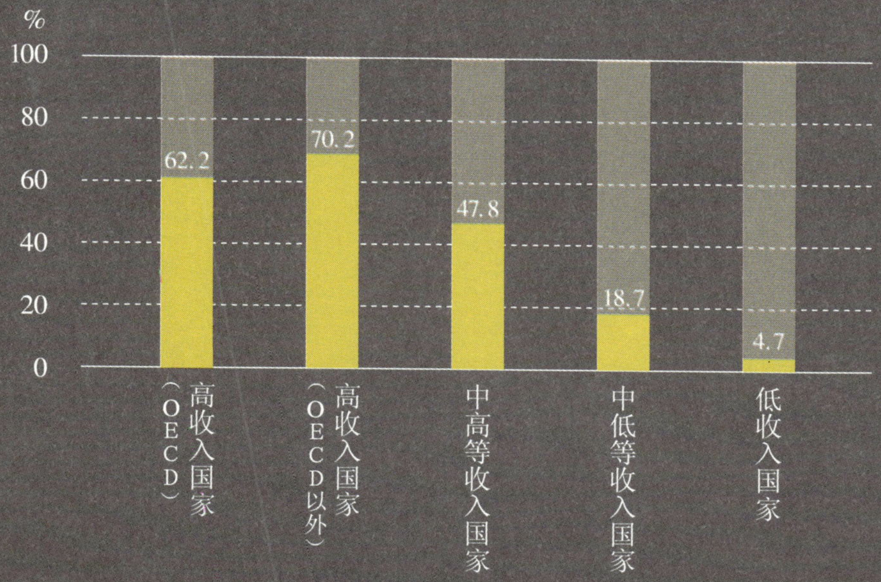

依据Agriculture and Food, WRI制作（原出处：FAO资料）

图2—71　生产1kg畜牧产品 农产品所需水和饲料的量及卡路里效率

畜牧物农产品（1kg）	必要投入量		
	水（ℓ）	谷物（玉米换算）（kg）	1kcal畜牧物生产所需能量（玉米换算）（kcal）
牛肉	20,700	11	3.0
猪肉	5,900	7	3.1
鸡肉	4,500	4	3.1
鸡蛋	3,200	—	—
白米	3,600	—	—
大麦稞麦	2,600	—	—
大豆	2,500	—	—
小麦	2,000	—	—
玉米	1,900	—	—

依据东京大学生产技术研究所冲大干教授等人的计算结果、我国（日本）食品自给率——平成15年度食品自给率报告书、农林水产省、食品成分数据库、文部科学省制作

以后，对于发展中国家的人们来说，在经济发展的同时，饮食习惯发生改变，对环境负担较重的畜牧物的需求也有所增加。中国就是代表性的例子。另外，由于宗教上的原因而导致饮食习惯变化不大的例子有印度。

图 2—72 中国和印度的收入水平以及对畜牧产品需求的发展趋势

图 2—72 是中国和印度人均年间畜牧产品供给量的发展趋势。在中国，伴随着人均 GDP 增长，畜牧产品消费量明显增加，饮食生活正在向发达国家转型。在印度，人均 GDP 也在增加，但是随之而来的畜牧物的消费量却没有显著增长。本来消费量较少的家禽类的消费有增加的趋势。最重要的原因在于，印度近七成的国民都是印度教教徒，印度教将不杀生和素食主义作为教义的一部分。

图2—72　中国和印度的收入水平以及对畜收产品需求的发展趋势

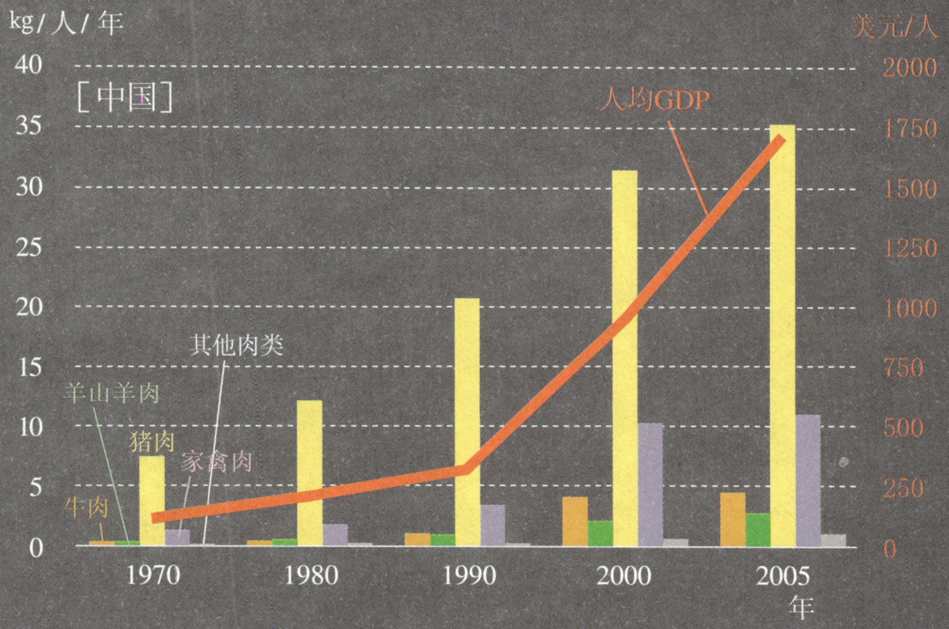

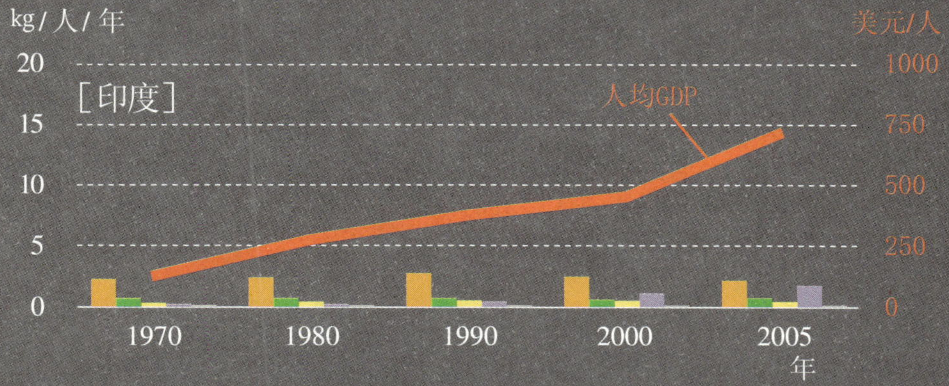

依据Food Balance Sheets, FAO、World Development Indicators Online Database, World Bank制作

Ⅱ面临极限的人类行为/水产业的课题

考虑到经济效益，同时也作为应对水产资源减少的对策之一，人们致力于发展饲养型的渔业形态（渔业养殖），相关工作都在进行当中。

图 2—73　渔业产量的发展趋势

每年渔业产量都在增加。1990 年，天然鱼类的渔获量有增加趋势，但是由于天然鱼类资源逐渐减少，最近几年养殖鱼的产量有明显的增加。养殖鱼占全体渔业的产量比例在 1990 年为 13％，到 2007 年，已达到 36％。

图 2—74　海洋鱼资源量状况（2007 年）

海洋渔获量增加的结果就是，现在鱼资源量的 9％处于枯竭状况（其中的 1％在恢复中），19％在进行超越可持续水平的生产。此外，52％没有扩大的余地，接近最适生产量的临界。如果改变这 80％的极限状态以及不可持续的生产方式，今后世界水产资源量还有可能增加。

图2—73　渔业产量的发展趋势

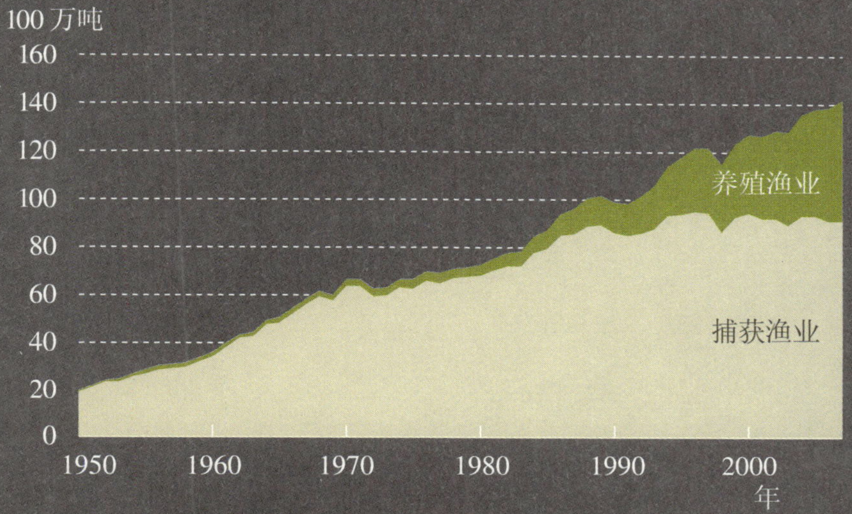

依据Fisheries and Aquaculture Information and Statistics Service Online Query Panels, FAO制作

图2—74　海洋鱼资源量状况（2007年）

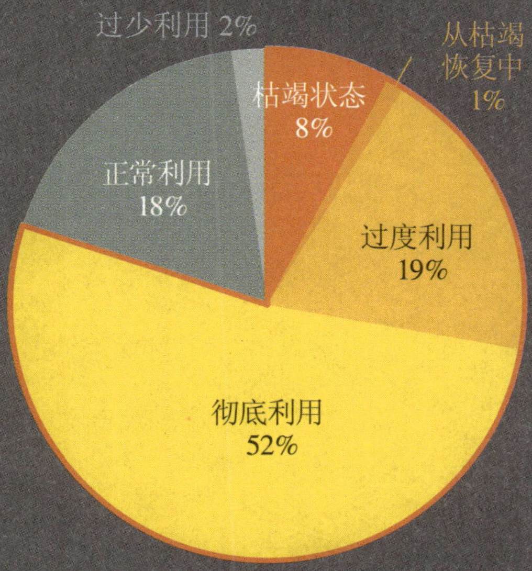

枯竭状态	和实际捕鱼量无关，而指从历史上来看，捕鱼量过少。
恢复中	虽然处于枯竭状态，但捕鱼量再次开始增加的渔业。
过度利用	超过长期可持续生产的界限，如果继续生产，可能带来资源枯竭。
彻底利用	已经没有扩大的余地，处于最适合生产界限或接近于该界限的渔业。
正常利用	生产没有到达极限，还有余地扩大生产。
过少利用	尚未得到发展的渔业或者新兴渔业，未来可能大幅度扩大生产。

依据The State of World Fisheries and Aquaculture 2008, FAO制作

悄然而至的危机

III

全球气候变暖问题是一个当前正在发生的现象。

图 3—1　世界平均气温变化趋势

科学分析显示，在过去的 100 年中，地球大约上升 0.7℃。特别是自 1950 年之后，温度急剧上升。如果只看最近 50 年的趋势的话，上升率是过去 100 年的大约 2 倍。

图3—1　世界平均气温变化趋势

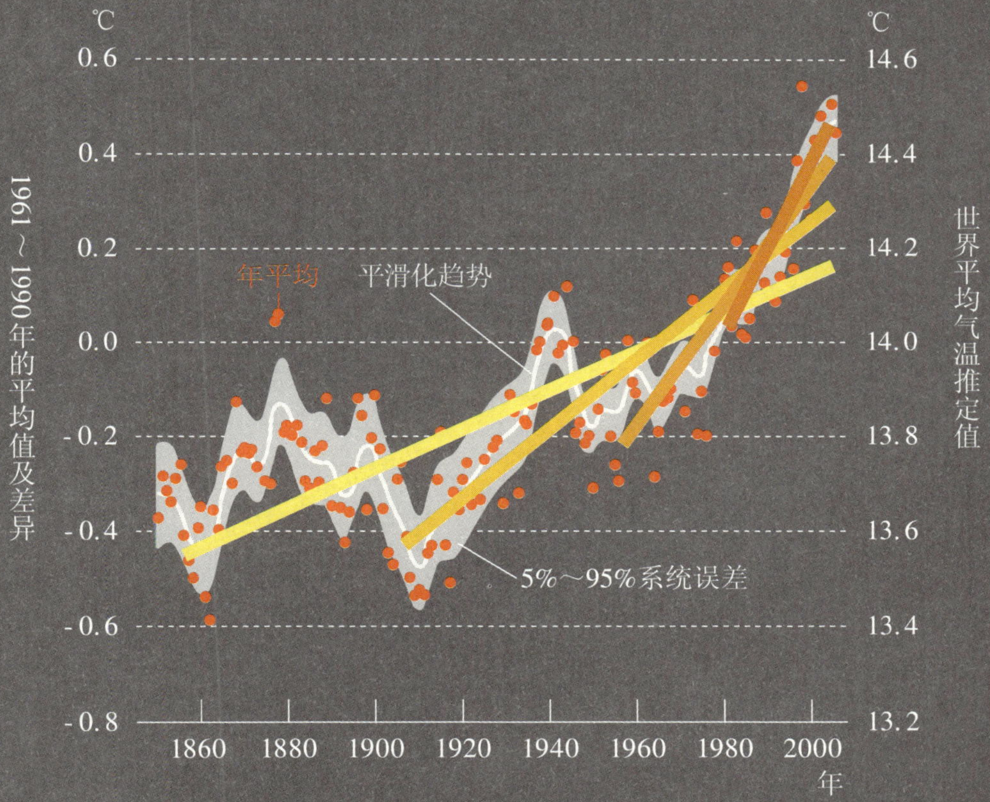

比例：指在不同的时间段，10年中气温增加程度的比例。比如，在过去的100年中，气温上升了0.74℃、那么，10年中气温则上升0.074℃。

年平均：各年的数值

平滑化趋势：10年平均值

系统误差：通过已知的不确定的全面分析推断不确定性的幅度

时间段（年）	比例（℃/10年）
25	0.177±0.052
50	0.128±0.026
100	0.074±0.018
150	0.045±0.012

依据IPCC第4次评价报告书第1作业部会报告书技术摘要（日语版），由气象厅制作

从 40 万年的周期来看，地球气温的发展趋势和近几年地球气温的升高和大约 40 万年前的气候变动是完全不同的现象。

图 3—2　过去 40 万年地球气温的发展趋势

通过对过去 42 万年间冰盖核心的连续分析可知，气候、温室气体、海水水位三者的变化是一致的。42 万年间共有 4 次漫长的寒冷期和较短的温暖期，也就是冰期和间冰期。其中大气中 CO_2 在浓度最小值 200ppm 和最大值 300ppm 之间变动。现在大气中 CO_2 的浓度达到了 390ppm，并且还在持续增加。

图3—2　过去40万年地球气温的发展趋势

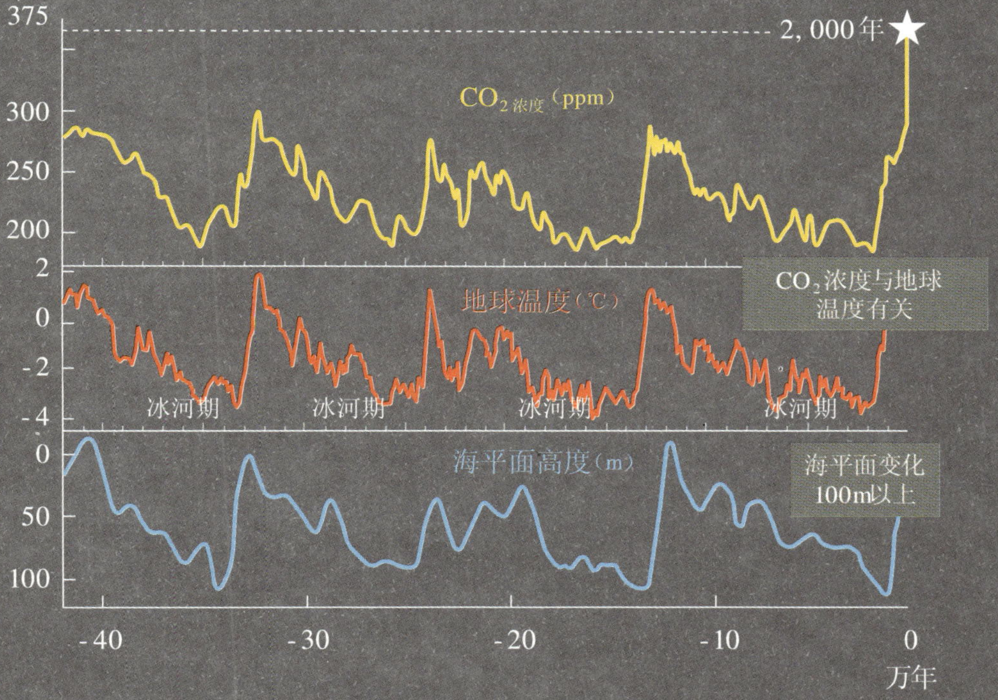

依据第17次BLUE PLANET奖演讲资料（Lorius博士、2008年）制作

Ⅲ悄然而至的危机/地球气温的变化

近年来人们发现，全球气候变暖问题是由迄今为止的人类活动引发的。预计随着今后人类采取措施，该问题的发展方向也会产生变化。

图 3—3　世界规模及大陆规模的气温变化

根据气候模型的模拟结果，20 世纪后半期，世界平均气温的上升（观测值）非常可能是由人为温室气体浓度的增加所导致的。除南极大陆以外，其他各大陆在过去的 50 年中，人为引起气温明显升高的可能性很大。

图 3—4　不同场景的世界平均气温

如果温室气体以比现在还要快的速度持续排放，会引发更为严重的全球气候变暖问题，也会导致世界气候系统的很大变化。今后社会的变化也会导致不同的影响，但是很可能比 20 世纪观察到的规模要更大。

图3-3　世界规模及大陆规模的气温变化

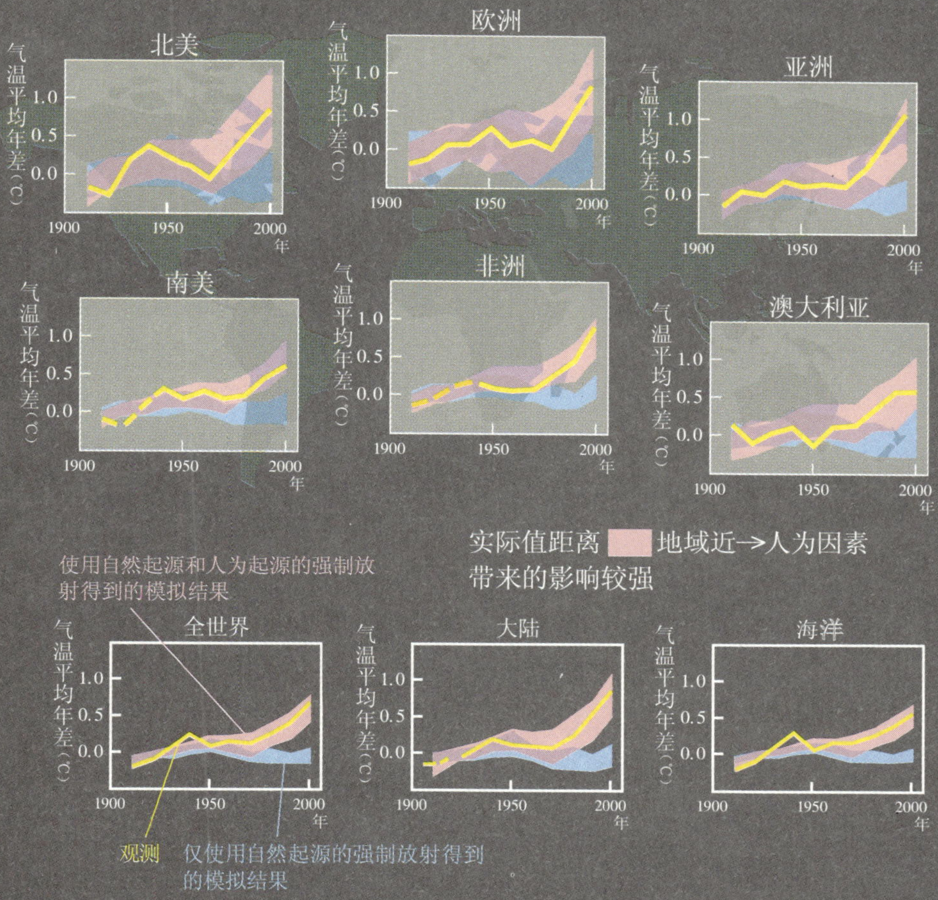

依据IPCC第4次面向决策者的评价报告书统合报告书摘要，文部科学省经济产业省气象厅环境省制作

图3-4　不同场景的世界平均气温

场景	气温变化 以1980～1999年为标准的2090～2099年的差异（℃） 最佳推定数值	 可能性较高的预测范围
2000年的浓度	0.6	0.3～0.9
B1场景	1.8	1.1～2.9
A1T场景	2.4	1.4～3.8
B2场景	2.4	1.4～3.8
A1B场景	2.8	1.7～4.4
A2场景	3.4	2.0～5.4
A1F1场景	4.0	2.4～6.4

A1：「高度增长社会场景」。对化石能源的重视（A1FI）、对非化石能源的重视（A1T）、对所有能源平衡的重视（A1B）分为三项 / A2：「多元化社会场景」/ B1：「持续发展型社会场景」/ B2：「地域共存型社会场景」

IPCC第4次面向决策者的评价报告书统合报告书摘要，文部科学省经济产业省气象厅环境省制作全球气候变暖带来的影响因适应程度、气温变化的速度、社会经济场景的不同而有所差别，但是，如果气温比 1980—1999 年的温度升高 2℃的话，很多领域将受到大规模的损害。

图 3—5　世界平均气温升高带来的主要影响

全球气候变暖问题如果像这样发展下去的话，干旱地带的旱情加重将导致可利用水资源的减少。预计这对生态系统的影响较大，同时，热带性感染病会因此增加，农林水产业也会受到影响。另外，海平面上升和自然灾害的增加也是可以预想到的。像这样的影响对于发展中国家来说，事先做好经济和技术方面的措施尤为困难，因而影响也很大。

图3—5　世界平均气温升高带来的主要影响

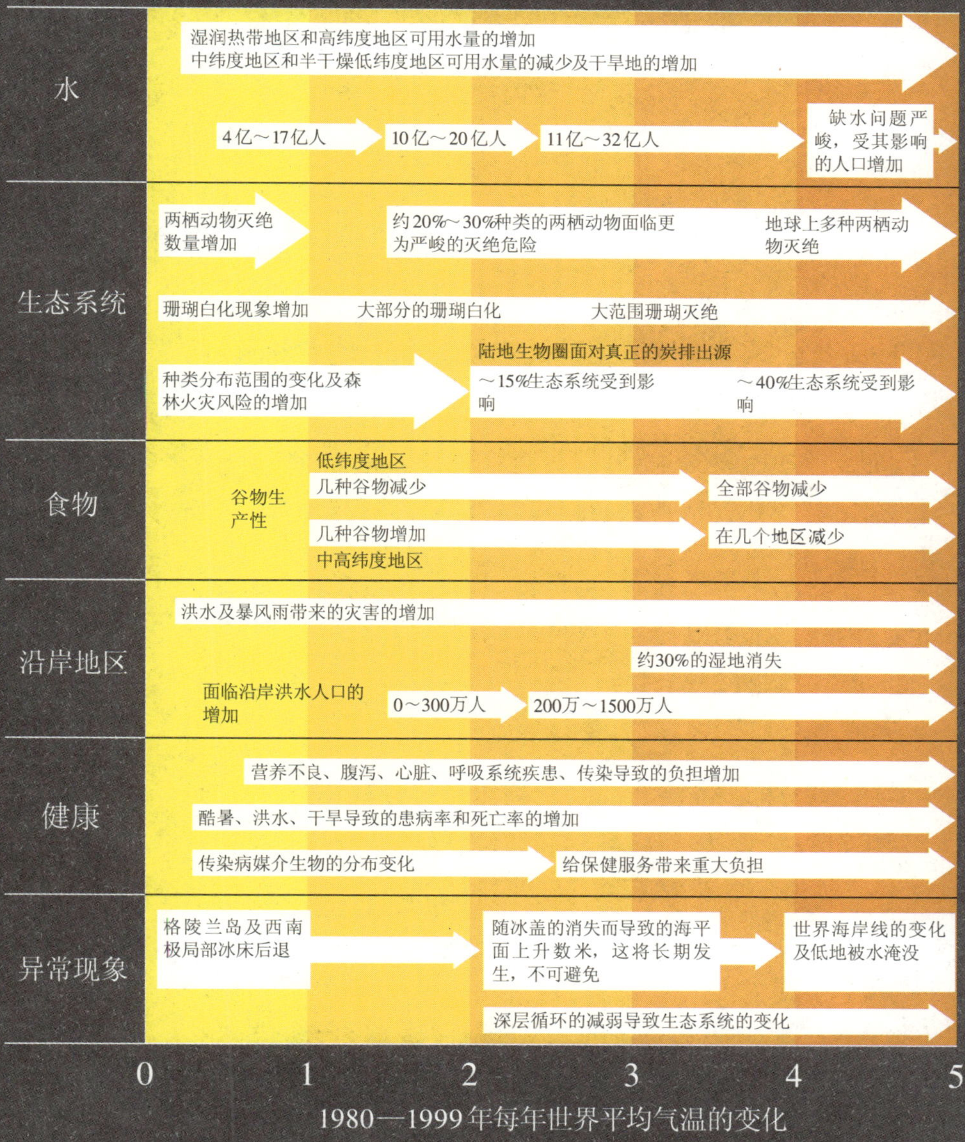

依据IPCC 第4次评价报告书第2工作小组报告书 技术摘要（日语版），环境省制作

各地区（特别是地区所在的纬度）受到气温升高的影响不同。其中，在发展中国家较多的亚洲和非洲，气候变化会带来很深刻的影响。

图 3—6　世界平均气温上升的主要影响（地域规模）
各地区影响的程度和种类有所不同，不过大多数表现为全球气候变暖问题的恶化和对农业、生态系统、水、沿岸地区、健康、产业、居住等的影响。

图3—6　世界平均气温上升的主要影响（地域规模）

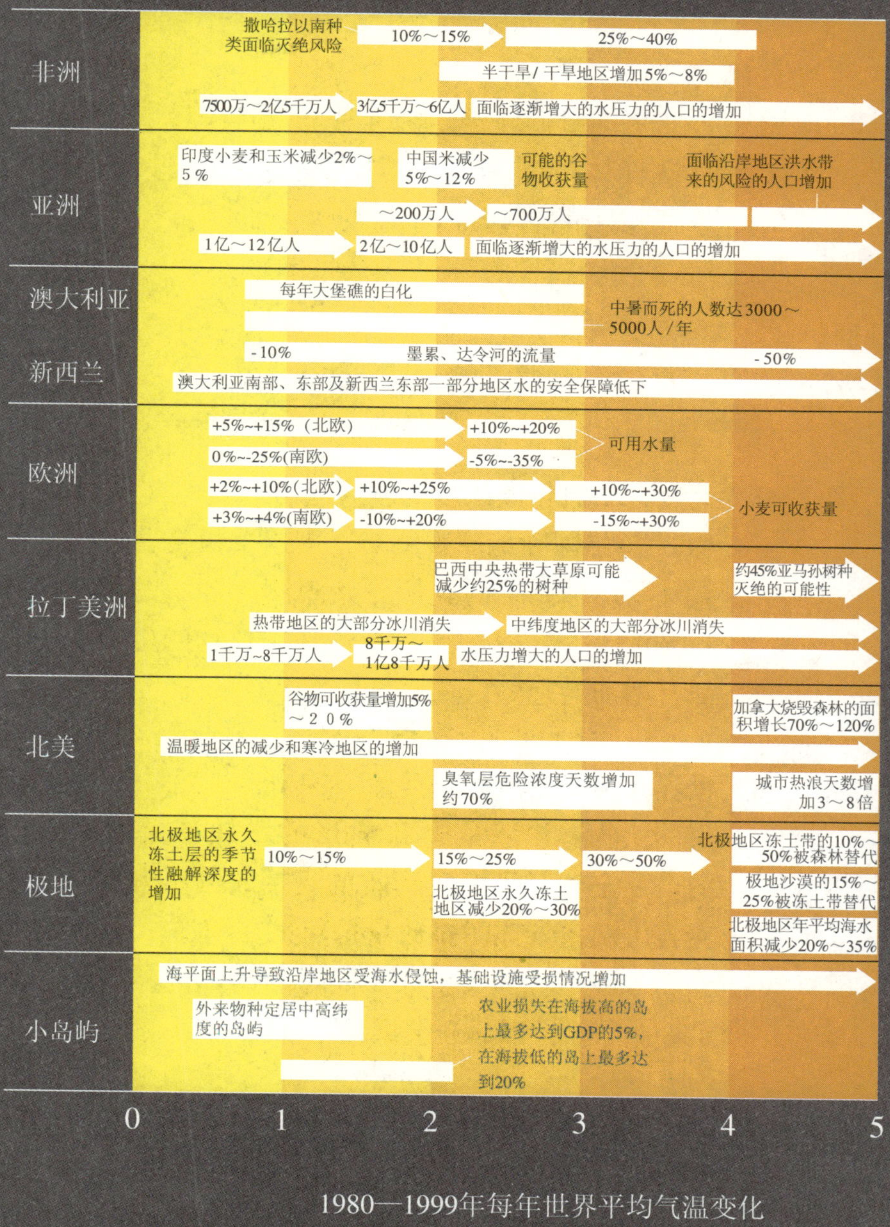

依据IPCC第4次评价报告书第2工作小组报告书 技术摘要（日语版），环境省制作。

可以通过各种各样的形式观察到温室气体 CO_2 排放量增加这一事实。温室气体的排放是人类活动导致的恶果，同时也是全球气候变暖问题的直接原因。

图 3—7　大气中二氧化碳浓度的发展趋势

1957 年是国际地球观测年，借这个机会，美国国家海洋大气局地球系统研究所开始观测大气中的 CO_2。观测资料显示，大气中 CO_2 的量反映了植物的生长，同时每年都有增加的趋势。

图 3—8　世界人为温室气体排放量

人们认为，温室气体排放量的增加是由人类活动导致的，是全球气候变暖问题的直接原因。人们记录到，世界人为温室气体的排放量每年都在增加，从 1990 年开始到 2005 年为止，用 CO_2 换算的话，世界温室气体增加了 8Gt。预计以后还会继续增加。

图3—7　大气中二氧化碳浓度的发展趋势

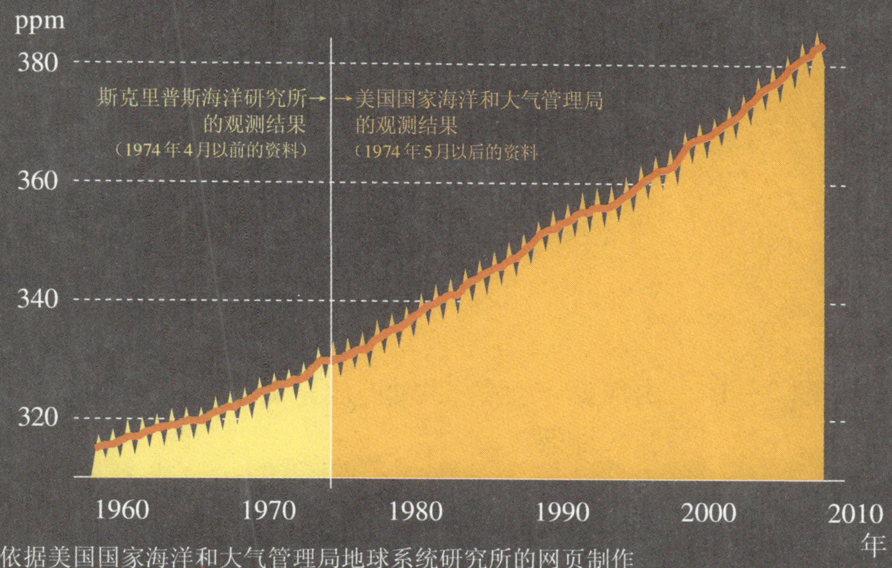

依据美国国家海洋和大气管理局地球系统研究所的网页制作
（http://www.esrl.noaa.gov/gmd/ccgg/trends/co2_data_mlo.html）

图3—8　世界人为温室气体排放量

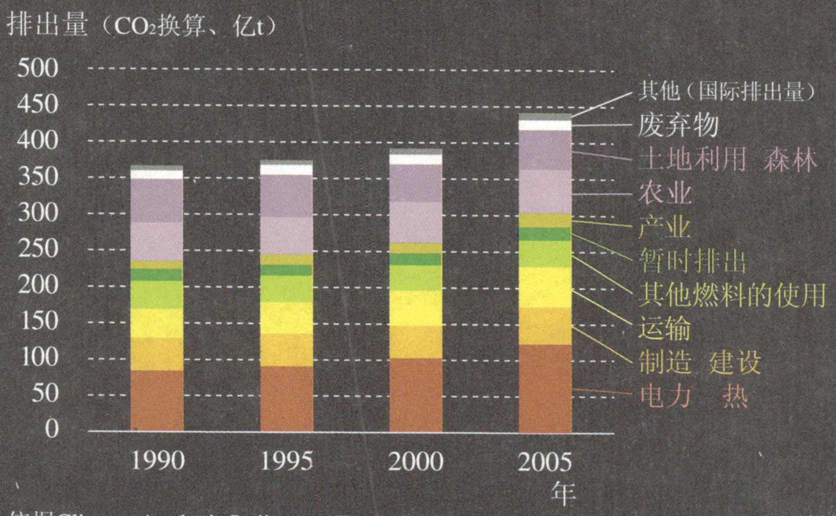

依据Climate Analysis Indicators Tool (CAIT) on-line database version 7.0, WRI制作

Ⅲ悄然而至的危机/温室气体的排放

为控制 CO_2 的排放量，需要尽快重新考虑大量消耗化石燃料提供能源的方式。

图 3—9/图 3—10　由能源产生的 CO_2 排放量的发展趋势　分能源、地区统计

全球气候变暖问题气体中，排放量最大的是 CO_2。能源排放的 CO_2 量从 1973 年到 2007 年增加了约 2 倍。虽然使用的能源比例有所改变，但是不管是煤、石油、还是天然气，使用量都在增加。其背景之一就是，以中国为首的亚洲新兴国家对能源的需求增加。

图3—9 由能源产生的CO_2排放量的发展趋势 分能源统计

依据Key World Energy Statistics 2009, IEA制作

图3—10 由能源产生的CO_2排放量的发展趋势 分地区统计

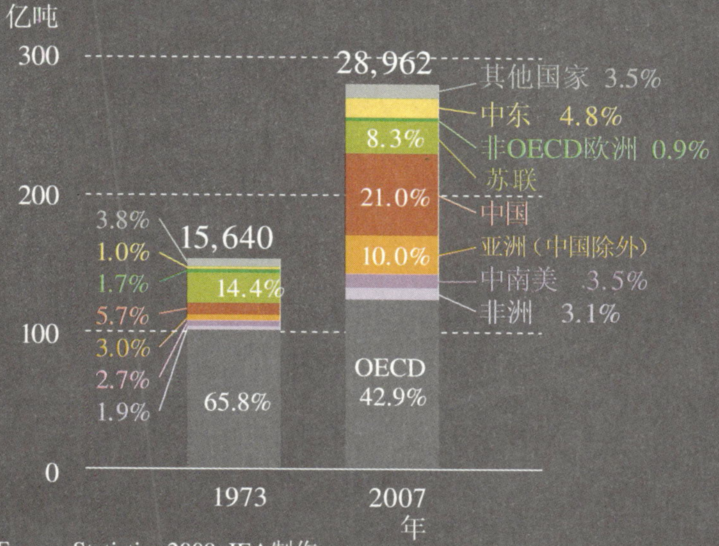

依据Key World Energy Statistics 2009, IEA制作

Ⅲ悄然而至的危机/温室气体的排放

发达国家富裕的生活是建立在消耗大量的化石能源的基础上。如果不实施特殊对策，发展中国家也会与其一样，在获得发展的同时 CO_2 的排放量也会不断增加。

图 3—11　不同地区的 CO_2 排放量（人均、单位 GDP/2007 年）

高收入国大量消耗能源，人均 CO_2 的排放量是世界平均值大约 3 倍。然而，南亚、撒哈拉以南的非洲等地的排放量是世界平均的四分之一或五分之一。从图 3—11 可看出不同地区差异的显著性。从每单位 GDP 产生的 CO_2 排放量可以看出，高收入国的排放量比世界平均值略低。

图 3—12　不同地区 CO_2 排放量的发展趋势及未来预测

如果不专门制定对策，到 2030 年由能源产生的 CO_2 排放量将成为 1990 年排放量的大约 2 倍。排放 CO_2 较多的美国、EU、日本等发达国家的排放量今后将变化不大，但是，今后经济发展水平将大幅度提高的中国、印度、ASEAN 各国的排放量估计将有所增加。

图3—11　不同地区的CO_2排放量（人均、单位GDP / 2007年）

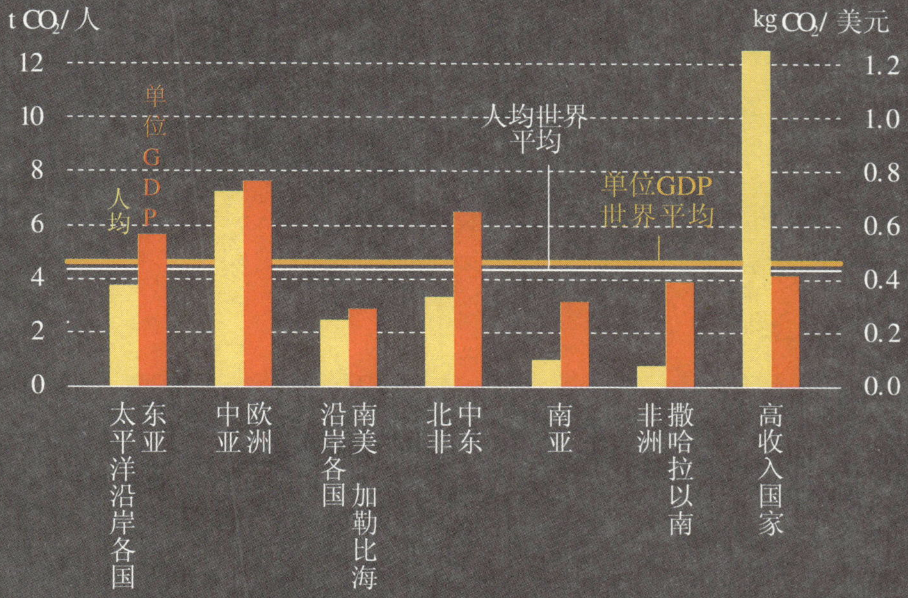

依据Key World Energy Statistics 2009, IEA制作

图3—12　不同地区CO_2排放量的发展趋势及未来预测

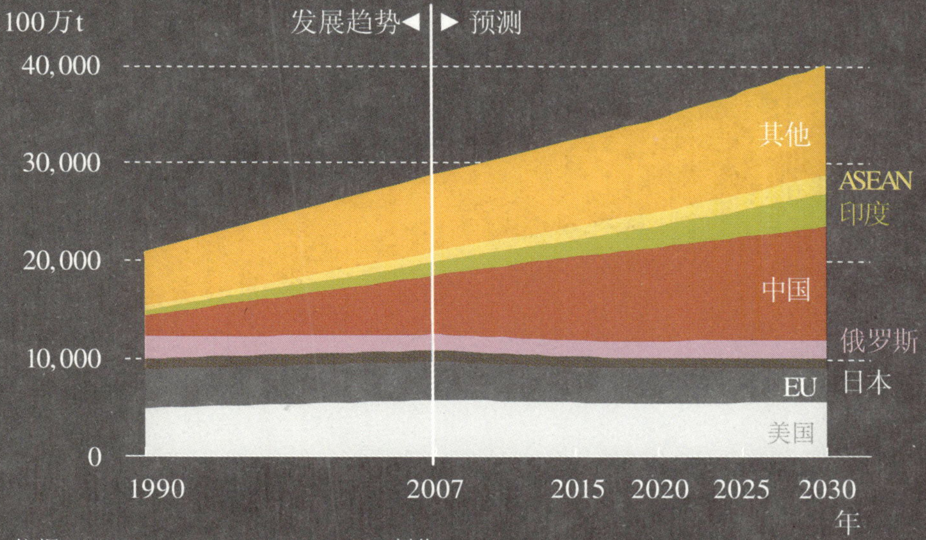

依据World Energy Outlook2009, IEA制作

大部分 CO_2 都是由一部分国家排放的。这些排放量较大的国家努力削减 CO_2 的排放是理所当然的。但是与此同时，为削减人均排放量，其他国家也需要改变生活方式，完成向能效佳的产业的转型。

图 3—13　不同国家 CO_2 排放比例（前 20 位的国家/2007 年）

CO_2 排放量以中国（21%）和美国（20%）最为突出，这两个国家的排放量占世界约四成。人均 CO_2 排放量较大的国家主要是发达国家，这也反映了这些国家经济规模之大。每创造 1 美元 GDP 消耗的 CO_2 在发达国家较低，其他国家则偏高。从每创造 1 美元 GDP 消耗的 CO_2 排放量可以看出各国能源效率和原子能发电利用率的差别。

图3—13　不同国家CO_2排放比例

（前20位的国家 / 2007年）

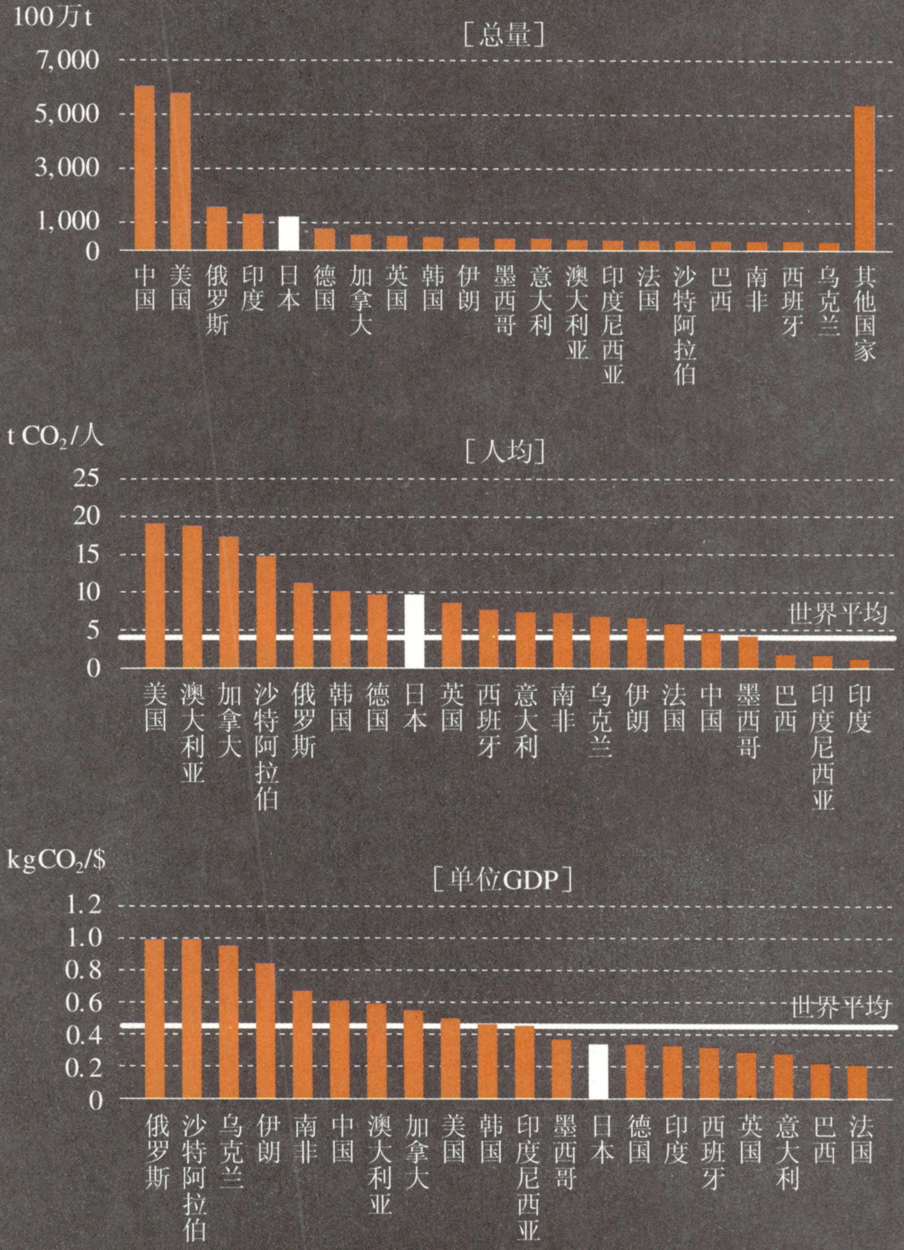

依据Key World Energy Statistics 2009, IEA制作

近几年，生物个体数量显著减少，很多濒临危机的物种已被确认。有一种说法称人类即将遭遇地球历史上第六次生物物种大量灭绝的危机。

图 3—14　生命行星指数（1970 年个数 指数 100）

根据世界自然保护基金（WWF）在全世界公布的资料，我们将大约 3000 个个体群的发展趋势制作成一个综合指标，名为“生存地球指数”。据这一指标显示，1970—2000 年间生物的个体数量减少约 40％，而且一直在减少。内陆水生物种减少约 50％，海洋及陆域生物物种分别减少 30％。

图 3—15　不同类别的世界濒临灭绝动物种类数量和植物种类数量的比例

国际自然保护协会（IUCN）对人类发现的约 164 万个物种的灭绝危险度做了调查。调查结果显示，在完成评价的约 4 万 5 千个物种中，近 40％的物种面临灭绝的危机。

图3—14　生命行星指数（1970年个数 指数100）

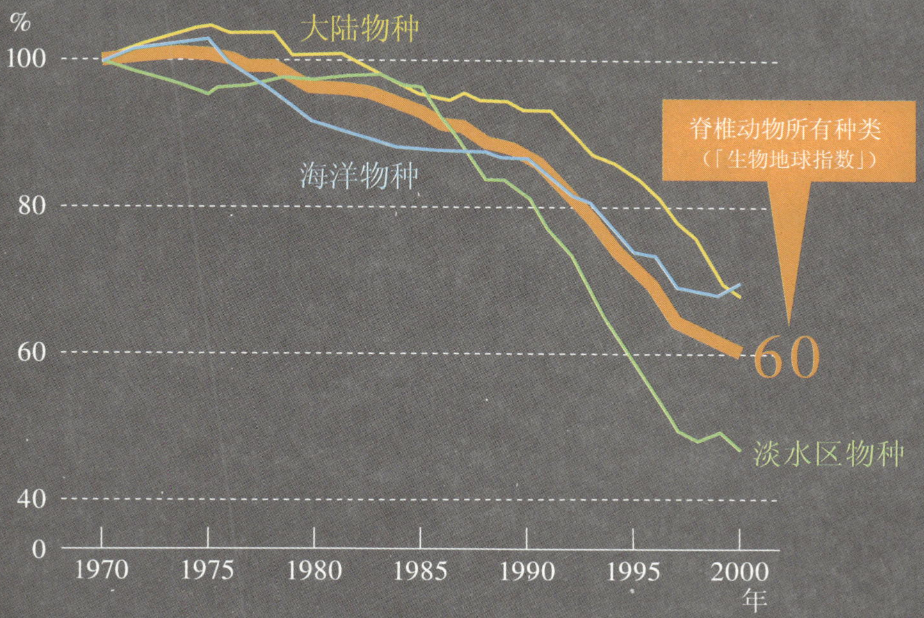

地球规模生物多样性概况2（日语版），环境省制作

（原出处： Living Planet Report （2004），WWF、UNEP-WCMC、Global Footprint Network）

图3—15　不同类别的世界濒临灭绝动物种类数量和植物种类数量的比例

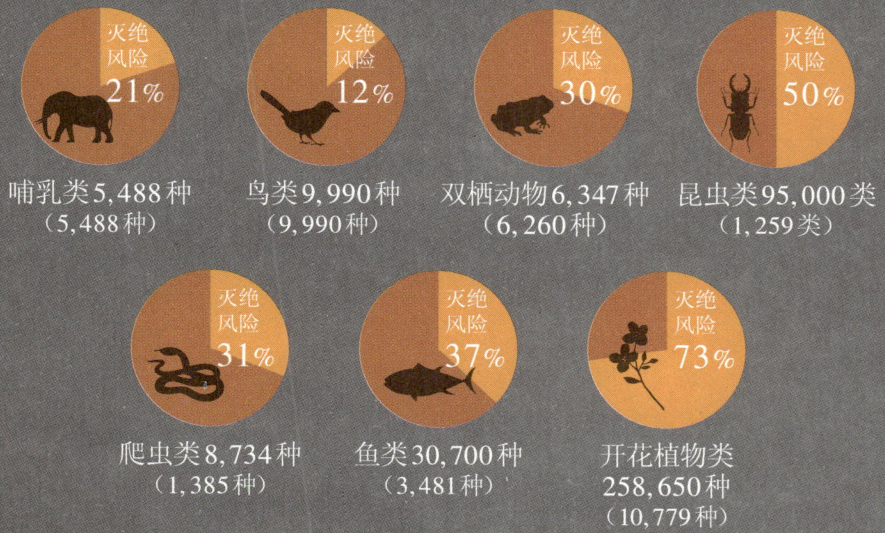

注：（　）内为完成评价的物种数

Red List of Threatened Species （2008），IUCN制作

Ⅲ悄然而至的危机/生物的灭绝及恩惠

在近100年内，物种的灭绝速度迅速提高。预计今后人类活动会加速物种的灭绝速度。

图3—16　物种的灭绝速度

物种灭绝是自然发生的事情，以恐龙为代表的大多数物种已经灭绝。迄今为止自然发生的灭绝速度是在1000年里，每1000种内就有0.1～1种发生灭绝。与此相对，20世纪物种的灭绝速度是过去灭绝速度的50～500倍。如果计算时包括可能灭绝的物种，可能达到1000倍。估计以后灭绝速度将达到10倍以上。

图3—16　物种的灭绝速度

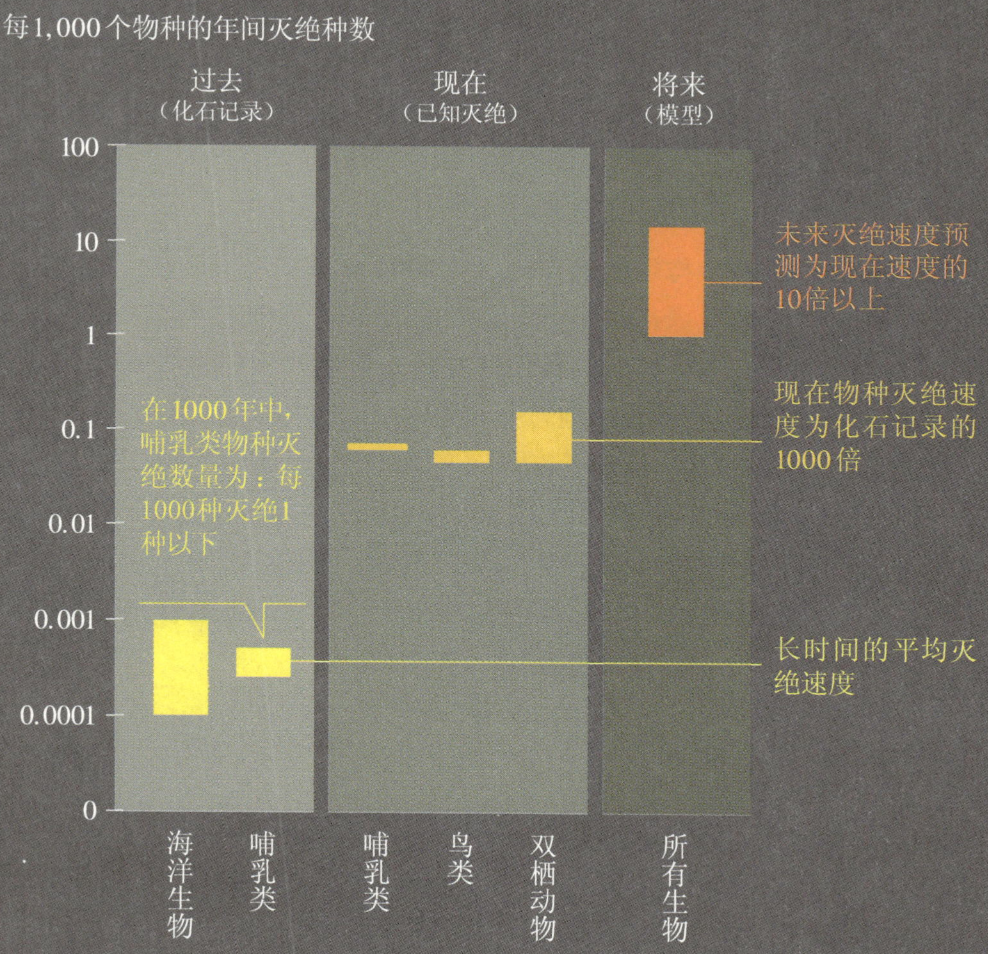

*“过去”指通过化石记录推算出的平均灭绝速度
平成19年度环境循环性社会白皮书制作
（原出处：Millennium Ecosystem Assessment, UN）

人类活动使很多自然带来的恩惠逐渐消逝。通过保护仅占地球表面百分之几的“热点地区”可以保全很多物种。

图 3—17　生物多样性的热点地区（2004 年）

热点地区指第 10 届 BLUE PLANET 奖获奖者 Norman Myers 提倡的“从地球规模来看生物多样性较高，但濒临破坏危机的地区”。之后，第 6 届 BLUE PLANET 奖获奖组织 CONSERVATION INTERNATIONAL 发表了 34 个热点地区。面积仅占地球表面积的 2.3%，但是濒临灭绝的哺乳类、鸟类、两栖类动物有 75%栖息于此地，全部维管束植物的 50%和陆地脊椎动物的 42%仅仅生活在这 34 个热点地区。

图3—17　生物多样性的热点地区（2004年）

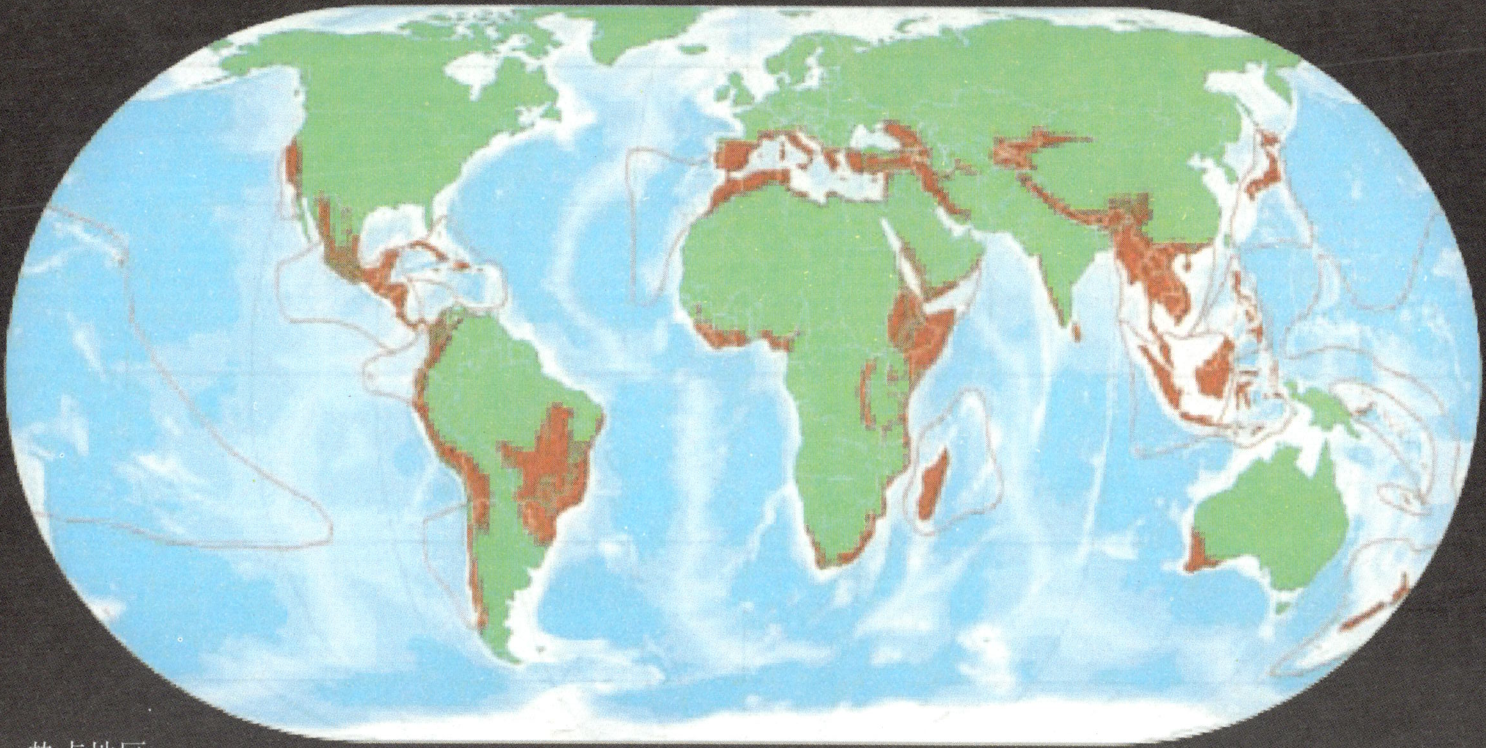

热点地区

出处：Biodiversity Hotspots, Conservation International

从很久以前开始，人类就享受着物种多样性带来的生态系统的服务这一恩惠。但是，人类将自然的恩惠视作理所当然，丝毫没意识到失去这份恩惠后损失的严重性。

图 3—18　生态系统服务与人类福利的关系

生态系统服务与人类福利的关系受到社会活动或经济活动等各种各样的影响。需要在考虑到地域的生态系统和社会的多样性的同时，努力持续性的享受自然带来的恩惠。

图3—18　生态系统服务与人类福利的关系

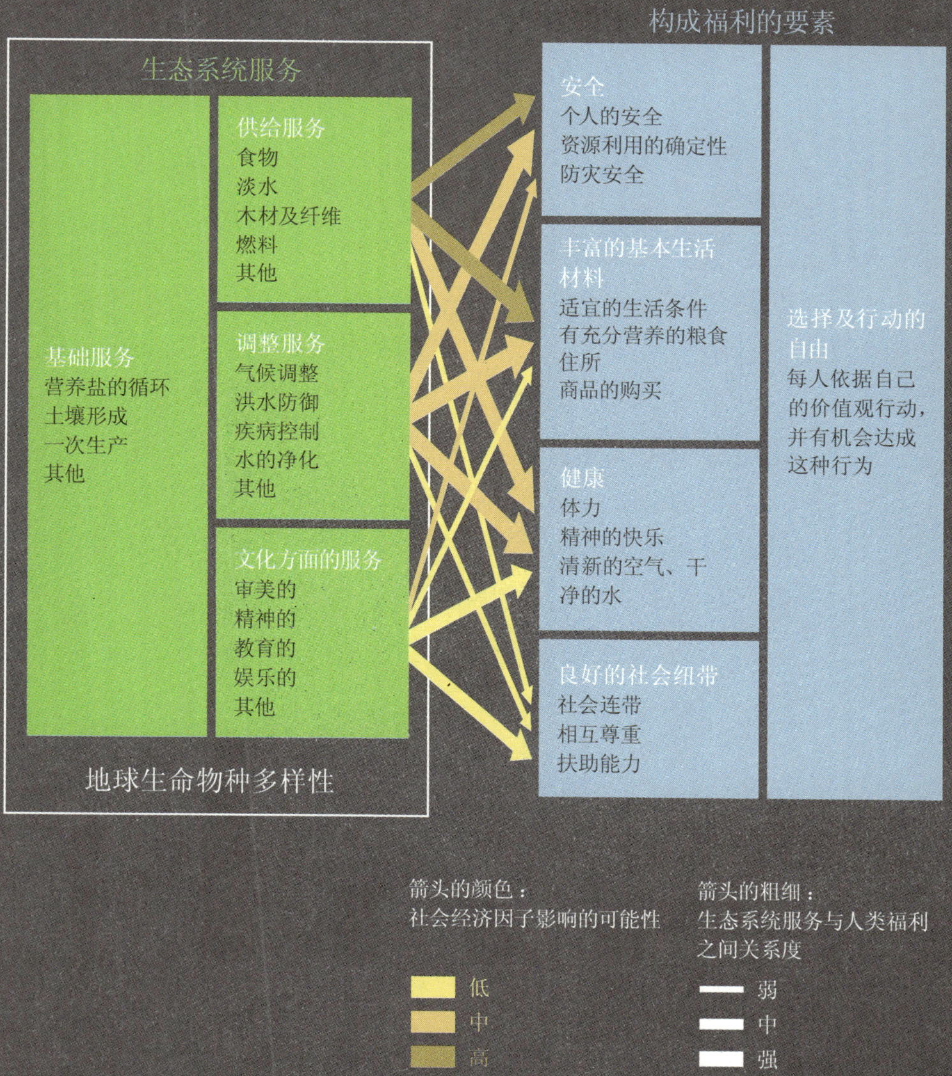

依据平成19年度环境循环性社会白皮书制作
（原出处：Millennium Ecosystem Assessment, UN）

人类生存不可或缺的生态系统的服务大多已经进入严重的状态。

图 3—19　生态系统的状态

据联合国千年生态系统评价分析的人类享受到的地球生态系统带来的恩惠（生态系统服务），并对最近十几年可掌握的生态系统服务进行评价。评价结果显示，在生态系统服务中，大约三分之二（24 个中有 15 个）处于恶劣化或者不可持续的状态。其中包含海洋渔获量的减少、森林或湿地的消失、大气和水的净化、抵御灾难自我保护等重要功能。

图3—19 生态系统的状态

	机能	区分	状况	注
供给服务	食物	谷物	↗	产量大幅增加
		家畜	↗	产量大幅增加
		渔获	↘	过度渔猎导致产量降低
		水产养殖	↗	产量大幅增加
		野生食物	↘	产量降低
	纤维	木材	→	某地区森林减少，其他地区森林增加
		绵、麻、绢	→	某纤维产量降低，其他纤维产量增加
		木质燃料	↘	产量降低
	遗传基因资源		↘	灭绝或遗传基因的损失导致的减少
	生化学物质、自然药品、医药品		↘	灭绝或过度采取导致消亡
	水	淡水	↘	引用、工业用、灌溉用的不可持续的使用；水能的量虽然不变，但使用其的大坝能力提高
调整服务	大气质的调节		↘	大气自净能力低下
	气候的调节	整个地球	↗	20世纪后半期以后，纯净炭成为固定调节源
		局部地区	↘	负面影响较大
	水的控制		→	根据生态系统的变化及场所而异
	土壤侵蚀的抑制		↘	土壤劣化现象恶化
	水的净化和废弃物的处理		↘	水质低下
	疾病的预防		→	因生态系统的变化而异
	病虫害的抑制		↘	杀虫剂的使用导致自然抑制能力低下
	花粉传播		↘	全世界花粉传播者的数量明显减少
	自然灾害的防御		↘	自然缓冲地带（湿地、美洲红树）消失
文化方面的服务	精神及宗教价值		↘	神圣的林地和物种急剧减少
	审美价值		↘	自然土地在质量上数量上均减少
	娱乐及生态旅游		→	可利用土地增加，但大部分地区质量低下

依据平成19年度环境循环型社会白皮书制作
（原出处：Millennium Ecosystem Assessment, UN）

人类活动使生态环境恶化，这需要全球性的对策。

图 3—20　物种多样性及生态系统变化的直接原因

生物多样性受损的主要原因有栖息地的改变、外来物种入侵、过度开发利用、氮或磷等营养盐的污染、全球气候变暖问题等。特别是农业用地的扩大和渔业资源的过度开发是导致生物多样性受损的重大原因。今后，生物多样性受损带来的影响和现在相比只会有过之而无不及。

图3—20　物种多样性及生态系统变化的直接原因

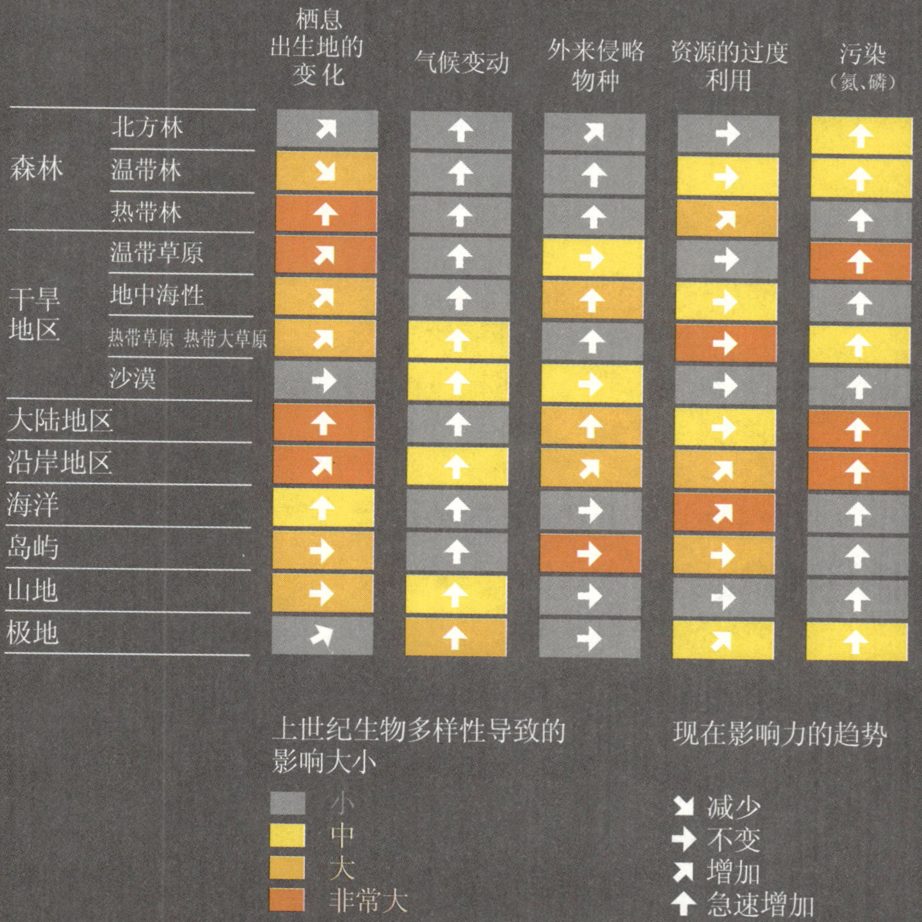

地球规模生物多样性概况2（日语版），环境省制作
（原出处：Millennium Ecosystem Assessment, UN）

Ⅲ悄然而至的危机/生物生活范围的缩小

不同地区森林生态系统及其分布有所不同。特别是森林面积大的国家更加需要积极的采取保护措施。

图 3—21　世界森林分布　分地区统计（2005 年）

欧洲或南美等地森林面积较大。但是，欧洲森林面积有增加的趋势，与此相对，南美的森林面积以世界最快的速度减少。

图 3—22　国土面积广大的国家和森林面积大的国家（2005 年）

森林面积大的国家以巴西、加拿大、美国为首。日本的森林面积占国土的三分之二，森林数量也确实在增加。在全世界看来，日本是森林资源丰富的国家。但是，它也是世界上少数的木材进口国之一。

图3—21 世界森林分布 分地区统计（2005年）

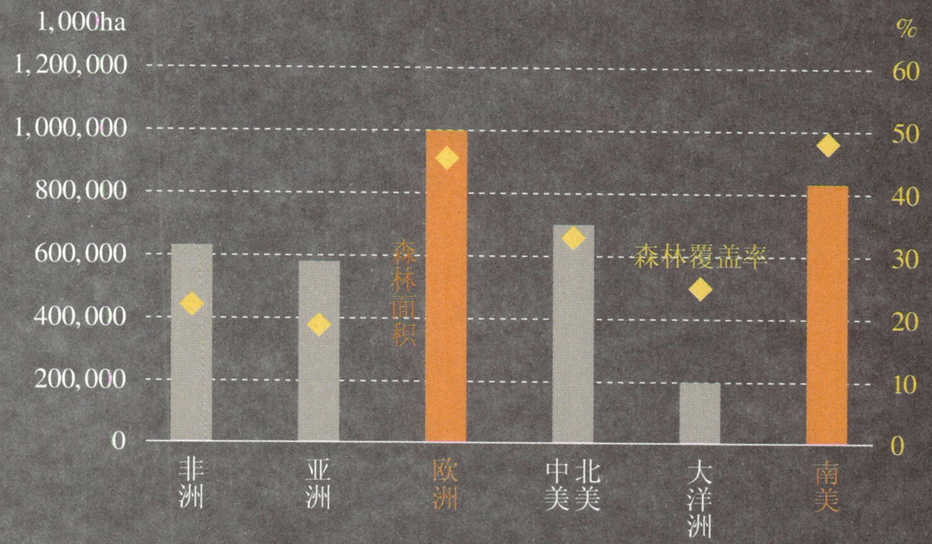

Global Forest Resources Assessment 2005 Progress towards sustainable forest management, FAO制作

图3—22 国土面积广大的国家和森林面积大的国家（2005年）

国名	森林面积（1000ha）	名次	陆地面积（1000ha）	名次	森林覆盖率（%）
俄罗斯	808,790	1	1,638,139	1	49.4
巴西	477,698	2	845,942	5	56.5
加拿大	310,134	3	909,351	4	34.1
美国	303,089	4	916,192	3	33.1
中国	197,290	5	932,749	2	21.2
澳大利亚	163,678	6	768,230	6	21.3
刚果民主共和国	133,610	7	226,705	12	58.9
印度尼西亚	88,495	8	181,157	15	48.8
秘鲁	68,742	9	128,000	19	53.7
印度	67,701	10	297,319	7	22.8
⋮	⋮	⋮	⋮	⋮	⋮
日本	24,868	23	36,450	61	68.2

依据FAOSTAT, FAO制作

除一部分地区之外，世界的森林面积持续减少。森林可以吸收温室气体 CO_2，也是多数生物的生存环境。保护森林是人类生存的一大课题。

图 3—23　不同地区每年森林变化的绝对数量（1990—2005 年）

纵观全世界，可以发现森林在不断减少。2000—2005 年，每年林地净减少 730 万公顷（73,000），每年森林的实际面积在以 0.18%的速度消失。分地区看的话，南美、非洲、东南亚等地有所减少，中国或欧洲的一部分地区有所增加。

图 3—24　排名前 10 位的森林面积变化大的国家（2000—2005 年）

2000—2005 年之间，森林面积减少最多的国家是巴西，印度尼西亚紧随其后。其原因是牧业草场的开发和烧荒农业导致的森林采伐、道路建设等。在同一时期，中国积极开展植树造林活动，森林面积大幅增加。

图3—23　不同地区每年森林变化的绝对数量（1990—2005年）

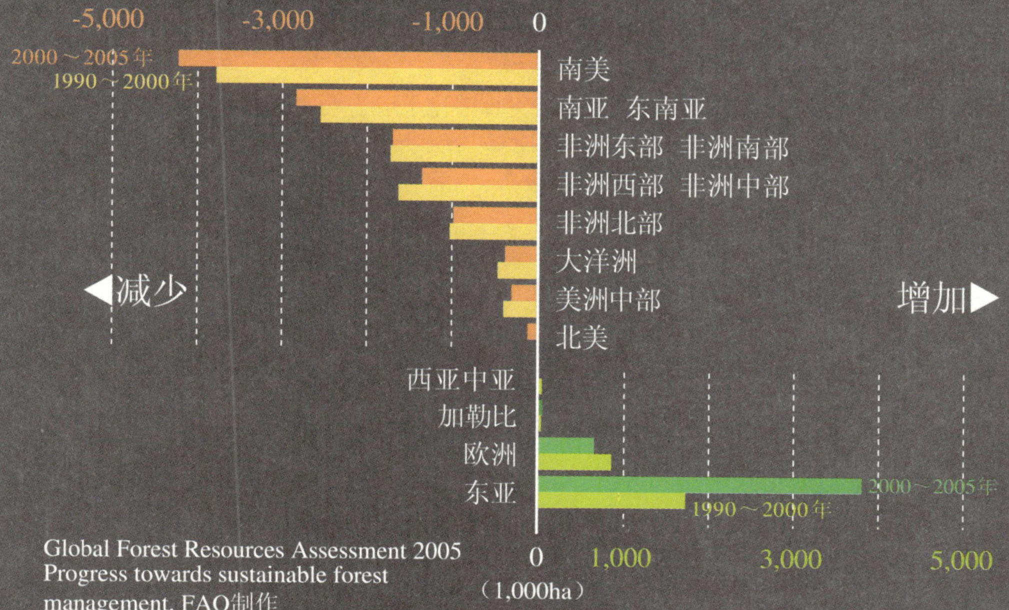

Global Forest Resources Assessment 2005 Progress towards sustainable forest management, FAO制作

图 3—24　排名前10位的森林面积变化大的国家（2000—2005年）

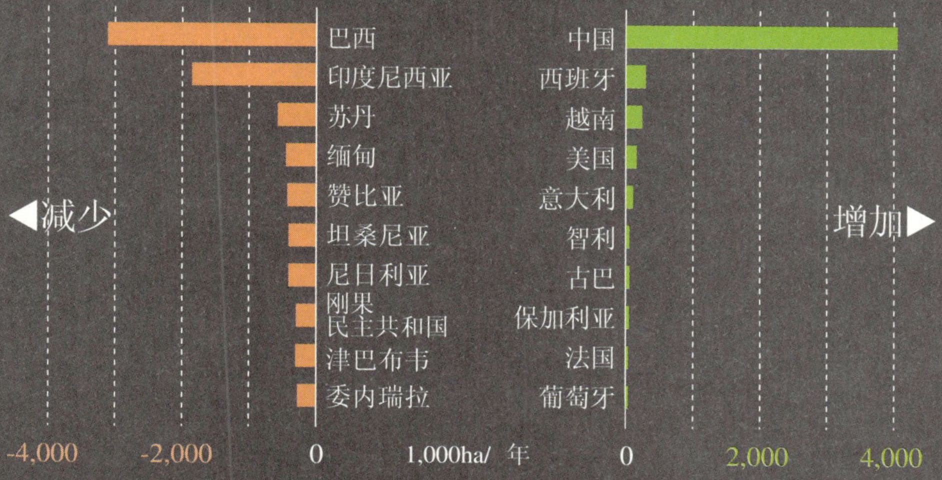

Global Forest Resources Assessment 2005 Progress towards sustainable forest management, FAO制作

Ⅲ 悄然而至的危机/生物生活范围的缩小

森林破坏使地球环境恶化。必须阻止世界各地正在进行的森林破坏。

图 3—25　过去 10 年土地植被覆盖的变化

在过去的 50 年，人类的生活发生翻天覆地的变化（各种资源的需求增加），生态系统以史无前例的速度发生改变。1980 年以后的多数研究称，在过去的十几年，世界森林发生急剧的变化。森林资源丰富的地区，如亚马逊地区、中非、俄罗斯、北美的针叶树林带森林正在减少，估计给地球环境带来很大影响。

图3—25 过去10年土地植被覆盖的变化

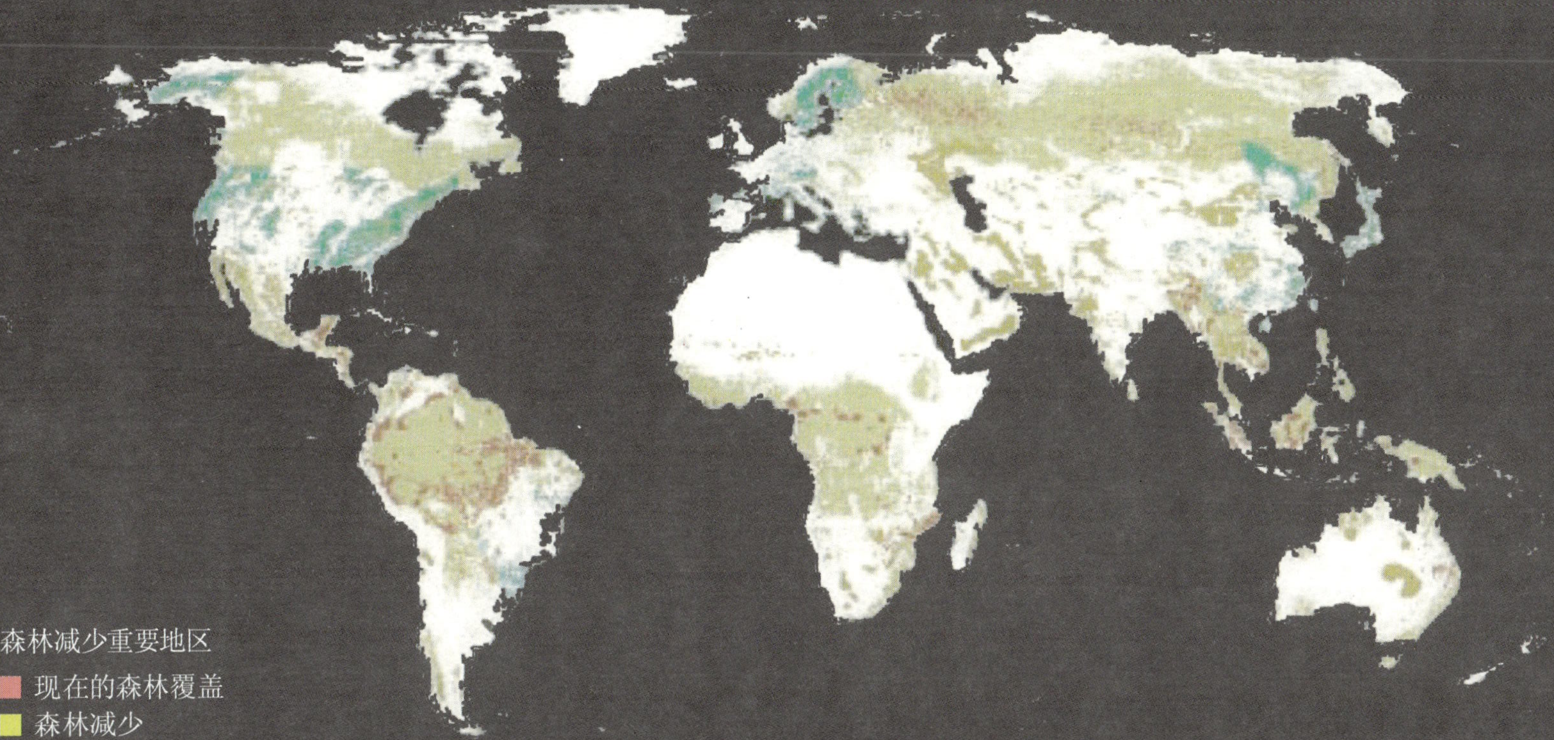

依据地球规模生物多样性概况2（日语版），环境省制作（原出处：Millennium Ecosystem Assessment, UN）

沙漠化导致食品供给不稳定、水源不足、贫困，给人类生活带来巨大影响。世界各地的沙漠化正在不断扩大。

图 3—26　世界沙漠化的现状

干旱地区容易受到沙漠化的影响，它们占地球面积的大约 41％。这些地区多为发展中国家。

图3—26　世界沙漠化的现状

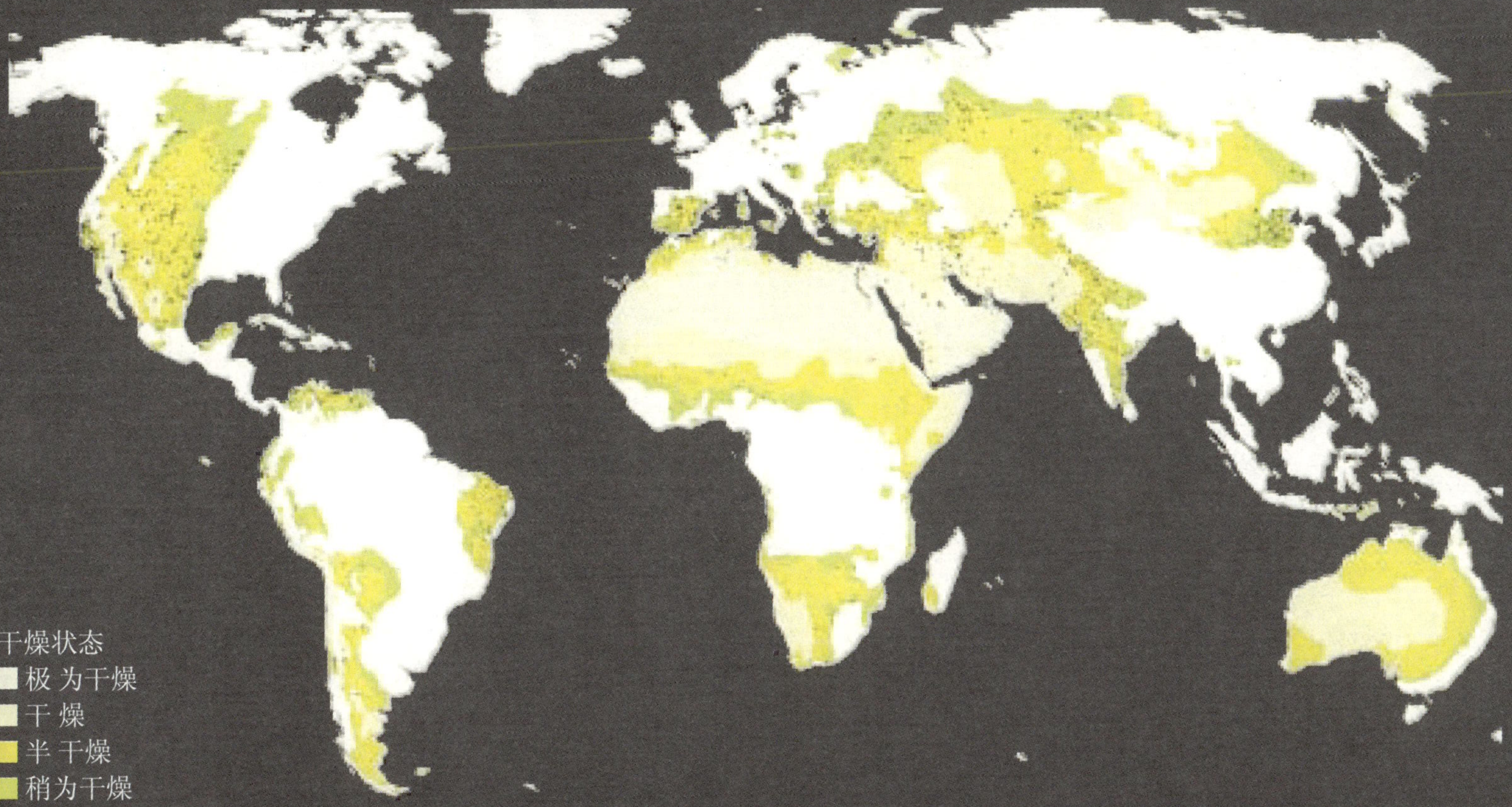

注：黑点为干燥地区城市地带。　Millennium Ecosystem Assessment, UN制作

应对危机

IV

Ⅳ应对危机/环境问卷调查结果

世界上的有识之士怎么看待在防止控制全球气候变暖问题过程中的个人行动呢?

图 4—1　预防全球气候变暖问题（2009 年）

包括“某种程度上意识到并采取行动”的人，有 90%以上的人对于全球气候变暖问题的预防有较高的个人意识。希望这一数字可以通过实际行动表现出来。

图4—1　预防全球气候变暖问题（2009年）

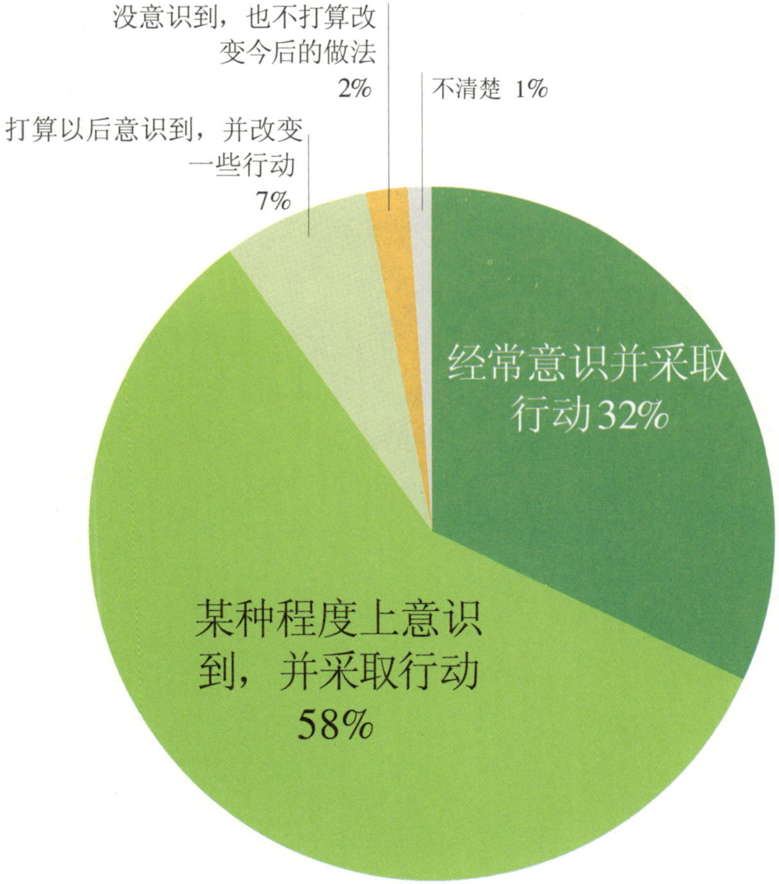

出处：旭硝子财团、环境问卷调查报告书2009年

对于能源消耗的个人意识怎么样呢？发达地区和发展中地区现阶段人们的意识差别反映了获得能源的容易程度和能源供给量的差异。

图 4—2　降低能源消耗（2006 年）

发达地区有 80％以上的人认为应该“减少”能源消耗，与此相对，发展中地区仅有不到 60％的人认为应该“减少”能源消耗，40％的人希望能源消耗“和现在一样或比现在更多”。这一点和发达地区有很大差别。

图4—2　降低能源消耗（2006年）

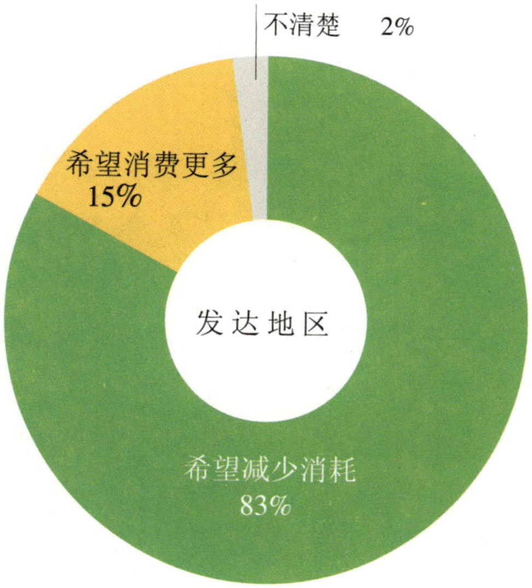

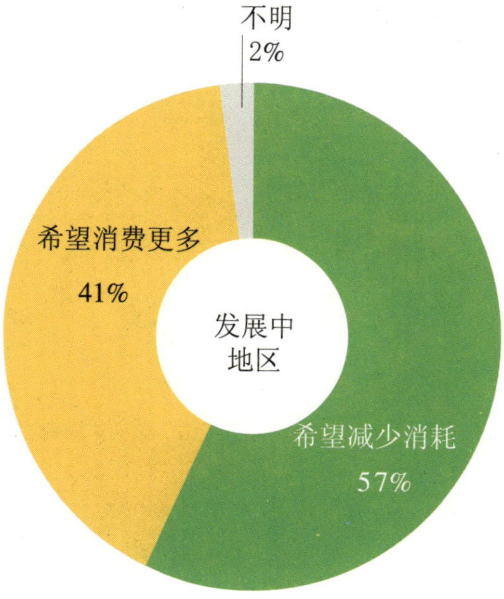

出处：旭硝子财团、环境问卷调查报告书2006年

Ⅳ应对危机/环境问卷调查结果

有希望代替化石燃料的能源是什么呢？在发达地区和发展中地区有很大的差异。

图 4—3　有希望代替化石燃料的能源（2006 年）

作为有希望代替化石燃料的能源，发达地区“核能”“太阳能”的比例较高，与此相对，发展中地区对“太阳能”的期待远高于其他。可以说这反映了发电设备设置的技术难易度。

图4—3　有希望代替化石燃料的能源（2006年）

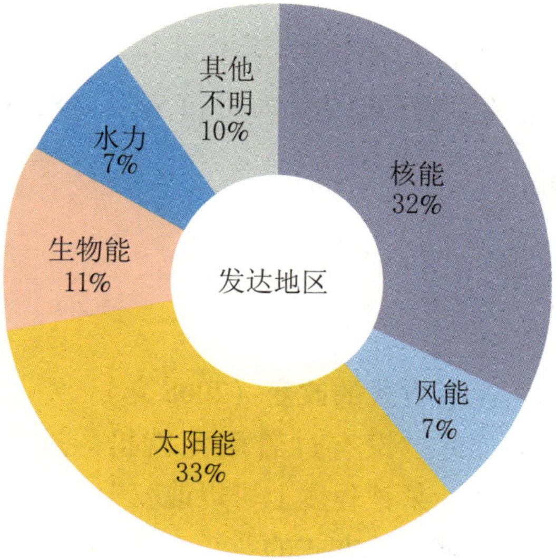

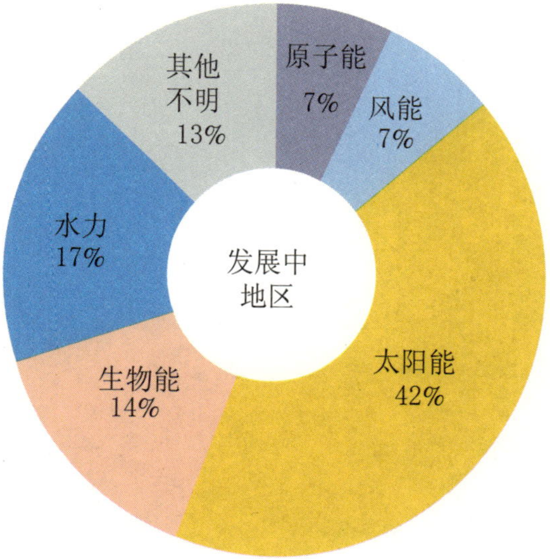

出处：旭硝子财团、环境问卷调查报告书2006年

Ⅳ 应对危机/环境问卷调查结果

人们怎么看待自己的生活方式呢？可以发现，大部分人希望将现在的生活方式改变为可持续发展的生活方式。

图 4—4　生活方式的改变（2008 年）

回答“没有过着用完就扔、过度消费的生活、可以改变、某种程度上可以改变”的人共计 95%。大部分人有改变生活方式的意识。这种意识以后在多大程度上会付诸于行动呢？

图4—4　生活方式的改变（2008年）

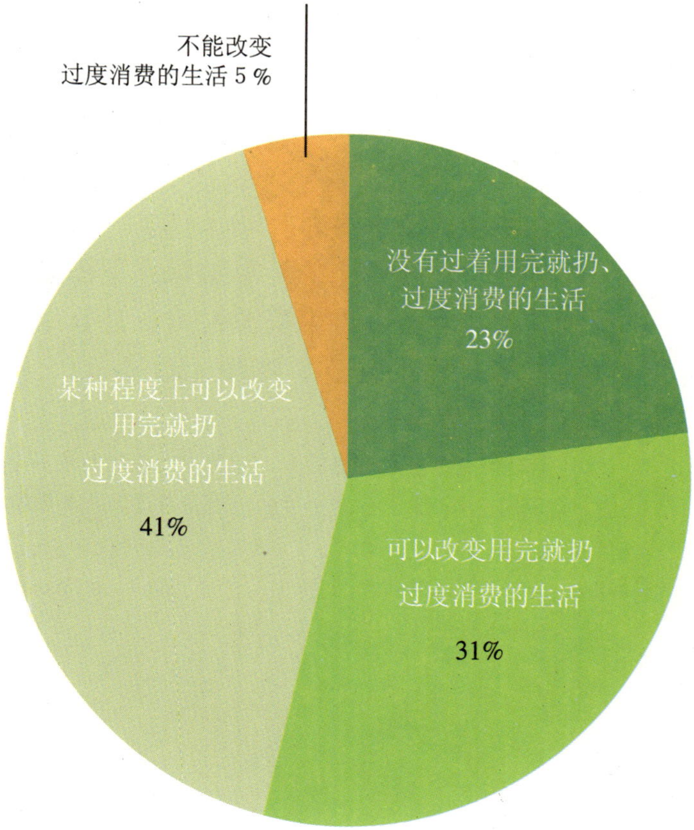

出处：旭硝子财团、环境问卷调查报告书2008年

Ⅳ应对危机/可再生能源

可再生能源的利用限制较多，不过，这些能源的潜力到底有多少呢?

图 4—5　可再生能源的技术潜力

根据各机构迄今为止的计算结果，下图表示了可再生资源的技术潜力。可再生资源潜力的计算结果因研究的不同而有所差异，但至少要远远超过 2006 年世界发电量（19，015TWh)。

注 1：可再生能源虽然潜力较大，但受到地理的制约（土地植被等）的影响，可利用量有限制。这里所说的潜力是考虑到这些限制的可再生能源的潜力。

注 2：2006 年的世界发电量为（19，015TWh)，由 World Energy Statistics and Balances，OECD/IEA 计算。

图4—5　可再生能源的技术潜力

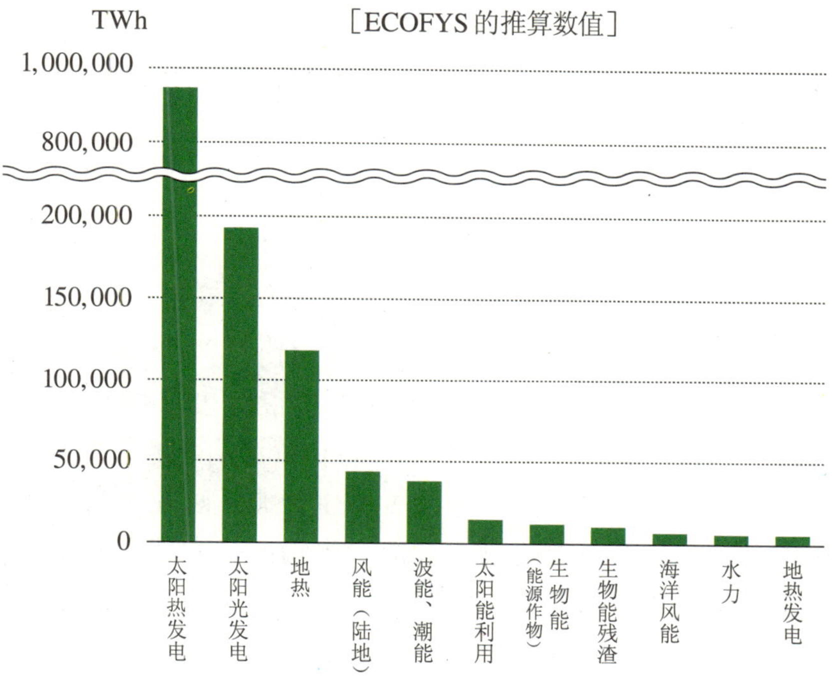

可再生能源		各机关推算数值 最低值	各机关推算数值 最高值	ECOFYS的推算数值
太阳热发电	Solar-CSP	28,311	1,210,388	918,151
太阳光发电	Solar PV	152,740	1,685,616	192,808
地热	Geothermal heat	445	1,437,215	118,721
风能（陆地）	Wind Onshore	7,683	51,735	43,253
波能、潮能	Ocean power	37,614	37,808	37,808
太阳能利用	Solar heating	-	-	14,041
生物能（能源作物）	Biomass energy crops	5,559	176,941	11,016
生物能残渣	Biomass Residues	3,425	19,406	10,000
海洋风能	Wind Offshore	1,610	2,158	6,507
水力	Hydropower	5,183	5,879	5,708
地热发电	Geothermal electric	160	16,438	5,137
	合计 TWh	242,728	4,643,584	1,363,151

Role and Potential of Renewable Energy and Energy Efficiency for Global Energy Supply, ECOFYS 制作

Ⅳ 应对危机/可再生能源

为解决地球环境问题，世界各国正在努力向可再生能源转换。

图 4—6　可再生能源的发电容量（OECD 各国）

水力和地热能等一些可再生资源从很久以前就被人使用。但是，为解决地球环境问题和资源有限性等问题，有必要在全世界大规模普及可再生资源。现在，新技术的开发和普及有所进展，风能、生物能、太阳光发电等可再生能源的利用量正在增加。

图 4—7　可再生能源的导入量及一次能源的供给份额

在除大规模水能之外的可再生资源中，世界各国的导入有最大进展的就是生物能，特别是美国引入大量的生物能。关于一次能源在所有能源中所占的比例，瑞典（主要是生物能）、丹麦（主要是风能）所占比例较大。在其他的发达国家只占到几个百分点。可再生能源是应对全球气候变暖问题的重要要素。欧洲的固定买进制度、洁净电力证书等市民可选择的能源市场等推进措施正在被采用。不过还有各种各样的问题，比如，太阳光或风能能否稳定提供电力、用于生物燃烧的燃烧作物和粮食作物的分配竞争等。

图4—6　可再生能源的发电容量（OECD各国）

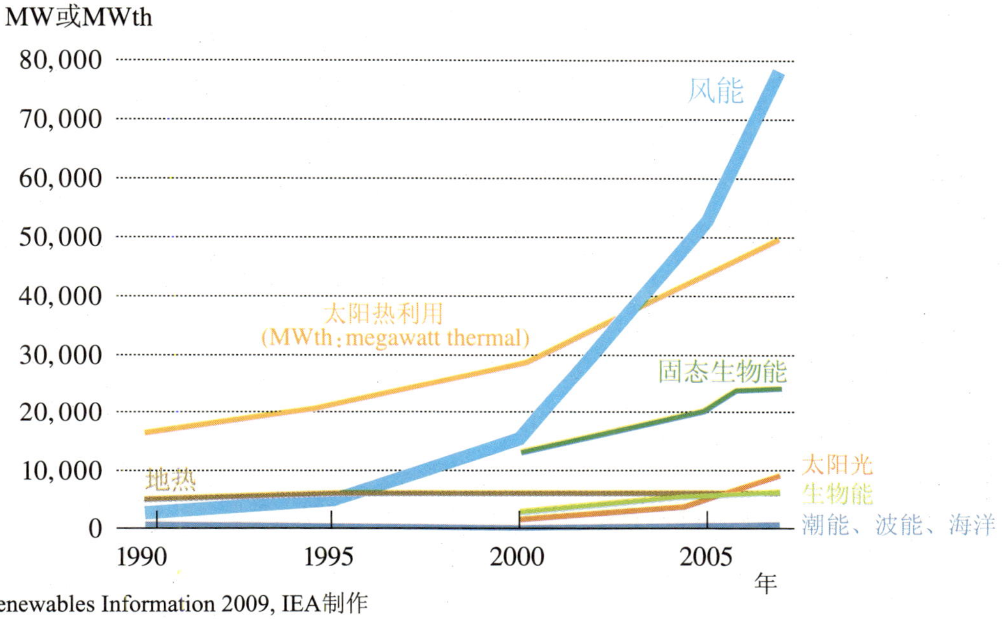

Renewables Information 2009, IEA制作

图4—7　可再生能源的导入量及一次能源的供给份额

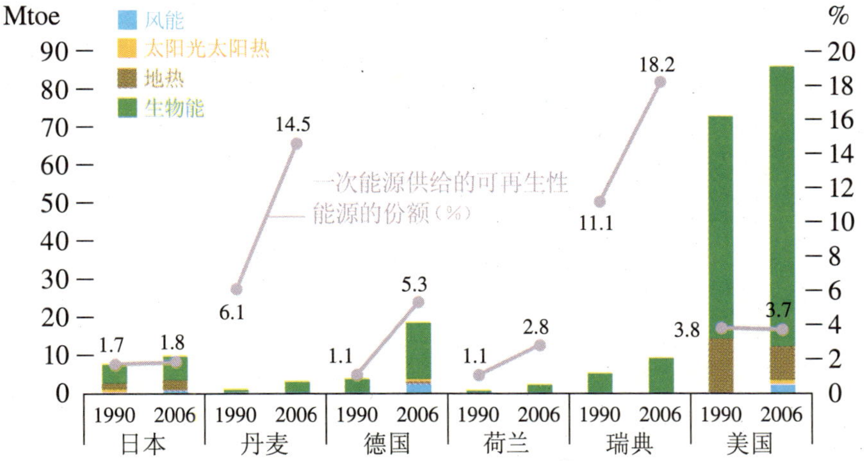

注：IEA的统计中，对电力进行一次换算时，“发电用生物能”使用了投入燃料的资料，地热为10%的效率，其他能源（风能、太阳光、波能海洋等）假定效率为100%。

依据2009年版能源白皮书制作

（原出处：Renewables Information, Energy Balances of OECD Countries, IEA）

下图比较了太阳能源的能量大小和人类一般使用的能源能量大小。由此可以切实感受到太阳能源量的巨大。

图 4—8　地球上太阳能源量的大小

在人类可使用的太阳能源中，单说太阳光在地球一年的照射量就大大超过了全球使用的能源总量。它的能源能量可以和化石燃料、铀等的能源的储藏量相匹敌。

图4—8　地球上太阳能源量的大小

	能源量 （石油换算 吨）
太阳光 照射到地球的光能：174PW 实际可利用光能：1PW[1]	
可利用的太阳能数量（每年）	7.53×10^5 Mtoe
每年世界一次能源供给量（2008年）	0.12×10^5 Mtoe

化石燃料	储藏量（2007年）	
石油	1兆2379亿桶[2]	1.68×10^5 Mtoe
煤炭	8475亿吨[2]	5.87×10^5 Mtoe
天然气	177兆[2]	1.84×10^5 Mtoe
铀	547万吨[3]	0.75×10^5 Mtoe
	总计能源储藏量	10.14×10^5 Mtoe

1）B. Sorensen, Energy Policy(1991) 386-391
2）BP, Statistical Review of World Energy 2008
3）OECD/NEA-IAEA, Uranium2007

Ⅳ应对危机/可再生能源

太阳能源可以说是无限的，如今对太阳能源的利用又是如何进行的呢?

图 4—9　太阳光发电导入量的国际比较

2007 年，OECD 各国导入 7，800MW 的太阳能，是 2000 年的 10 倍以上。主要导入国有德国、日本、美国，这几个国家近年导入的增长率较高。一直以来，日本在太阳能发电导入量方面居首，不过到 2005 年，反被德国超越。

图4—9　太阳光发电导入量的国际比较

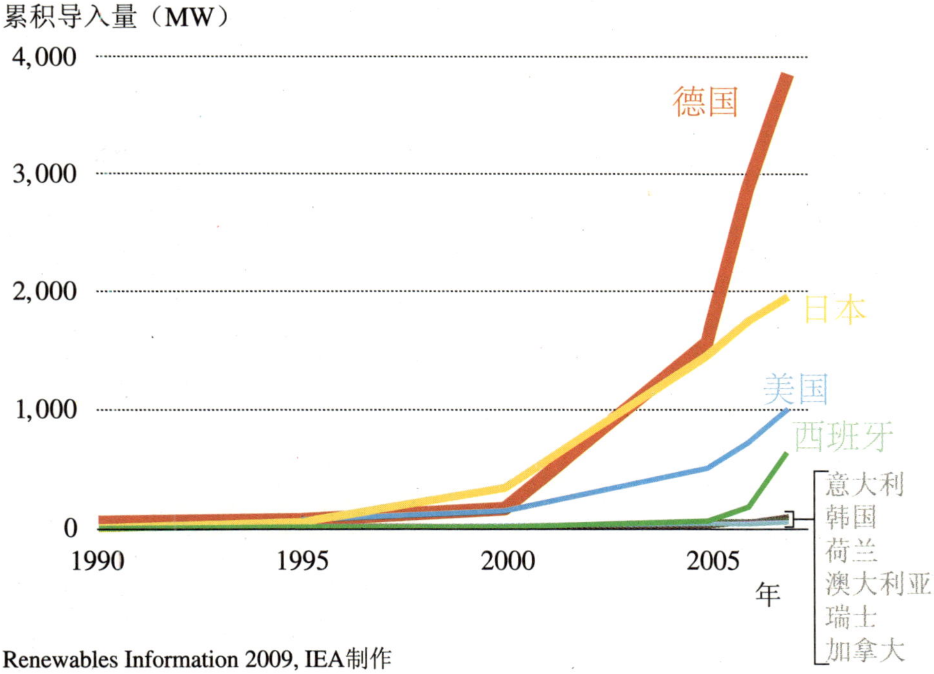

Renewables Information 2009, IEA制作

Ⅳ应对危机/可再生能源

可再生能源是解决地球环境问题的有效方法，但是现在有很多无法克服的缺点，需要以后进行技术改革。

图 4—10　可再生能源的优缺点

为解决能源问题和地球环境问题，今后需要普及可再生能源的导入。但是，现在从成本、供给、安全性等方面来看还存在各种问题。

图4—10　可再生能源的优缺点

	发电成本	优点	缺点
太阳光	15～1500 US$/MWh	• 发电时不排放CO_2 • 纯国产能源 • 取之不尽用之不竭	• 能源密度低 • 夜间或雨天无法发电 • 设备成本高
风能	35～95 US$/MWh	• 发电时不排放CO_2 • 纯国产能源 • 取之不尽用之不竭	• 能源密度低 • 发电量依赖风力状况，影响系统运作 • 设备成本高
水能	40～80 US$/MWh	• 发电时不排放CO_2 • 纯国产能源 • 运转启动或停止较容易，所以负担不重	• 改变大坝建设地和大坝下流的环境，给生态系统带来影响 • 发电所的水量、雨量决定发电量
生物能	NA	• 如果消耗量比产量低，则可实现可持续使用，不会增加CO_2 • 以液体燃料为首，对于各种合成原料是唯一可转换、可再生的资源	• 劳动力、成本投入大，生产密度、产量回报小 • 水分多时热量低，地域和季节变化大
核能	21～31 US$/MWh	• 发电时不排放CO_2 • 铀供给国政治安定，和化石燃料的价格相比，价格稳定 • 若能使钚利用成为可能，铀的可使用年数增大至2570年	• 铀有放射性，需要完整的安全设施和严格的安全管理 • 排放有放射性的废弃物，需要严格的处理和管理

当折扣率为5%时，发电成本为各国已有电源的平均值（IEA调查）

Projected Costs of Generating Electricity (2005 Update), IEA制作

Ⅳ应对危机/提供能源的核能

核能在发电时不排放 CO_2，引进该能源也是解决全球气候变暖问题的有效选择之一。

图 4—11　世界核能发电电量的发展趋势　分地区统计

亚洲地区核能发电设备和发电电量着实有所增加。欧美地区正在积极的增强现有核能发电厂的电力生产，发电量有增加的趋势。

图4—11　世界核能发电电量的发展趋势　分地区统计

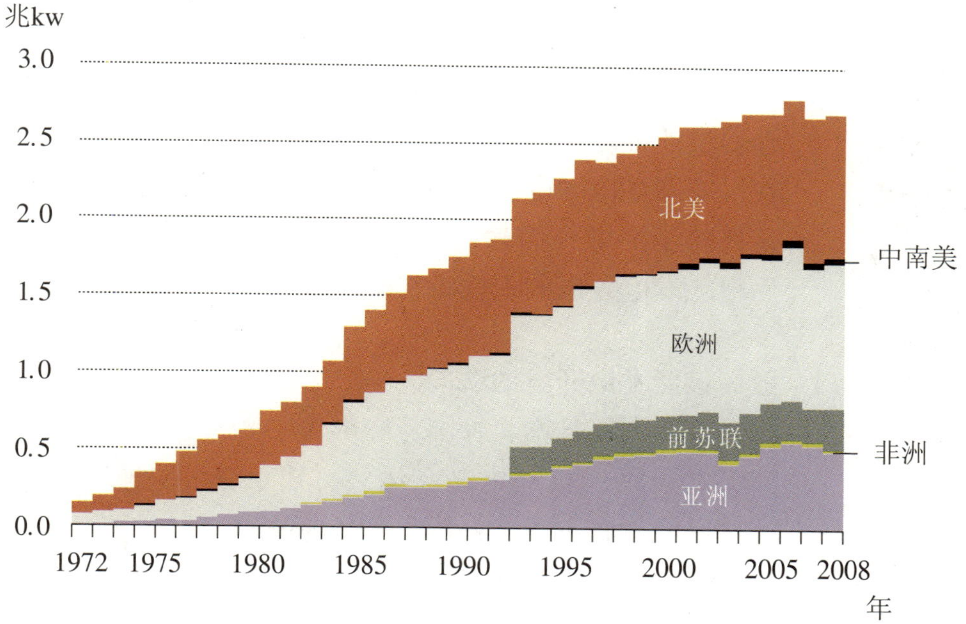

依据2009年版能源白皮书制作

（原出处：NUCLEONICS WEEK, The McGraw-Hill Companies）

Ⅳ应对危机/提供能源的核能

以后，核能发电的导入将以亚洲为中心扩大。

图 4—12　世界核能（发电电力）的未来展望

在以亚洲各国（中国、印度等）为中心的发展中国家，从伴随经济增长而来的能源稳定供给这一点来看，以后核能发电导入的规模将大幅度扩大。

图 4—13　亚洲核能发电开发的动向

现在在亚洲以日本、韩国、中国为中心共有 109 个，约 8500 万 kW 的核能电站在运转。建设中和计划中的核电站已经达到 181 个，约 1.6 亿 kW。

图4—12　世界核能（发电电力）的未来展望

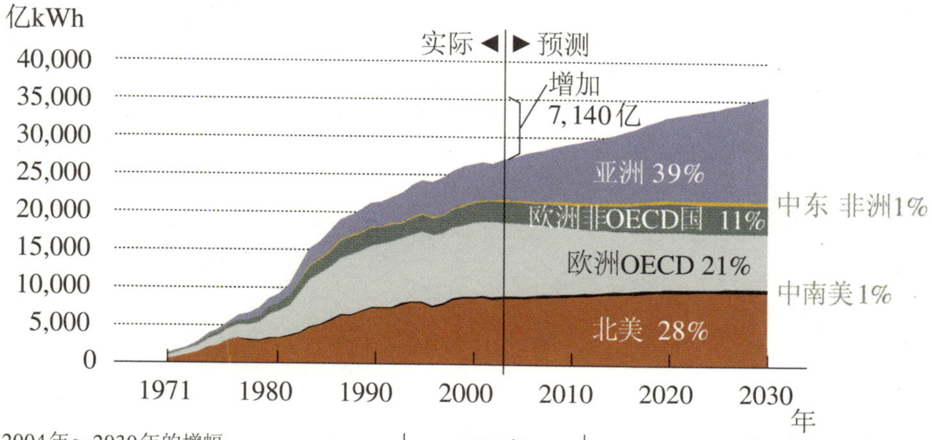

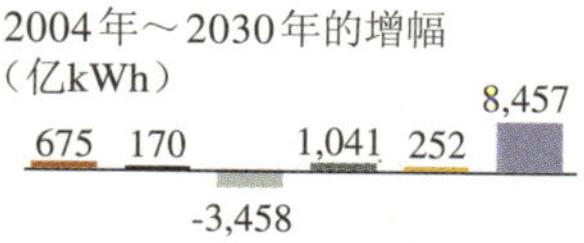

	2004年	2030年
世界	2兆8, 170亿kwh	3兆5, 310亿kwh（增加7, 140亿）
亚洲	5, 230亿kwh	1兆3, 690亿kwh（增加8, 460亿）

亚洲/世界能源展望2006，日本能源经济研究所制作

图4—13　亚洲核能发电开发的动向

2009年1月1日时点（万kW总电力输出）

国家 地区	运行中		建设中		计划中		总计	
	输出	座数	输出	座数	输出	座数	输出	座数
日本*1	4,793.5	53	394.8	4	1,655.2	12	6,843.5	69
韩国	1,771.6	20	680.0	6	280.0	2	2,731.6	28
中国	911.8	11	1,333.5	13	1,360.9	13	3,606.2	37
台湾	516.4	6	270.0	2			786.4	8
印度	412.0	17	316.0	6	680.0	8	1,408.0	31
巴基斯坦	46.2	2	32.5	1			78.7	3
印度尼西亚					400.0	4	400.0	4
越南					N/A	1	N/A	1
亚洲总计	8,451.5	109.0	1,713.5	32.0	4,376.1	40.0	15,854.4	181.0
世界总计	39,044.4	432	2,940.4	52	6,536.7	66	50,356.2	550
( )内为去年值	(39, 224. 1)	(435)	(3, 140. 5)	(43)	(4960. 1)	(53)	(48061. 4)	(531)

*1：日本是2009年3月31日的数据

世界核能发电开发动向2009，日本原子能产业协会制作

Ⅳ应对危机/使用高效能源

节能是削减 CO_2 排放量的有效方法之一。如果将现阶段世界上能源效率最高的技术导入到经济快速发展的发展中国家，CO_2 的削减效果将很明显。

图 4—14　各国火力发电设施的发电效率

为解决资源能源问题和地球环境问题，需要对化石燃料的使用进行削减。日本的能源效率和中国、印度、亚洲、世界平均相比都是较高的。

图4—14　各国火力发电设施的发电效率

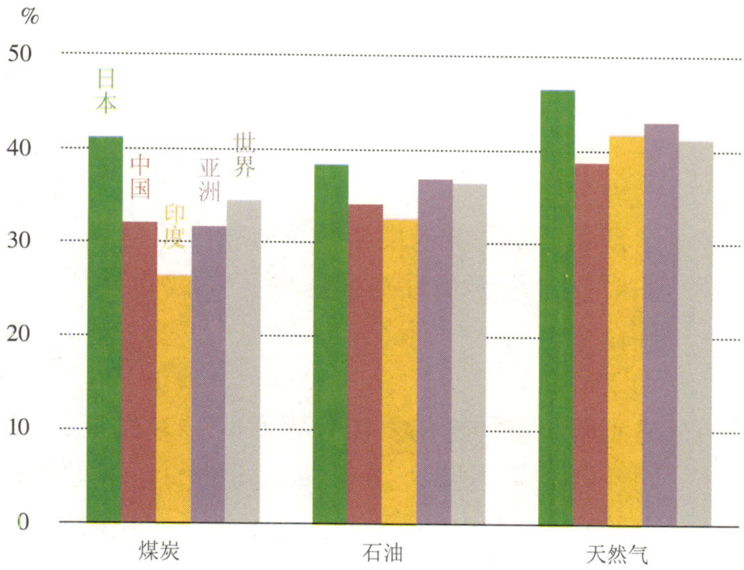

日本的数据：电力供求的概要，经济产业省（资源能源厅）制作
其他数据：依据Energy Balances of Non-OECD Countries, IEA制作

以火力发电为例，假设导入效率最高的日本发电技术，燃料消耗量以及 CO_2 排放量的削减可能性估算结果如图所示。

图 4—15　达到和日本同样的发电效率时发电用燃料消耗

如果各国达到和日本同样的发电效率，估计可以削减现在发电用燃料消耗量的 14%。

图 4—16　达到和日本同样的发电效率时的 CO_2 排放量

同样，如果各国达到和日本同样的发电效率，发电排出的 CO_2 量和燃料消耗一样，估计可以削减 14%。

图4—15　达到和日本同样的发电效率时发电用燃料消耗

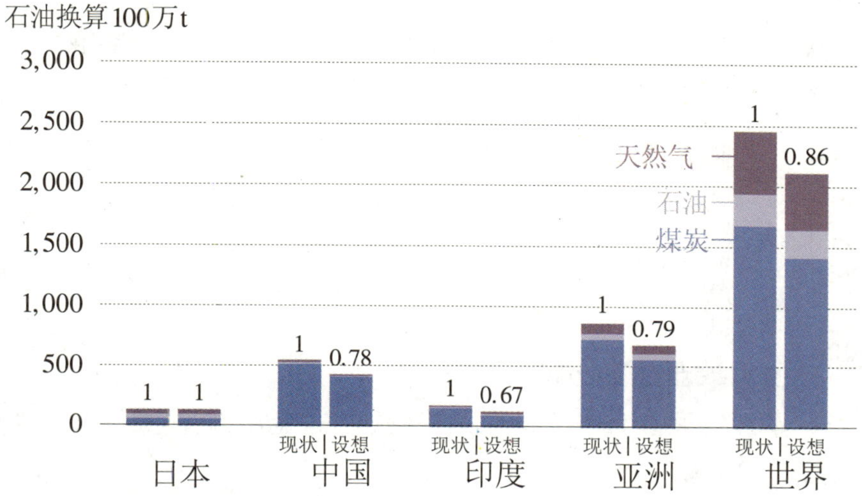

注：以上各国，左侧柱形表示发电用燃料消耗的现状，右侧柱形表示达到日本发电效率时所需的燃料消耗量。
日本的数据：电力供求的概要，经济产业省（资源能源厅）制作
其他数据：依据Energy Balances of Non-OECD Countries, IEA制作

图4—16　达到和日本同样的发电效率时的CO_2排放量

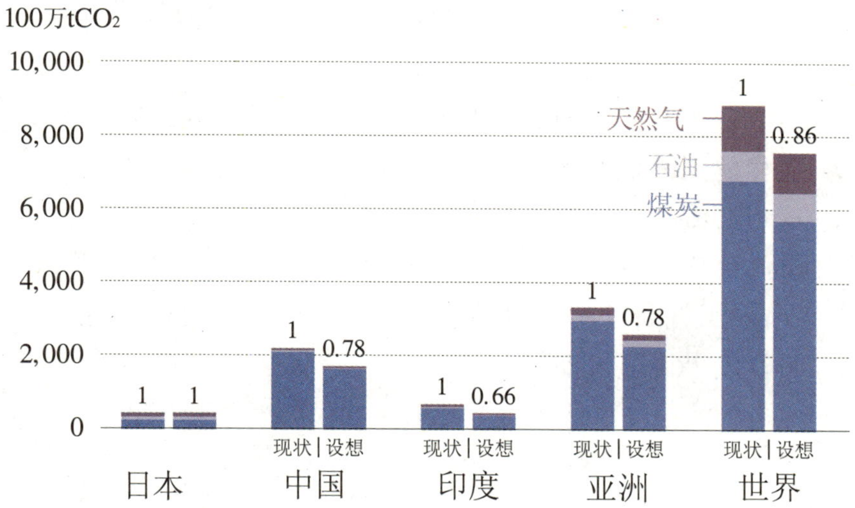

注：以上各国，左侧柱形表示CO_2排放量的现状，右侧柱形表示达到日本发电效率时CO2的排放量。
日本的数据：电力供求的概要，经济产业省（资源能源厅）制作

其他数据：依据Energy Balances of Non-OECD Countries, IEA制作

如果能灵活运用高效节能技术，钢铁行业可以削减更多的CO_2排放量。

图 4—17　各国钢铁业效率比较（2005 年）

日本经济联合体估算，日本钢铁业的能源效率和美国、EU、中国等其他国家相比，是最为优秀的。

图 4—18　当今钢铁业利用 BAT 技术削减 CO_2 排放的可能量（2020 年）

通过使用现在可利用的最佳技术（BAT），各国可以削减CO_2的排放量。假如将和日本普及率相当的 CDQ、TRT、拍热回收技术导入其他国家，估计全世界每年约 3 亿 tCO_2 的排放量可以被削减。根据今后产量的增加和现在的低普及率估算，中国潜力较高，其总量达 1.4 亿 tCO_2。分技术来看，最为省能的是 CDQ（焦炭熄焦余热发电），不过根据以后普及的进展情况，TRT（高炉煤气余压能量回收透平发电装置）以及转炉煤气回收效果也值得期待。

*BAT 技术：Best Available Technology 的略称，指可利用的最佳技术。

图4—17　各国钢铁业效率比较（2005年）

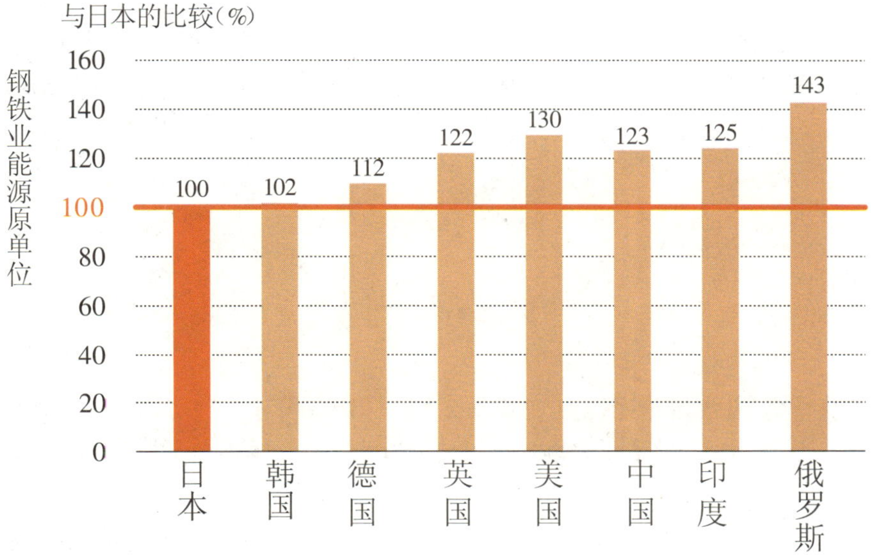

依据日本经济团体联合会〔环境自主行动计划（全球气候变暖问题对策论）2009年度跟踪结果〕制作

图4—18　当今钢铁业利用BAT技术削减CO_2排放的可能量（2020年）

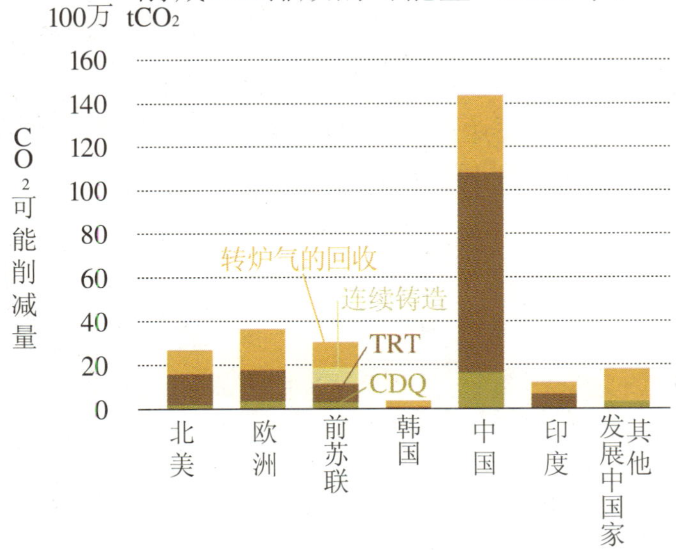

［计算方法］
世界2020年时CO_2排放削减量＝Σ［省能原单位×2020年产量×（目标普及率－现状普及率）×每消费一吨能源CO_2排放量］

预计产量为：根据GDP预计增加率推定增加率，乘以2004年的产量所得结果。

依据产业构造审议会议环境部会地球环境小委员会未来组织讨论专门委员会（第10回）发布资料制作

如果活用高度省能的技术，水泥行业可能削减更多的 CO_2 排放量。

图 4—19　各国水泥制造业的效率比较（2003 年）

日本水泥制造业的能源效率和美国、EU、中国等其他国家相比，是最为优秀的。

图 4—20　当今水泥制造业利用 BAT 技术削减 CO_2 排放的可能量（2020 年）

通过利用现在可利用的最佳技术，各国都有 CO_2 排放量的削减余地。假设各国像日本一样提高原生产元素，全世界 29 亿 tCO_2 排出量的 16%，也就是大约 6 亿 t 的 CO_2 可能被削减。在产量较大的中国，削减的绝对量达 3 亿 tCO_2，占可削减排放量的 53%。

图4—19　各国水泥制造业的效率比较（2003年）

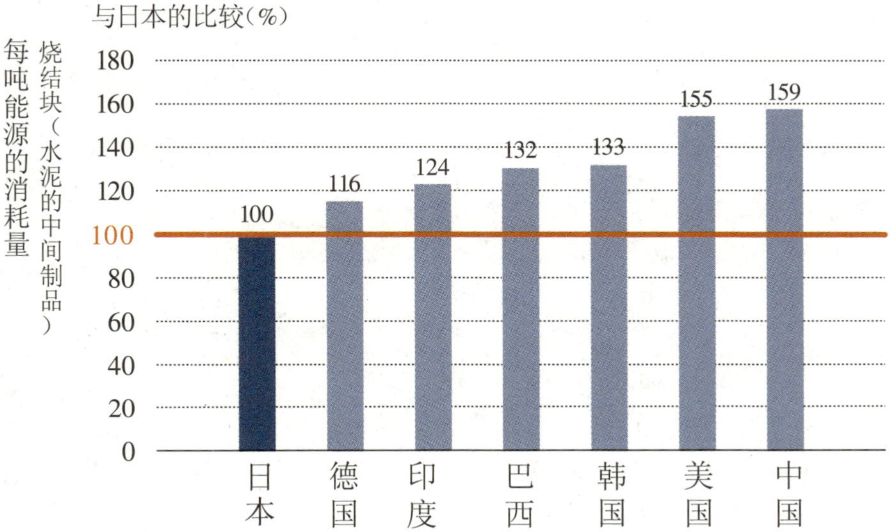

依据日本经济团体联合会〔环境自主行动计划(全球气候变暖问题对策篇)2009年度跟踪结果〕制作

图4—20　当今水泥制造业利用BAT技术削减CO_2排放的可能量（2020年）

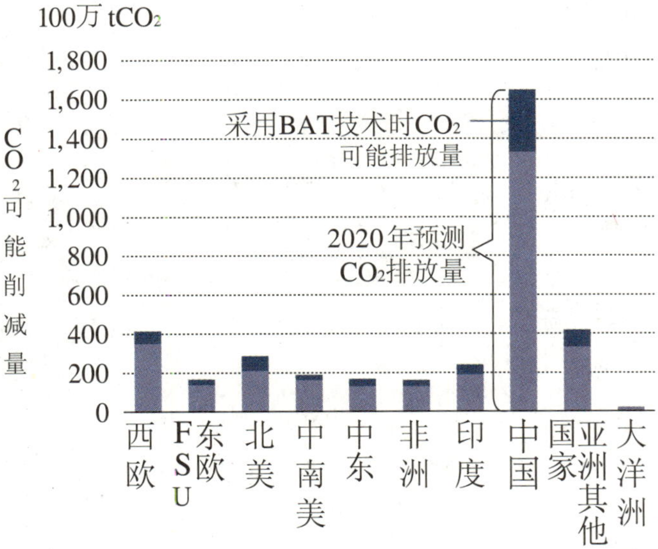

［计算方法］
世界2020年CO_2削减排放量＝2020年预计产量×(现在世界CO_2排放原单位-日本的原单位)

预测产量为：根据GDP预计增加率计算出增加率，并和2004年产量相乘所得结果。

依据产业构造审议会议环境部会地球环境小委员会未来组织讨论专门委员会（第10回）发布资料制作

关于汽车的估算结果如图所示。另外，对各种运输方式产生的 CO_2 排放量进行比较得出的数据结果可作为将来输送方式构成的参考依据。

图 4—21　当今汽车利用 BAT 技术削减 CO_2 排放的可能量（2020 年）

假如各国像日本一样提高燃油消费率，那么北美的潜力比发展中国家要大。（因为普及数量多，现在节能效果不佳的车较多）事实上，发展中国家比发达国家要更多的使用廉价的二手车（节能效果不佳）。

图 4—22　不同运输方式的 CO_2 排放量比较（2005 年）

对于旅游部门来说，便利性高的小汽车所需原料多，可大量运货的巴士、火车等公共交通所需的原料少。在货物部门，和货车相比，还是火车和船舶的所需原料更小一些。这一点表明，为削减运输部门的 CO_2 排放量，公共交通设施的利用和大量运输方式的活用很有效。

图4—21　当今汽车利用BAT技术削减CO_2排放的可能量（2020年）

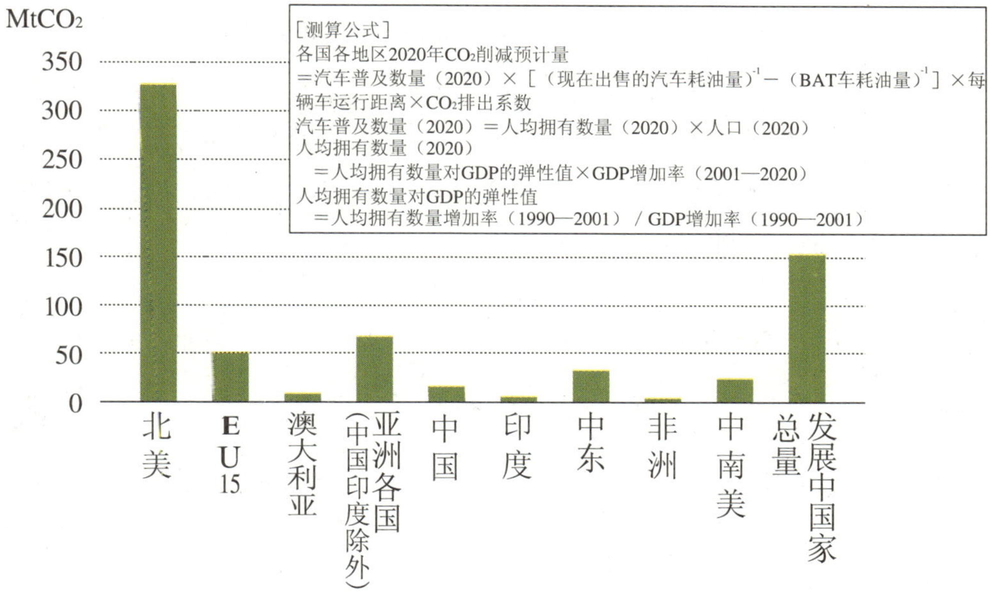

依据产业构造审议会议环境部会地球环境小委员会未来组织讨论专门委员会（第10回）发布资料制作

图4—22　不同运输方式的CO_2排放量比较（2005年）

（左：旅客、右：货物）

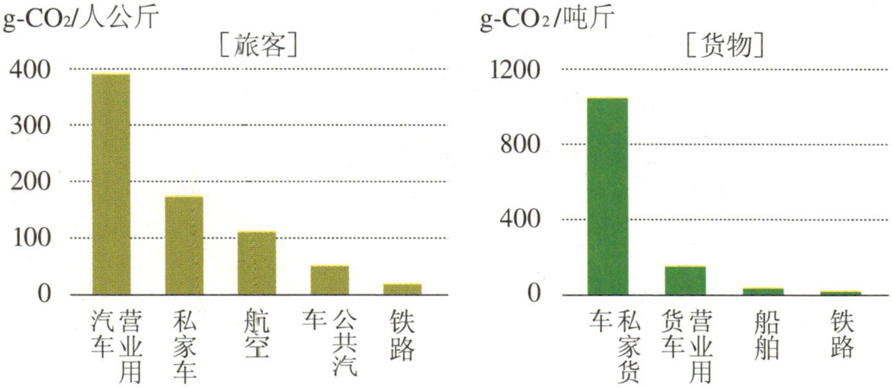

依据国土交通省的网页制作

Ⅳ 应对危机/新技术的开发

为解决全球气候变暖的问题，应推进新技术的开发。从 Cool Earth 能源创新技术和支持循环型社会的技术案例中我们可以看到为克服地球环境问题所需技术的全貌。另外，这也提供了一定的参考价值，便于我们了解何种技术正受到重视并展开具体细致的讨论。

表 1　Cool Earth—能源创新技术计划中的创新技术案例

领域　技术	概要	课题
煤炭等化石燃料的技术		
煤炭气化复合发电（IGCC）	该技术将煤炭气化，使燃气轮机运转。并通过热量的排放使蒸汽轮机运转，从而提高发电效率。 2015 年，预计将发电效率提高 20%左右（现阶段煤炭火力的效率是 41%左右，提高至 48%），CO_2 的排放量也减少两成左右。	为实现实用化，需要确保商用机器长期运转的信赖度，确保经济性和安全性，并建立除氧化技术。
煤炭气化燃料电池复合发电（IGFC）	该技术将煤炭气化、在使用燃气轮机和蒸汽轮机发电的同时，回收煤气中所含的氢，将其作为燃料电池使用，从而提高发电效率。 现在的发电效率为 41%左右，将其提高约 3 成，至 55%，和现在的煤炭火力相比，使 CO_2 排放量降低大约 3 成。	需要建立效率高、价格低的技术，制造煤炭气化所需的氢。使燃料电池大型化。验证 IGFC 系统的可信度。
二氧化碳回收储存技术（CCS）	在火力发电等大规模排放方面，该技术以低成本分离并回收化石燃料燃烧后产生的排放气体，使其成为二氧化碳，并安全储存于地下。CO_2 排放量几乎为零。 关键在于开发低成本高效率的回收技术。储存技术已经在世界石油、天然气田的实际运用中得到验证。	IPCC 报告称，电厂使用 CCS 技术时，CCS 所需的额外能源是不使用 CCS 技术时的 10%～40%，其中大部分都是需要回收的能源。高效率回收技术的开发（分离膜或新吸收剂的开发）等是将来的课题。 需要在验证整合要素技术的实证试验的同时，保证储存安全性的监视技术等的高度化。
新能源技术（提供方）		
新兴太阳光发电	利用有机材料等新型材料和量子点等新构造（粒子在纳米单位呈格子状排列的构造），是低成本高效率的太阳电池技术。 发电效率大幅度提高，从现在的10%～15%至 40%以上。低成本化使现在的太阳能发电成本（46 日元/kWh）降低至火力发电（7 日元/kWh）的水平。	通过对新型材料和新构造的运用，提高光能转化为电能的效率。 使用硅作为代替材料，达到批量生产彻底追求低成本化。
纤维素类生物燃料等制造技术	该技术将不和粮食产生竞争的纤维素类生物燃料通过酶的使用，高效制成生物乙醇。 由于该燃料取自植物，被称为“Carbon Neutral（不增加 CO_2 的排放）”。	由于生物乙醇和粮食没有竞争，可低成本制造，纤维素类生物燃料的高效预处理、糖化技术等的开发是未来课题。

续表

领域　技术	概要	课题
核能发电　电力等技术		
高速炉技术 下一代轻水堆技术 中小型炉技术	通过对高速中子的使用，在大幅度提高铀资源使用效率的同时，大幅度减少放射性废弃物的高速炉循环技术。 从 2030 年前后开始，伴随内外原子炉的替换需求，该技术使防震技术、高燃烧度燃料的引入等得到明显改善，并大幅度提高经济性、信赖性、安全性等，是第二代大型轻水堆技术。 是可以应对发展中国家或岛国等中小规模发电需求的中小型炉技术。	需要解决实现比现在原子炉更为经济，更加长期稳定的运转，使其更加可信，提高安全性能这一技术课题。
省能技术		
创新炼钢工艺	这种炼钢技术把氢作为还原剂替代一部分的焦炭（碳元素）。 比如，钢铁部门的 CO_2 排放量占世界约 7%（2004 年）。如果建立以氢为还原剂的炼钢技术以及分离回收 CO_2 的技术等，和以前相比，计算可得 CO_2 可减少约 3 成。	利用焦炭炉约 800℃ 的未利用排热，进行反应控制技术开发，以完成焦炭炉制造氢的触媒开发和利用氢还原铁矿石。
新能源技术（利用方）		
燃料电池汽车储存材料等氢相关技术	为扩大汽车等的使用，实现低成本化、高效率化的生产，这种燃料电池技术采用新材料或电解质膜等替代白金。 它是使燃料电池汽车真正得到普及和应用的不可或缺的氢气储藏技术，为以较高效率运输和储藏氢气，该技术使用了合金等材料。 燃料电池汽车的车载氢气量提高，和现在的汽车的里程数（800 千米左右）相当。CO_2 的排放量也降低至汽油车 1/3 左右。	将来课题是使其成本更低，耐久性更强。为此，需要开发电解质膜、代替白金的酶、分离器。 对于氢气的储存，除了解决高压化（700 个大气压）问题外，还需弄清金属类氢气储藏材料的基本原理，使氢气储藏技术大幅度提高，得到突破。
高性能蓄电池（电动汽车等）	插入式混合动力车是可以通过家庭等的外部电源充电的混合式动力车。经过计算，这种汽车的引入可以使汽油消耗量降低 3～7 成。夜间也可使用电力，更加节省能源，对环境的负担也可能降低。 电动汽车以马达作为动力，汽油消耗量为零，CO_2 排放量也是汽油车的 1/4。通过对高性能蓄电池的开发，每充电一次，行驶距离就可增加 500km。	为使每次充电的行驶距离得到飞跃性提高，需要开发与一直以来的锂电池概念完全不同的电池。 为使马达达到高输出、轻量化的目标，需要开发替代材料等。

依据“Cool Earth—能源创新技术计划”资料，三菱综合研究所制作

表 2　支持循环型社会的技术案例

领域　技术	概要
水的再利用	
工业排水处理再生	关于工业排水处理，对应排水的数量和质量，有很多技术都可使用。一般来说，无机废水使用药剂电解，通过电解分离去除有害物质，膜过滤，有机废水则使用活性污泥处理，膜处理（MBR、生物分离膜等）。微气泡、臭氧处理、微生物药剂添加、水油分离等也被使用。关于工业排水的处理和再生技术，大部分已基本建立成型，最近几年，技术逐渐发展的有膜处理技术。另外，CSR看来，关于水资源缺乏的地区，开设工厂所使用的再生利用工业排水技术，不将水排出工厂的无排水技术也值得关注。
杂用水的利用	杂用水的利用指：将地下水或生产用水等等再生水或雨水等用作冲洗马桶的水、园林绿化用水、喷水等，国家和自治体正积极引进这样的方式。杂用水的利用方式分为排水再利用和雨水利用两种，近几年，雨水利用方式（非循环方式）被引进并逐步发展。杂用水利用系统根据原水不同也有差异，但是多和已有的水处理技术结合起来共同使用。
环境水域净化	环境水域净化的对象从小规模的水域（比如：需要贮水池、公园的池塘、沟渠）等到河流、湖沼、地下水、海域、大坝等，包括污染去除技术，进行有机物和营养盐类的去除，并提高水的透明度。特别是封闭水域的河川和湖沼中，为方式富营养化而采取的有机物或营养盐的去除技术的开发已得到证实。
废弃物的再利用	
稀有金属再利用技术	资源竞争愈演愈烈，在这样的背景下，对产品中稀有金属的再利用就变得更为重要。日本经济产业省矿业审议会稀有金属综合对策特别小委员会规定了 31 种稀有金属（稀土类的 17 种记为 1 种）。另外，作为国家储备对象的稀有金属有锰、钒、镍、钨、钴、铬、钼这 7 种。稀有金属可用作汽车触媒、特殊钢、超硬工具、电池、电子基础等，各种产品的再利用技术也在开发中。
建材的再生利用	为减少建筑类废弃物的最终处理量，达到废弃物处理烧却残渣的有效利用，现在开发了将废弃物作为建筑材料回收的技术。通过建筑回收法的制定，废弃物作为建筑材料的回收市场的扩大指日可待。在建材的再生利用制造技术中，有将办公室等扔掉的地毯回收循环再生，有将下水道污泥的烧却灰和废玻璃等制成透水性混凝土建筑材料，有将烧却灰制成环保水泥，有利用废塑料做装修材料等，都是将建材废弃物以外的废弃物活用的方法。当引入这些技术的时候，制造成本或适用范围受到限制，需要更进一步的技术开发。

续表

领域	技术	概要
自然再生		
	自然再生技术	开发导致自然破坏，疏于对里地里山的管理导致自然荒废，外来物种的侵入扰乱生态系统，近几年，自然环境急剧恶化。在这种环境下，自然再生不是开发行为的附带品，不是自然的替代，而是积极找回遗失的过去的自然，并通过这一行为使生态系统得以健全恢复如初。自然再生的基本在于，既保证了现存的良好的自然，也计划在周边设置再生地，建造丰富的生态系统。自然再生的方法分为主动再生和被动再生两种，主动再生是高效的再生法，在改造地形或土壤改良的基础上，动手栽植树木。被动再生是由人类完成改造地形的环境条件的准备，然后通过移植植物等依靠自然治愈的方法。
	BIOTOPE（群落生境）	BIOTOPE 指和周围相区别，有机结合的生物群集的生活环境，简单地说，就是野生生物的栖息环境。最近，甚至已经超越原先的生态学含义，成为在维持野生生物的生活环境的同时，人和自然共生的场所。从学校等地建立的，促进蜻蜓或萤火虫生活的池塘或小河，建筑物的屋顶重现的群落生境，到河川、湿原野、森林、海滩等周围广阔的大规模网络化群落生境均包含其中。群落生境的创造有喷涂法、植生土壤法等土表利用法。

依据各种资料由三菱综合研究所制作

附录 统计数据

资料 1 | 人口的发展趋势
| 分地区统计
分收入统计
国别、1000 万人以上

资料 2 | 世界 GDP 的发展趋势
| 分地区统计
分收入统计
国别、2008 年 GDP 为 200 亿美元以上的国家

资料 3 | 一次能源供给量、CO_2 排放量 | 国别、CO_2 排放量排名

资料 4 | 谷物产量的发展趋势 | 国别、前 25 名的国家

参考资料 | 国家分类 | 分收入、分地区统计

资料 1—1 | 人口的发展趋势 | 分地区统计

出处:World Population Prospects: The 2008 Revision, UN

地区	人口(7月1日)												
	1950	1955	1960	1965	1970	1975	1980	1985	1990	1995	2000	2005	2010(预测)
非洲	227,270	253,397	285,049	322,309	366,792	418,765	482,236	556,131	638,729	726,285	819,462	921,073	1,033,043
亚洲	1,402,887	1,541,775	1,693,992	1,885,955	2,125,393	2,379,374	2,622,565	2,889,608	3,178,810	3,448,034	3,698,296	3,936,536	4,166,741
欧洲	547,460	575,466	604,464	634,191	656,197	676,207	693,113	706,988	720,989	727,361	726,568	729,421	732,759
中南美	167,307	191,596	219,651	252,204	286,472	323,323	362,655	402,103	442,310	482,265	521,228	556,512	588,649
北美	171,615	186,960	204,318	219,224	231,284	242,360	254,097	266,572	282,688	300,073	318,654	335,175	351,659
大洋洲	12,807	14,260	15,884	17,788	19,639	21,286	22,943	24,845	26,926	29,054	31,160	33,559	35,838

资料 1—1 | 人口的发展趋势 | 分收入统计

出处:World Population Prospects: The 2008 Revision, UN

收入	人口(7月1日)												
	1950	1955	1960	1965	1970	1975	1980	1985	1990	1995	2000	2005	2010(预测)
世界总计	2,529,346	2,763,453	3,023,358	3,331,670	3,685,777	4,061,317	4,437,609	4,846,247	5,290,452	5,713,073	6,115,367	6,512,276	6,908,688
发达国家	812,026	862,810	914,618	965,620	1,007,477	1,046,894	1,081,847	1,113,543	1,147,345	1,174,680	1,194,967	1,216,550	1,237,228
发展中国家	1,717,320	1,900,643	2,108,740	2,366,050	2,678,300	3,014,422	3,355,762	3,732,705	4,143,107	4,538,393	4,920,400	5,295,726	5,671,460
后发发展中国家	200,461	221,657	247,268	277,753	314,813	357,413	405,847	461,088	524,764	599,098	676,929	761,846	854,696
除后发发展中国家之外的发展中国家	1,516,859	1,678,986	1,861,471	2,088,297	2,363,487	2,657,009	2,949,915	3,271,617	3,618,343	3,939,294	4,243,472	4,533,880	4,816,763
除中国之外的发展中国家	1,170,205	1,299,746	1,459,565	1,645,879	1,858,153	2,098,607	2,369,543	2,673,723	2,994,940	3,320,798	3,646,339	3,976,103	4,309,697
撒哈拉以南的非洲	183,478	204,165	229,222	259,186	294,963	337,635	389,754	449,716	518,053	593,183	674,842	764,328	863,314

资料 1—2 | 人口的发展趋势 | 国别、1000 万人以上

出处：World Population Prospects：The 2008 Revision，UN

	人口(7月1日)												
	1950	1955	1960	1965	1970	1975	1980	1985	1990	1995	2000	2005	2010 预测
世界共计	2,529,346	2,763,453	3,023,358	3,331,670	3,685,777	4,061,317	4,437,609	4,846,247	5,290,452	5,713,073	6,115,367	6,512,276	6,908,688

	人口(7月1日)												
	1950	1955	1960	1965	1970	1975	1980	1985	1990	1995	2000	2005	2010 预测
非洲	227,270	253,397	285,049	322,309	366,792	418,765	482,236	556,131	638,729	726,285	819,462	921,073	1,033,043
Eastern Africa	64,847	72,585	81,999	93,589	107,606	124,044	143,492	165,962	192,959	219,874	252,710	287,413	327,186
Ethiopia	18,434	20,297	22,550	25,473	28,948	32,945	35,409	41,049	48,292	56,983	65,515	74,661	84,976
United Republic of Tanzania	7,650	8,741	10,073	11,680	13,600	15,972	18,661	21,811	25,455	29,972	34,131	39,007	45,040
Kenya	6,077	6,979	8,104	9,502	11,249	13,481	16,261	19,648	23,433	27,492	31,441	35,817	40,863
Uganda	5,158	5,899	6,787	8,013	9,443	10,893	12,655	14,795	17,731	20,954	24,433	28,699	33,796
Mozambique	6,442	6,972	7,646	8,471	9,449	10,614	12,138	13,324	13,543	15,945	18,249	20,834	23,406
Madagascar	4,084	4,547	5,103	5,763	6,546	7,498	8,604	9,778	11,273	13,121	15,275	17,614	20,146
Malawi	2,881	3,169	3,529	3,975	4,518	5,276	6,215	7,267	9,451	10,144	11,831	13,654	15,692
Zambia	2,340	2,653	3,044	3,536	4,138	4,899	5,774	6,785	7,910	9,108	10,467	11,738	13,257
Zimbabwe	2,747	3,203	3,751	4,421	5,204	6,168	7,282	8,845	10,461	11,713	12,455	12,475	12,644
Rwanda	2,162	2,485	2,887	3,202	3,776	4,410	5,197	6,111	7,150	5,440	7,958	8,992	10,277
Middle Africa	26,116	28,767	32,088	36,003	40,944	46,712	53,792	62,411	72,813	86,424	98,060	113,185	128,909
Democratic Republic of the Congo	12,184	13,589	15,385	17,504	20,285	23,433	27,170	31,402	37,016	44,921	50,829	59,077	67,827
Cameroon	4,466	4,900	5,408	6,047	6,839	7,826	9,080	10,509	12,233	14,054	15,865	17,823	19,958
Angola	4,148	4,531	5,012	5,505	6,083	6,815	7,854	9,331	10,661	12,539	14,280	16,618	18,993
Chad	2,429	2,677	2,967	3,308	3,682	4,155	4,608	5,222	6,105	7,128	8,402	10,019	11,506
Northern Africa	52,982	59,565	67,510	76,337	86,868	98,624	112,991	130,467	147,767	163,943	179,525	195,444	212,921
Egypt	21,514	24,378	27,798	31,573	35,575	39,599	44,433	50,655	57,785	63,858	70,174	77,154	84,474
Sudan	9,190	10,333	11,683	13,214	15,039	17,493	20,509	24,052	27,091	30,841	34,904	38,698	43,192
Algeria	8,753	9,715	10,800	11,923	13,746	16,018	18,811	22,097	25,283	28,265	30,506	32,855	35,423

续表

	人口(7月1日)												
	1950	1955	1960	1965	1970	1975	1980	1985	1990	1995	2000	2005	2010 预测
Morocco	8,953	10,132	11,626	13,323	15,310	17,305	19,567	22,299	24,808	26,951	28,827	30,495	32,381
Tunisia	3,530	3,860	4,221	4,630	5,127	5,668	6,457	7,330	8,215	8,935	9,452	9,878	10,374
Southern Africa	15,588	17,487	19,723	22,417	25,453	29,088	32,973	37,450	41,980	47,240	51,387	55,041	57,968
South Africa	13,683	15,385	17,396	19,814	22,502	25,698	29,075	32,959	36,745	41,375	44,872	48,073	50,492
Western Africa	67,736	74,993	83,728	93,964	105,920	120,298	138,988	159,841	183,210	208,805	237,781	269,990	306,058
Nigeria	36,680	40,610	45,148	50,414	56,467	63,948	74,523	85,151	97,338	110,449	124,842	140,879	158,259
Ghana	4,981	5,792	6,789	7,853	8,739	10,001	11,026	13,006	14,968	17,245	19,529	21,915	24,333
Côte d'Ivoire	2,505	2,907	3,445	4,224	5,233	6,621	8,419	10,476	12,610	14,981	17,281	19,245	21,571
Burkina Faso	4,080	4,363	4,721	5,116	5,608	6,173	6,862	7,704	8,814	10,127	11,676	13,747	16,287
Niger	2,462	2,825	3,242	3,766	4,383	5,090	5,922	6,827	7,904	9,302	11,031	13,102	15,891
Mali	4,268	4,621	5,060	5,525	6,036	6,598	7,183	7,858	8,655	9,549	10,523	11,833	13,323
Senegal	2,416	2,697	3,082	3,550	4,169	4,888	5,636	6,514	7,538	8,660	9,902	11,281	12,861
Guinea	2,619	2,850	3,123	3,453	3,843	4,037	4,628	5,267	6,147	7,478	8,384	9,221	10,324
亚洲	1,402,887	1,541,775	1,693,992	1,885,955	2,125,393	2,379,374	2,622,565	2,889,608	3,178,810	3,448,034	3,698,296	3,936,536	4,166,741
Eastern Asia	659,649	721,594	779,337	860,030	971,537	1,079,675	1,159,375	1,241,025	1,336,700	1,411,675	1,472,444	1,520,717	1,563,951
China	544,951	598,226	645,927	716,270	815,951	911,167	980,929	1,053,219	1,142,090	1,210,969	1,266,954	1,312,253	1,354,146
Japan	82,824	89,047	93,189	98,052	104,448	111,619	116,794	120,908	123,191	125,442	126,706	127,449	126,995
Republic of Korea	19,211	21,168	25,068	28,390	31,440	34,721	37,459	40,505	42,983	44,651	46,429	47,566	48,501
Dem. People's Republic of Korea	9,737	9,632	10,946	12,323	14,247	16,072	17,239	18,721	20,143	21,717	22,859	23,529	23,991
South-Central Asia	515,809	565,918	626,984	698,981	782,547	879,410	990,929	1,116,346	1,250,453	1,385,935	1,518,322	1,650,635	1,780,473
India	371,857	406,661	448,314	496,934	552,964	617,432	692,637	774,775	862,162	953,148	1,042,590	1,130,618	1,214,464
Pakistan	41,177	44,499	48,778	54,267	61,750	71,238	82,609	98,309	115,776	130,397	148,132	165,816	184,753
Bangladesh	43,595	48,442	54,138	60,931	69,178	79,049	90,397	102,993	115,632	128,086	140,767	153,122	164,425
Iran (Islamic Republic of)	16,913	19,090	21,704	24,886	28,805	33,344	39,330	48,418	56,733	62,205	66,903	70,765	75,078
Nepal	8,126	8,864	9,691	10,677	11,893	13,356	15,058	16,962	19,105	21,624	24,432	27,222	29,853
Afghanistan	8,151	8,805	9,616	10,612	11,840	13,329	13,946	12,293	12,580	18,084	20,536	24,507	29,117

续表

Uzbekistan	6,314	7,256	8,559	10,234	11,973	13,981	15,952	18,174	20,515	22,919	24,776	26,320	27,794
Sri Lanka	8,241	8,983	10,018	11,192	12,520	13,790	15,060	16,168	17,290	18,233	18,767	19,531	20,410
Kazakhstan	6,703	7,992	9,996	11,909	13,110	14,136	14,919	15,780	16,530	15,926	14,957	15,194	15,753
South-Eastern Asia	175,905	195,422	220,395	249,910	283,267	318,964	355,774	398,178	439,591	479,834	517,193	554,079	589,615
Indonesia	77,152	83,856	93,058	103,978	116,921	131,329	146,582	162,348	177,385	191,501	205,280	219,210	232,517
Philippines	19,996	23,224	27,057	31,570	36,567	42,038	48,112	55,032	62,427	69,965	77,689	85,496	93,617
Viet Nam	27,367	30,052	33,648	38,099	42,898	47,974	53,317	59,789	66,247	72,957	78,663	84,074	89,029
Thailand	20,607	23,799	27,642	32,195	37,186	42,236	47,264	52,545	56,673	60,140	62,347	65,946	68,139
Myanmar	17,158	18,930	21,075	23,505	26,403	29,886	33,561	37,443	40,844	43,864	46,610	48,345	50,496
Malaysia	6,110	7,000	8,140	9,502	10,853	12,258	13,763	15,677	18,103	20,594	23,274	25,633	27,914
Cambodia	4,346	4,840	5,433	6,141	6,938	7,098	6,748	8,099	9,690	11,380	12,760	13,866	15,053
Western Asia	51,524	58,840	67,276	77,033	88,042	101,325	116,487	134,060	152,066	170,590	190,336	211,104	232,702
Turkey	21,484	24,610	28,233	31,997	36,207	41,211	46,161	51,289	56,086	61,206	66,460	71,169	75,705
Iraq	5,719	6,634	7,497	8,637	10,210	12,016	14,024	16,093	18,079	20,971	24,652	28,238	31,467
Saudi Arabia	3,201	3,593	4,075	4,793	5,745	7,251	9,604	12,867	16,259	18,255	20,808	23,613	26,246
Yemen	4,316	4,732	5,222	5,799	6,391	7,093	8,381	10,137	12,314	15,523	18,182	21,024	24,256
Syrian Arab Republic	3,536	3,991	4,621	5,399	6,371	7,537	8,971	10,815	12,721	14,610	16,511	19,121	22,505
欧洲	547,460	575,466	604,464	634,191	656,197	676,207	693,113	706,988	720,989	727,361	726,568	729,421	732,759
Eastern Europe	220,198	237,112	253,469	266,937	276,415	285,737	294,972	303,586	310,332	309,804	304,088	296,912	291,485
Russian Federation	102,702	111,402	119,906	126,749	130,392	134,233	138,655	143,541	148,065	148,497	146,670	143,170	140,367
Ukraine	37,298	40,099	42,783	45,341	47,317	49,016	50,044	50,915	51,583	51,063	48,870	46,936	45,433
Poland	24,824	27,281	29,638	31,445	32,664	34,015	35,574	37,202	38,111	38,595	38,433	38,198	38,038
Romania	16,311	17,486	18,407	19,032	20,253	21,245	22,201	22,725	23,207	22,681	22,138	21,635	21,190
Czech Republic	8,925	9,292	9,546	9,709	9,801	10,034	10,284	10,310	10,303	10,319	10,224	10,195	10,411
Northern Europe	78,093	79,635	81,762	84,928	87,357	89,011	89,877	90,746	92,121	93,261	94,359	96,439	98,909
United Kingdom	50,616	51,199	52,372	54,350	55,663	56,226	56,314	56,554	57,237	58,042	58,907	60,261	61,899

续表

	人口(7月1日)												
	1950	1955	1960	1965	1970	1975	1980	1985	1990	1995	2000	2005	2010 预测
Southern Europe	108,259	113,093	117,379	122,348	126,782	132,288	137,765	140,824	142,549	143,698	145,119	149,711	153,778
Italy	46,367	48,137	49,511	51,481	53,359	55,164	56,307	56,883	56,998	57,207	57,116	58,645	60,098
Spain	28,009	29,199	30,455	32,056	33,779	35,688	37,527	38,425	38,839	39,391	40,264	43,060	45,317
Greece	7,566	7,966	8,333	8,551	8,793	9,047	9,643	9,934	10,161	10,672	10,942	11,064	11,183
Portugal	8,405	8,610	8,858	8,999	8,680	9,093	9,766	10,029	9,979	10,038	10,226	10,547	10,732
Western Europe	140,909	145,626	151,854	159,978	165,643	169,172	170,499	171,832	175,986	180,598	183,001	186,358	188,587
Germany	68,376	70,326	72,815	75,964	78,169	78,674	78,289	77,685	79,433	81,622	82,075	82,409	82,057
France	41,832	43,400	45,674	48,771	50,771	52,729	53,950	55,393	56,842	57,999	59,128	61,013	62,637
Netherlands	10,114	10,751	11,487	12,295	13,039	13,666	14,150	14,488	14,953	15,448	15,915	16,316	16,653
Belgium	8,628	8,862	9,155	9,451	9,632	9,779	9,828	9,816	9,933	10,084	10,193	10,415	10,698
南美、加勒比海沿岸各国	167,307	191,596	219,651	252,204	286,472	323,323	362,655	402,103	442,310	482,265	521,228	556,512	588,649
Caribbean	17,132	18,835	20,771	23,145	25,426	27,744	29,860	32,063	34,384	36,640	38,650	40,566	42,312
Cuba	5,920	6,539	7,141	7,952	8,715	9,439	9,835	10,084	10,587	10,910	11,087	11,193	11,204
Dominican Republic	2,427	2,834	3,349	3,951	4,597	5,261	5,927	6,637	7,374	8,124	8,830	9,533	10,225
Haiti	3,221	3,516	3,869	4,275	4,713	5,144	5,691	6,385	7,108	7,861	8,648	9,410	10,188
Central America	37,764	43,721	51,156	59,820	69,615	80,687	91,878	101,687	112,363	124,004	135,171	144,288	153,115
Mexico	27,741	32,257	37,910	44,429	51,910	60,430	68,872	75,765	83,404	91,650	99,531	105,330	110,645
Guatemala	3,146	3,619	4,141	4,737	5,420	6,206	7,016	7,937	8,910	10,007	11,231	12,710	14,377
South America	112,411	129,039	147,724	169,238	191,430	214,893	240,916	268,353	295,562	321,621	347,407	371,658	393,221
Brazil	53,975	62,887	72,744	84,331	95,991	108,127	121,618	136,149	149,570	161,692	174,174	186,075	195,423
Colombia	12,000	13,828	16,006	18,559	21,333	23,969	26,891	29,997	33,204	36,459	39,773	43,049	46,300
Argentina	17,150	18,974	20,685	22,347	24,003	26,012	28,154	30,227	32,498	34,772	36,939	38,732	40,666
Peru	7,632	8,672	9,932	11,468	13,195	15,164	17,328	19,525	21,776	23,943	26,004	27,836	29,496
Venezuela (Bolivarian Republic of)	5,094	6,230	7,580	9,096	10,724	12,740	15,096	17,323	19,741	22,092	24,408	26,726	29,044
Chile	6,082	6,766	7,647	8,651	9,574	10,419	11,181	12,111	13,191	14,410	15,419	16,297	17,135
Ecuador	3,387	3,862	4,440	5,146	5,972	6,910	7,964	9,103	10,278	11,407	12,310	13,063	13,775

续表

Bolivia	2,714	3,006	3,352	3,748	4,212	4,759	5,356	5,966	6,671	7,484	8,317	9,182	10,031
北美	171,615	186,960	204,318	219,224	231,284	242,360	254,097	266,572	282,688	300,073	318,654	335,175	351,659
United States of America	157,813	171,152	186,326	199,453	209,464	219,108	229,469	240,612	254,865	270,648	287,842	302,741	317,641
Canada	13,737	15,736	17,909	19,678	21,717	23,142	24,516	25,843	27,701	29,302	30,687	32,307	33,890
大洋洲	12,807	14,260	15,884	17,788	19,639	21,286	22,943	24,845	26,926	29,054	31,160	33,559	35,838
Australia	8,219	9,201	10,276	11,525	12,728	13,625	14,695	15,800	17,091	18,118	19,171	20,395	21,512

资料 2—1｜世界 GDP 的发展趋势｜分地区统计

出处：World Development Indicators Online Database，World Bank｜ GDP：2000 年 US$标准换算(单位为 10 亿美元)

	1960	1965	1970	1975	1980	1985	1990	1995	2000	2005	2006	2007	2008
东亚　太平洋沿岸各国	853	1,390	2,281	2,877	3,618	4,374	5,682	6,725	7,638	9,051	9,502	10,007	10,254
欧洲　中亚	1,916	2,445	4,070	4,750	5,574	6,089	7,921	8,278	9,550	10,583	10,947	11,302	11,427
南美　加勒比海沿岸各国	452	582	771	1,030	1,339	1,376	1,513	1,797	2,095	2,307	2,438	2,578	2,691
中东　北非各国	49	114	207	352	463	477	537	682	901	1,089	1,105	959	1,003
北美	2,715	3,413	4,000	4,622	5,542	6,485	7,601	8,568	10,493	11,777	12,114	12,363	12,488
南亚	104	127	159	179	214	276	364	464	604	828	902	979	1,046
撒哈拉以南　非洲	84	108	138	170	206	233	271	288	341	428	448	477	500

资料 2—1｜世界 GDP 的发展趋势｜分收入统计

出处：World Development Indicators Online Database，World Bank｜ GDP：2000 年 US$标准换算(单位为 10 亿美元)

	1960	1965	1970	1975	1980	1985	1990	1995	2000	2005	2006	2007	2008
高收入国(OECD)	5,347	7,080	10,040	11,822	14,094	16,061	19,261	21,289	24,749	27,310	28,090	28,765	28,963
高收入国(OECD 以外)	41	88	171	296	428	430	562	723	898	1,028	1,053	907	899
中高等收入国	477	616	893	1,192	1,584	1,686	2,465	2,629	3,108	3,679	3,899	4,133	4,325
中低等收入国	268	349	465	609	776	1,029	1,450	1,991	2,656	3,774	4,130	4,555	4,899
低收入国	40	47	57	61	75	105	152	169	211	272	285	304	322

资料 2—2｜世界 GDP 的发展趋势｜国别、2008 年 GDP 为 200 亿美元以上的国家（只有撒哈拉以南的非洲为 **100** 亿美元以上）

出处：World Development Indicators Online Database，World Bank

	1960	1965	1970	1975	1980	1985	1990	1995	2000	2005	2006	2007	2008
东亚　太平洋沿岸各国													
Japan	669.8	1,047.7	1,809.9	2,259.9	2,800.6	3,261.8	4,122.3	4,445.4	4,667.4	4,979.5	5,098.9	5,206.0	5,169.6
China	70.3	71.6	100.1	133.4	182.9	304.5	444.6	792.8	1,198.5	1,893.4	2,113.0	2,387.7	2,602.6
Korea，Rep.	28.9	38.5	63.6	91.6	128.0	186.6	295.6	430.5	533.4	664.4	698.8	734.5	750.8
Australia		119.0	156.1	182.5	210.2	241.3	292.6	327.6	405.1	472.8	487.0	503.0	521.5
Indonesia	18.4	20.4	27.6	40.2	58.8	77.4	109.2	159.4	165.0	207.9	219.3	233.1	247.2
Hong Kong，China	9.5	17.5	24.1	34.6	60.2	79.4	115.2	148.5	169.1	207.1	221.6	235.8	241.3
Thailand	8.8	12.4	19.2	25.4	37.3	48.6	79.4	120.0	122.7	157.4	165.6	173.8	178.2
Malaysia	6.6	9.2	12.4	17.5	26.4	33.9	47.2	74.2	93.8	118.2	125.1	133.0	139.2
Singapore	3.7	5.2	9.4	14.5	21.8	29.7	44.7	68.2	92.7	114.7	124.3	133.9	135.5
Philippines	16.6	21.4	26.8	35.4	47.6	44.6	56.2	62.6	75.9	94.5	99.6	106.6	110.7
New Zealand	19.1	24.3	26.7	32.7	31.8	37.2	38.3	44.6	50.9	61.3	62.3	64.2	63.2
Vietnam						11.9	15.0	22.3	31.2	44.8	48.5	52.6	55.8
南亚													
India	78.6	93.9	117.2	135.2	157.6	202.6	270.5	346.6	460.2	644.7	707.0	771.1	825.8
Pakistan	8.6	12.3	17.3	20.2	27.3	37.9	50.2	63.0	74.0	94.4	100.2	106.2	112.5
Bangladesh	12.8	16.0	18.9	16.7	20.4	24.5	29.5	36.5	47.1	61.4	65.4	69.6	74.0
Sri Lanka	2.7	3.2	4.2	5.0	6.5	8.3	9.8	12.8	16.3	19.8	21.4	22.8	24.2
欧洲　中亚													
Germany			921.6	1,038.9	1,225.9	1,311.9	1,543.2	1,720.5	1,900.2	1,955.1	2,011.2	2,061.2	2,088.0
United Kingdom	548.9	640.3	726.1	805.7	879.0	970.4	1,141.0	1,238.5	1,450.9	1,638.2	1,686.1	1,737.1	1,749.2
France	348.7	461.5	599.5	727.7	861.1	929.8	1,091.8	1,156.3	1,328.0	1,442.3	1,473.6	1,505.6	1,511.6

续表

Italy	292. 1	376. 4	508. 9	594. 6	739. 1	803. 5	937. 6	998. 7	1,097. 3	1,145. 7	1,166. 8	1,183. 8	1,171. 9
Spain	113. 2	170. 7	231. 1	299. 4	330. 0	353. 6	440. 6	474. 9	580. 7	681. 9	708. 2	735. 3	744. 1
Netherlands	98. 4	128. 5	166. 4	196. 5	223. 9	237. 6	282. 0	315. 8	385. 1	409. 0	421. 3	436. 0	445. 1
Russian Federation							385. 9	239. 7	259. 7	349. 9	375. 7	406. 2	435. 8
Turkey			75. 4	99. 9	112. 3	142. 4	187. 1	219. 1	267. 2	333. 8	356. 9	373. 3	387. 3
Sweden	84. 8	109. 1	133. 5	151. 6	162. 0	177. 8	201. 3	208. 4	245. 6	278. 6	290. 0	297. 9	297. 3
Switzerland	101. 7	129. 9	159. 6	166. 2	180. 7	194. 7	224. 8	225. 9	249. 9	266. 1	274. 7	283. 8	288. 4
Belgium	68. 3	87. 1	110. 3	131. 5	153. 7	161. 1	187. 5	203. 0	231. 9	250. 9	258. 1	265. 3	268. 2
Poland							118. 1	131. 6	171. 3	199. 6	212. 0	226. 2	237. 0
Austria	52. 7	65. 3	84. 5	102. 5	120. 4	129. 6	150. 7	167. 7	193. 8	208. 3	215. 2	222. 4	226. 4
Norway	38. 3	48. 0	57. 7	73. 1	91. 2	107. 5	117. 0	140. 5	168. 3	187. 8	192. 5	199. 6	203. 6
Denmark	52. 2	67. 4	80. 8	88. 1	101. 0	115. 5	123. 9	139. 1	160. 1	170. 4	177. 1	180. 2	178. 3
Greece	28. 5	41. 9	59. 3	75. 8	93. 0	93. 7	99. 6	106. 0	125. 6	155. 5	162. 0	168. 5	173. 4
Finland	32. 4	41. 0	51. 7	64. 1	74. 5	85. 1	100. 3	96. 5	121. 9	138. 0	144. 7	151. 1	152. 4
Ireland	14. 3	17. 2	21. 6	27. 4	34. 3	38. 9	48. 9	61. 3	96. 4	126. 0	133. 2	141. 2	137. 9
Portugal	21. 0	28. 5	38. 7	48. 0	61. 5	64. 3	84. 7	92. 2	112. 6	117. 7	119. 2	121. 3	121. 3
Czech Republic							55. 3	52. 7	56. 7	68. 1	72. 8	77. 1	79. 6
Hungary	14. 5	18. 0	24. 4	33. 1	39. 6	43. 2	44. 4	39. 4	47. 9	59. 0	61. 4	62. 1	62. 5
Romania					40. 9	48. 2	44. 0	39. 5	37. 1	48. 9	52. 8	55. 9	61. 1
Ukraine							72. 0	34. 5	31. 3	45. 2	48. 5	52. 4	53. 5
Kazakhstan							26. 3	16. 2	18. 3	30. 0	33. 2	36. 1	37. 3
Slovak Republic						18. 2	19. 5	16. 8	20. 3	25. 8	28. 0	30. 9	32. 9
Croatia							25. 2	18. 2	21. 3	26. 7	27. 9	29. 4	30. 1
Slovenia							16. 6	16. 1	19. 9	23. 8	25. 2	26. 9	27. 9
Luxembourg	4. 3	5. 0	5. 9	6. 8	7. 6	8. 6	12. 4	15. 1	20. 3	24. 3	25. 8	27. 0	26. 7

	1960	1965	1970	1975	1980	1985	1990	1995	2000	2005	2006	2007	2008
Belarus							14. 4	9. 4	12. 7	18. 3	20. 1	21. 9	24. 0
Uzbekistan							14. 0	11. 4	13. 8	17. 9	19. 2	21. 0	22. 9
Lithuania							16. 1	9. 3	11. 4	16. 6	17. 9	19. 5	20. 1
中东　北非各国													
Saudi Arabia			44. 1	110. 0	153. 7	121. 8	144. 1	166. 0	188. 4	226. 9	234. 1	242. 0	252. 1
Iran，Islamic Rep.		24. 2	41. 2	66. 1	57. 3	69. 4	70. 3	83. 1	101. 3	133. 0	140. 8	151. 8	160. 3
Israel	12. 3	19. 6	28. 6	41. 3	49. 8	57. 6	71. 1	97. 4	123. 7	137. 6	144. 7	152. 5	158. 8
Egypt，Arab Rep.	12. 0	17. 3	20. 3	24. 1	38. 5	53. 3	65. 6	77. 5	99. 8	118. 8	126. 9	135. 9	145. 5
Algeria	13. 8	14. 5	19. 7	26. 1	35. 3	44. 6	46. 4	47. 0	54. 8	69. 6	71. 0	73. 1	75. 3
Morocco	7. 5	9. 0	12. 1	15. 4	20. 1	23. 6	29. 3	30. 7	37. 0	47. 2	50. 9	52. 2	55. 3
Libya									34. 5	40. 4	42. 5	45. 4	48. 6
Tunisia		3. 4	4. 2	6. 3	8. 6	10. 6	12. 2	14. 8	19. 4	24. 1	25. 5	27. 1	28. 5
Syrian Arab Republic	2. 2	3. 1	3. 7	6. 9	9. 5	10. 9	11. 8	17. 3	19. 3	23. 8	25. 0	26. 0	27. 4
Lebanon							8. 4	14. 9	16. 8	20. 5	20. 4	21. 9	23. 7
撒哈拉以南　非洲													
South Africa	38. 4	53. 3	68. 6	82. 0	95. 5	102. 1	110. 9	115. 8	132. 9	160. 6	169. 2	177. 8	183. 2
Nigeria	12. 8	16. 0	19. 8	25. 9	31. 5	27. 0	35. 0	39. 5	46. 0	61. 9	65. 7	70. 0	73. 7
Angola						7. 2	8. 5	6. 7	9. 1	14. 9	17. 7	21. 3	24. 5
Sudan	3. 3	3. 6	3. 9	4. 9	5. 5	5. 7	7. 1	9. 1	12. 4	16. 6	18. 4	20. 3	22. 0
Kenya	2. 1	2. 5	3. 3	5. 2	7. 1	8. 0	10. 5	11. 4	12. 7	15. 2	16. 1	17. 2	17. 9
Tanzania							6. 8	7. 4	9. 1	12. 5	13. 4	14. 3	15. 4
Ethiopia						4. 9	6. 2	6. 6	8. 2	11. 2	12. 4	13. 8	15. 3
Cameroon	2. 8	3. 1	3. 4	4. 6	6. 3	9. 9	8. 8	8. 0	10. 1	12. 1	12. 5	12. 9	13. 4
Uganda						2. 5	3. 2	4. 5	6. 2	8. 4	9. 3	10. 1	11. 0
Cote d'lvoire	2. 0	2. 9	4. 6	6. 3	7. 7	7. 8	8. 3	8. 9	10. 4	10. 4	10. 5	10. 7	10. 9

续表

南美　加勒比海沿岸各国													
Brazil	105.3	131.5	191.1	311.6	430.4	454.2	501.8	583.6	644.7	739.6	769.0	812.6	853.8
Mexico	94.4	133.7	181.0	245.2	345.6	380.4	413.3	445.8	581.4	636.8	667.4	688.8	701.0
Argentina	108.3	130.6	158.6	184.7	212.1	186.6	182.2	250.3	284.2	313.6	340.2	369.6	395.4
Venezuela, RB	41.1	55.4	67.3	77.8	87.8	83.8	95.3	112.9	117.1	132.9	146.6	159.0	166.6
Colombia	18.1	22.7	30.2	39.7	51.6	57.7	73.4	89.9	94.1	114.0	121.9	131.1	134.4
Chile	14.1	16.9	21.1	19.7	28.0	29.2	40.5	61.4	75.2	92.4	96.7	101.2	104.4
Peru	16.4	22.1	27.4	34.9	39.1	39.7	36.1	47.1	53.3	65.4	70.5	76.7	84.3
Dominican Republic	3.0	3.4	5.3	8.2	10.5	11.6	13.3	17.2	24.0	28.5	31.6	34.3	36.1
Uruguay	11.0	11.5	12.6	13.6	17.0	14.0	16.9	20.6	22.8	23.9	25.0	26.9	29.3
北美													
United States	2,545.8	3,189.8	3,721.7	4,276.9	5,128.0	6,011.0	7,055.0	7,972.8	9,764.8	10,950.6	11,265.2	11,490.5	11,616.9
Canada	167.9	222.0	276.9	343.3	412.0	471.7	543.6	592.1	724.9	821.9	844.6	867.4	870.9

资料 3｜一次能源供给量、CO_2 排放量｜国别、CO_2 排放量排名

出处：Key World Energy Statistics 2009，IEA｜GDP：2000 年 US$ 标准换算｜2007 年数值

	人口 100 万人	GDP 10 亿 US$	一次能源量 100 万 toe	CO_2 排放量 100 万 tCO_2	人均一次能源供给量 toe/人	GDP 平均一次能源供给量 toe/1,000US$	人均 CO_2 排放量 tCO_2/人	针对 GDP 的 CO_2 排放量 $kgCO_2$/US$
东亚　太平洋沿岸各国								
China	1,320	2,388	1,956	6,028	1.48	0.82	4.57	2.52
Japan	128	5,205	514	1,236	4.02	0.10	9.68	0.24
Republic of Korea	48	706	222	489	4.59	0.31	10.09	0.69
Australia	21	508	124	396	5.87	0.24	18.75	0.78
Indonesia	226	233	191	377	0.84	0.82	1.67	1.62

续表

	人口 100 万人	GDP 10 亿 US $	一次能源量 100 万 toe	CO_2 排放量 100 万 tCO_2	人均一次能源供给量 toe/人	GDP 平均一次能源供给量 toe/1,000US $	人均 CO_2 排放量 tCO_2/人	针对 GDP 的 CO_2 排放量 $kgCO_2$/US $
Taiwan	23	416	110	276	4.81	0.26	12.08	0.66
Thailand	64	173	104	226	1.63	0.60	3.54	1.30
Malaysia	27	133	73	177	2.73	0.55	6.68	1.33
Vietnam	85	53	56	94	0.66	1.06	1.10	1.78
Philippines	88	107	40	72	0.45	0.37	0.82	0.67
DPR of Korea	24	11	18	62	0.77	1.61	2.62	5.48
其他国家共计	82	467	84	158				
南亚								
India	1,123	771	595	1,324	0.53	0.77	1.18	1.72
Pakistan	162	106	83	138	0.51	0.78	0.85	1.30
其他国家共计	207	99	45	56				
欧洲 中亚								
Russian Federation	142	406	672	1,587	4.75	1.65	11.21	3.91
Germany	82	2,065	331	798	4.03	0.16	9.71	0.39
United Kingdom	61	1,766	211	523	3.48	0.12	8.60	0.30
Italy	59	1,184	178	438	3.00	0.15	7.38	0.37
France	64	1,506	264	369	4.15	0.18	5.81	0.25
Spain	45	734	144	345	3.21	0.20	7.68	0.47
Ukraine	46	52	137	314	2.96	2.63	6.77	6.01
Poland	38	226	97	305	2.55	0.43	7.99	1.35
Turkey	74	372	100	265	1.35	0.27	3.59	0.71
Kazakhstan	15	36	66	190	4.29	1.84	12.30	5.27
Netherlands	16	440	80	182	4.91	0.18	11.13	0.41
Czech Republic	10	77	46	122	4.43	0.59	11.83	1.58
Uzbekistan	27	21	49	113	1.81	2.31	4.22	5.39
Belgium	11	266	57	106	5.37	0.21	9.97	0.40

续表

Greece	11	170	32	98	2.88	0.19	8.74	0.58
Romania	22	56	39	92	1.81	0.70	4.27	1.64
Austria	8	221	33	70	3.99	0.15	8.38	0.31
Finland	5	151	36	64	6.90	0.24	12.19	0.43
Belarus	10	22	28	63	2.89	1.29	6.46	2.88
Portugal	11	122	25	55	2.36	0.21	5.20	0.45
Hungary	10	62	27	54	2.66	0.43	5.36	0.87
Denmark	5	179	20	50	3.60	0.11	9.24	0.28
Bulgaria	8	18	20	50	2.65	1.10	6.57	2.73
Serbia	7	13	16	50	2.14	1.20	6.73	3.78
其他国家共计	92	1,156	241	439				
中东　北非各国								
Iran (Islamic Republic of)	71	152	185	466	2.60	1.22	6.56	3.07
Saudi Arabia	24	242	150	358	6.21	0.62	14.79	1.48
Egypt	75	136	67	169	0.89	0.49	2.24	1.24
United Arab Emirates	4	115	52	131	11.83	0.45	29.91	1.13
Iraq	28	21	33	91	1.20	1.59	3.33	4.38
Algeria	34	73	37	86	1.09	0.50	2.53	1.17
Kuwait	3	62	25	67	9.46	0.41	25.09	1.08
Israel	7	152	22	66	3.06	0.14	9.19	0.43
Syrian Arab Republic	20	27	20	54	0.99	0.74	2.70	2.02
其他国家共计	84	254	107	264				
撒哈拉以南　非洲								
South Africa	48	178	134	346	2.82	0.75	7.27	1.94
Nigeria	148	70	107	51	0.72	1.53	0.35	0.74
其他国家共计	425	176	171	100				

续表

	人口 100 万人	GDP 10 亿 US $	一次能源量 100 万 toe	CO_2 排放量 100 万 tCO_2	人均一次能源供给量 toe/人	GDP 平均一次能源供给量 toe/1,000US $	人均 CO_2 排放量 tCO_2/人	针对 GDP 的 CO_2 排放量 $kgCO_2$/US $
南美　加勒比海沿岸各国								
Mexico	106	755	184	438	1.74	0.24	4.14	0.58
Brazil	192	809	236	347	1.23	0.29	1.81	0.43
Argentina	40	370	73	163	1.85	0.20	4.12	0.44
Venezuela	27	159	64	144	2.32	0.40	5.24	0.90
Chile	17	101	31	71	1.86	0.30	4.28	0.70
Colombia	46	131	29	56	0.63	0.22	1.21	0.43
其他国家共计	136	338	111	217				
北美								
United States of America	302	11,468	2,340	5,769	7.75	0.20	19.10	0.50
Canada	33	869	269	573	8.17	0.31	17.37	0.66

资料 4｜谷物产量的发展趋势｜国别、前 25 名的国家

出处:FAOSTAT,FAO

单位:万吨

	1961	1965	1970	1975	1980	1985	1990	1995	2000	2005	2008
世界共计	87,702	99,876	119,263	135,996	155,018	182,124	195,209	189,770	206,039	226,860	252,511
China	10,966	16,216	20,084	24,453	28,029	33,988	40,441	41,866	40,734	42,937	48,101
United States of America	16,380	18,379	18,698	24,953	27,013	34,712	31,240	27,760	34,281	36,654	40,377
India	8,738	7,970	11,391	12,781	14,049	16,568	19,392	21,001	23,493	24,000	26,658
Russian Federation								6,190	6,433	7,656	10,639
Brazil	1,504	2,035	2,370	2,624	3,322	3,601	3,249	4,964	4,590	5,567	7,968
Indonesia	1,437	1,534	2,216	2,524	3,364	4,336	5,191	5,799	6,158	6,667	7,657
France	2,080	2,913	3,144	3,573	4,802	5,568	5,511	5,355	6,570	6,410	7,009

续表

Canada	1,673	3,223	2,856	3,711	4,136	4,824	5,681	4,934	5,109	5,096	5,603
Ukraine								3,236	2,381	3,726	5,271
Germany	1,726	2,062	2,375	3,016	3,271	3,756	3,758	3,986	4,527	4,598	5,010
Bangladesh	1,452	1,585	1,691	1,932	2,170	2,413	2,775	2,770	3,950	4,115	4,910
Viet Nam	929	969	1,043	1,057	1,208	1,646	1,990	2,614	3,454	3,962	4,326
Argentina	1,451	1,384	1,992	2,304	1,865	2,807	2,012	2,431	3,875	3,816	3,668
Mexico	852	1,249	1,501	1,663	2,089	2,740	2,556	2,688	2,799	2,906	3,614
Pakistan	673	787	1,210	1,313	1,707	1,770	2,096	2,504	3,046	3,351	3,597
Thailand	1,077	1,226	1,586	1,840	2,061	2,561	2,117	2,641	3,052	3,451	3,442
Australia	915	968	1,290	1,777	1,640	2,494	2,305	2,739	3,445	3,984	3,353
Myanmar	694	823	831	939	1,368	1,507	1,442	1,848	2,197	2,898	3,195
Nigeria	789	841	898	835	779	1,189	1,768	2,251	2,137	2,603	3,021
Turkey	1,273	1,476	1,599	2,221	2,442	2,649	3,020	2,813	3,225	3,635	2,928
Poland	1,612	1,616	1,626	1,956	1,834	2,374	2,801	2,591	2,234	2,693	2,766
United Kingdom	972	1,372	1,327	1,394	1,947	2,249	2,257	2,187	2,399	2,100	2,428
Spain	750	887	1,026	1,421	1,867	2,097	1,876	1,157	2,456	1,423	2,389
Philippines	518	545	760	884	1,078	1,273	1,474	1,470	1,690	1,986	2,374
Egypt	501	614	748	813	810	856	1,302	1,610	2,011	2,241	2,281

参考资料｜国家分类｜分收入、分地区统计

国家	收入	地区
Austria	高收入国（OECD）	欧洲　中亚
Belgium	高收入国（OECD）	欧洲　中亚
Czech Republic	高收入国（OECD）	欧洲　中亚
Denmark	高收入国（OECD）	欧洲　中亚
Finland	高收入国（OECD）	欧洲　中亚
France	高收入国（OECD）	欧洲　中亚
Germany	高收入国（OECD）	欧洲　中亚
Greece	高收入国（OECD）	欧洲　中亚
Hungary	高收入国（OECD）	欧洲　中亚
Italy	高收入国（OECD）	欧洲　中亚
Ireland	高收入国（OECD）	欧洲　中亚
Luxemberg	高收入国（OECD）	欧洲　中亚
Netherlands	高收入国（OECD）	欧洲　中亚
Norway	高收入国（OECD）	欧洲　中亚
Portugal	高收入国（OECD）	欧洲　中亚
Slovakia	高收入国（OECD）	欧洲　中亚
Spain	高收入国（OECD）	欧洲　中亚
Sweden	高收入国（OECD）	欧洲　中亚
Switzerland	高收入国（OECD）	欧洲　中亚
United Kingdom	高收入国（OECD）	欧洲　中亚
Australia	高收入国（OECD）	东亚　太平洋沿岸各国
Japan	高收入国（OECD）	东亚　太平洋沿岸各国
New Zealand	高收入国（OECD）	东亚　太平洋沿岸各国
Canada	高收入国（OECD）	北美
United States of America	高收入国（OECD）	北美
Croatia	高收入国（OECD 以外）	欧洲　中亚
Cyprus	高收入国（OECD 以外）	欧洲　中亚
Estonia	高收入国（OECD 以外）	欧洲　中亚
Slovenia	高收入国（OECD 以外）	欧洲　中亚
Bahrain	高收入国（OECD 以外）	中东　北非各国
Israel	高收入国（OECD 以外）	中东　北非各国
Kuwait	高收入国（OECD 以外）	中东　北非各国
Malta	高收入国（OECD 以外）	中东　北非各国
Oman	高收入国（OECD 以外）	中东　北非各国

续表

国家	收入	地区
Qatar	高收入国（OECD以外）	中东　北非各国
Saudi Arabia	高收入国（OECD以外）	中东　北非各国
United Arab Emirates	高收入国（OECD以外）	中东　北非各国
Brunei Darussalam	高收入国（OECD以外）	东亚　太平洋沿岸各国
French Polynesia	高收入国（OECD以外）	东亚　太平洋沿岸各国
Guam	高收入国（OECD以外）	东亚　太平洋沿岸各国
New Caledonia	高收入国（OECD以外）	东亚　太平洋沿岸各国
Northern Mariana Islands	高收入国（OECD以外）	东亚　太平洋沿岸各国
Antigua and Barbuda	高收入国（OECD以外）	南美　加勒比海沿岸各国
Bahamas	高收入国（OECD以外）	南美　加勒比海沿岸各国
Barbados	高收入国（OECD以外）	南美　加勒比海沿岸各国
Puerto Rico	高收入国（OECD以外）	南美　加勒比海沿岸各国
Trinidad and Tobago	高收入国（OECD以外）	南美　加勒比海沿岸各国
Botswana	中高等收入国	撒哈拉以南的非洲
Gabon	中高等收入国	撒哈拉以南的非洲
Mauritius	中高等收入国	撒哈拉以南的非洲
Namibia	中高等收入国	撒哈拉以南的非洲
Seychelles	中高等收入国	撒哈拉以南的非洲
South Africa	中高等收入国	撒哈拉以南的非洲
Belarus	中高等收入国	欧洲　中亚
Bosnia and Herzegovina	中高等收入国	欧洲　中亚
Bulgaria	中高等收入国	欧洲　中亚
Kazakhstan	中高等收入国	欧洲　中亚
Latvia	中高等收入国	欧洲　中亚
Lithuania	中高等收入国	欧洲　中亚
Montenegro	中高等收入国	欧洲　中亚
Poland	中高等收入国	欧洲　中亚
Romania	中高等收入国	欧洲　中亚
Russian Federation	中高等收入国	欧洲　中亚
Serbia	中高等收入国	欧洲　中亚
The former Yugoslavia Republic of Macedonia	中高等收入国	欧洲　中亚
Turkey	中高等收入国	欧洲　中亚
Algeria	中高等收入国	中东　北非各国
Lebanon	中高等收入国	中东　北非各国
Libyan Arab Jamahiriya	中高等收入国	中东　北非各国
Fiji	中高等收入国	东亚　太平洋沿岸各国
Malaysia	中高等收入国	东亚　太平洋沿岸各国
Argentina	中高等收入国	南美　加勒比海沿岸各国

续表

国家	收入	地区
Brazil	中高等收入国	南美　加勒比海沿岸各国
Chile	中高等收入国	南美　加勒比海沿岸各国
Colombia	中高等收入国	南美　加勒比海沿岸各国
Costa Rica	中高等收入国	南美　加勒比海沿岸各国
Cuba	中高等收入国	南美　加勒比海沿岸各国
Dominican Republic	中高等收入国	南美　加勒比海沿岸各国
Grenada	中高等收入国	南美　加勒比海沿岸各国
Jamaica	中高等收入国	南美　加勒比海沿岸各国
Mexico	中高等收入国	南美　加勒比海沿岸各国
Panama	中高等收入国	南美　加勒比海沿岸各国
Peru	中高等收入国	南美　加勒比海沿岸各国
Saint Kitts and Nevis	中高等收入国	南美　加勒比海沿岸各国
Saint Lucia	中高等收入国	南美　加勒比海沿岸各国
Suriname	中高等收入国	南美　加勒比海沿岸各国
Uruguay	中高等收入国	南美　加勒比海沿岸各国
Angola	中低等收入国	撒哈拉以南的非洲
Cameroon	中低等收入国	撒哈拉以南的非洲
Cape Verde	中低等收入国	撒哈拉以南的非洲
Congo	中低等收入国	撒哈拉以南的非洲
Lesotho	中低等收入国	撒哈拉以南的非洲
Nigeria	中低等收入国	撒哈拉以南的非洲
Sao Tome and Principe	中低等收入国	撒哈拉以南的非洲
Sudan	中低等收入国	撒哈拉以南的非洲
Swaziland	中低等收入国	撒哈拉以南的非洲
Albania	中低等收入国	欧洲　中亚
Armenia	中低等收入国	欧洲　中亚
Azerbaijan	中低等收入国	欧洲　中亚
Georgia	中低等收入国	欧洲　中亚
Turkmenistan	中低等收入国	欧洲　中亚
Ukraine	中低等收入国	欧洲　中亚
Djibouti	中低等收入国	中东　北非各国
Egypt	中低等收入国	中东　北非各国
Iraq	中低等收入国	中东　北非各国
Jordan	中低等收入国	中东　北非各国
Morocco	中低等收入国	中东　北非各国
Syrian Arab Republic	中低等收入国	中东　北非各国
Tunisia	中低等收入国	中东　北非各国
China	中低等收入国	东亚　太平洋沿岸各国
Indonesia	中低等收入国	东亚　太平洋沿岸各国

续表

国家	收入	地区
Mongolia	中低等收入国	东亚　太平洋沿岸各国
Philippines	中低等收入国	东亚　太平洋沿岸各国
Solomon Islands	中低等收入国	东亚　太平洋沿岸各国
Thailand	中低等收入国	东亚　太平洋沿岸各国
Timoe—Leste	中低等收入国	东亚　太平洋沿岸各国
Vanyatu	中低等收入国	东亚　太平洋沿岸各国
Bhutan	中低等收入国	南亚
India	中低等收入国	南亚
Pakistan	中低等收入国	南亚
Sri Lanka	中低等收入国	南亚
Belize	中低等收入国	南美　加勒比海沿岸各国
Ecuador	中低等收入国	南美　加勒比海沿岸各国
El Salvador	中低等收入国	南美　加勒比海沿岸各国
Guatemala	中低等收入国	南美　加勒比海沿岸各国
Guyana	中低等收入国	南美　加勒比海沿岸各国
Honduras	中低等收入国	南美　加勒比海沿岸各国
Nicaragua	中低等收入国	南美　加勒比海沿岸各国
Paraguay	中低等收入国	南美　加勒比海沿岸各国
Benin	低收入国	撒哈拉以南的非洲
Burkina Faso	低收入国	撒哈拉以南的非洲
Burundi	低收入国	撒哈拉以南的非洲
Central African Republic	低收入国	撒哈拉以南的非洲
Chad	低收入国	撒哈拉以南的非洲
Eritrea	低收入国	撒哈拉以南的非洲
Ethiopia	低收入国	撒哈拉以南的非洲
Gambia	低收入国	撒哈拉以南的非洲
Ghana	低收入国	撒哈拉以南的非洲
Guinea	低收入国	撒哈拉以南的非洲
Guinea-Bissau	低收入国	撒哈拉以南的非洲
Kenya	低收入国	撒哈拉以南的非洲
Liberia	低收入国	撒哈拉以南的非洲
Madagascar	低收入国	撒哈拉以南的非洲
Malawi	低收入国	撒哈拉以南的非洲
Mali	低收入国	撒哈拉以南的非洲
Mauritania	低收入国	撒哈拉以南的非洲
Mozambique	低收入国	撒哈拉以南的非洲
Niger	低收入国	撒哈拉以南的非洲
Rwanda	低收入国	撒哈拉以南的非洲
Senegal	低收入国	撒哈拉以南的非洲

续表

国家	收入	地区
Sierra Leone	低收入国	撒哈拉以南的非洲
Somalia	低收入国	撒哈拉以南的非洲
Togo	低收入国	撒哈拉以南的非洲
Uganda	低收入国	撒哈拉以南的非洲
Zambia	低收入国	撒哈拉以南的非洲
Zimbabwe	低收入国	撒哈拉以南的非洲
Kyrgyzstan	低收入国	欧洲　中亚
Tajikistan	低收入国	欧洲　中亚
Uzbekistan	低收入国	欧洲　中亚
Yemen	低收入国	中东　北非各国
Cambodia	低收入国	东亚　太平洋沿岸各国
Lao People's Democratic Republic	低收入国	东亚　太平洋沿岸各国
Myanmar	低收入国	东亚　太平洋沿岸各国
Viet Nam	低收入国	东亚　太平洋沿岸各国
Afghanistan	低收入国	南亚
Bangladesh	低收入国	南亚
Nepal	低收入国	南亚
Haiti	低收入国	南美　加勒比海沿岸各国

《思考地球环境问题恳谈会》名簿

（2010 年 4 月 1 日）

理 事 长：瀬谷博道　旭硝子（株）相谈役，前理事会会长、原社长

专务理事：鲛岛俊一　旭硝子财团专务理事，原 F2 Chemicals（株）社长

顾　　问：内田启一　旭硝子财团顾问，前专务理事

理　　事：伊藤良一　东京大学名誉教授

远藤　刚　近畿大学副校长，分子工学研究所所长，东京工业大学名誉教授

尾岛俊雄　建筑保护中心理事长，早稻田大学名誉教授

腰塚武志　南山大学教授，筑波大学名誉教授

儿玉幸治　机械系统振兴协会会长，原通商产业部部长助理

近藤次郎　东京大学名誉教授，原日本学术会理事长

田中健藏　福冈牙科学院理事长，九州大学名誉教授、原校长

西岛安则　京都市立艺术大学校长，京都大学名誉教授、原总长

野依良治　物理化学研究所理事长

宫岛　乔　法政大学研究生院教授，茶水女子大学名誉教授

森岛昭夫　地球环境战略研究机关特别研究顾问，名古屋大学名誉教授

诸桥晋六　三菱商事（株）特别顾问、原会长、原社长

吉川弘之　科学技术振兴机构研究发展战略中心会长，原日本学术会理事长，东京大学名誉校长、原总长

评 议 员：相泽益男　内阁府统合科学技术会理事长，东京工业大学名誉教授、原校长

今井通子　（株）卢·贝尔索代表取缔役（登山家），东京女子医科大学附属医院非常勤讲师

大崎　仁　人类文化研究机构　机构长特别顾问，原文化厅长官

旭硝子财团简介

旭硝子财团其前身是 1932 年为了纪念旭硝子株式会社创业 25 周年，于第二年即 1933 年成立的旭化学工业奖励协会。半个多世纪以来，除第二次世界大战以后的混乱时期以外，该协会一直坚持不懈的致力于对应用化学领域研究的资助。此后，为了适应新时代的要求，于 1990 年更名为旭硝子财团。与此同时，其事业内容进行了大幅度的修改，资助对象的领域也不断扩大，并设立了全新的表彰事业。今天其核心支柱由资助事业和表彰事业组成，资助事业致力于关系到下一代的科学技术的研究，而表彰事业则是地球环境国际奖“蓝色星球奖”。该财团除了在解决地球环境问题上做出努力以外，还为更多的人能够享受真正的幸福以及文明的创造不断地做出贡献。